“物联网在中国”系列丛书
编委会名单

物联网在中国
"十二五"国家重点图书出版规划项目
国家出版基金资助项目

物联网安全技术

雷吉成　编　著

電子工業出版社
Publishing House of Electronics Industry
北京 • BEIJING

内容简介

本书介绍信息安全的基础知识，概述物联网的基本概念和主要特征，分析物联网所面临的安全挑战，提出物联网安全的体系结构，同时阐述物联网安全主要的关键技术；分别从感知层安全、网络层安全、应用层安全及安全管理等方面对物联网安全进行了介绍，包括传感器网络安全、RFID 安全、核心网安全、移动通信接入安全、无线接入安全、数据处理安全、数据存储安全、云安全、安全管理等，并举例说明物联网安全技术的典型应用，最后对物联网安全技术的发展趋势进行了总结。

本书基本上反映了近几年来物联网安全技术的研究成果，并总结了物联网安全技术的发展趋势。本书提供了详尽的参考文献，感兴趣的读者可以继续深入研究。

本书内容丰富，覆盖面广，可作为大专院校师生和广大对物联网安全技术感兴趣的工程技术人员的参考书。

图书在版编目（CIP）数据

物联网安全技术 / 雷吉成编著. —北京：电子工业出版社，2012.6
（物联网在中国）
ISBN 978-7-121-16000-4

Ⅰ. ①物…　Ⅱ. ①雷…　Ⅲ. ①互联网络－应用－安全技术②智能技术－应用－安全技术
Ⅳ. ①TP393.4②TP18

中国版本图书馆 CIP 数据核字（2012）第 025932 号

策划编辑：刘宪兰
责任编辑：贾晓峰
印　　刷：北京七彩京通数码快印有限公司
装　　订：北京七彩京通数码快印有限公司
出版发行：电子工业出版社
　　　　　北京市海淀区万寿路 173 信箱　邮编　100036
开　　本：787×1092　1/16　印张：17　字数：341 千字
版　　次：2012 年 6 月第 1 版
印　　次：2024 年 6 月第 16 次印刷
定　　价：45.00 元

凡所购买电子工业出版社图书有缺损问题，请向购买书店调换。若书店售缺，请与本社发行部联系，联系及邮购电话：（010）88254888，88258888。

质量投诉请发邮件至 zlts@phei.com.cn，盗版侵权举报请发邮件至 dbqq@phei.com.cn。

本书咨询联系方式：（010）88254694。

总序 FOREWORD

信息技术的高速发展与广泛应用，引发了一场全球性的产业革命，正推动着各国经济的发展与人类社会的进步。信息化是当今世界经济和社会发展的大趋势，信息化水平已成为衡量一个国家综合国力与现代化水平的重要标志。中国政府高度重视信息化工作，紧紧抓住全球信息技术革命和信息化发展的难得历史机遇，不失时机地将信息化建设提到国家战略高度，大力推进国民经济与社会服务的信息化，以加快实现我国工业化和现代化，并将信息产业作为国家的先导、支柱与战略性产业，放在优先发展的地位上。

党的十五届五中全会明确指出：信息化是覆盖现代化建设全局的战略举措；要优先发展信息产业，大力推广信息技术应用。党的“十六大”把大力推进信息化作为我国在21世纪头20年经济建设和改革的一项重要任务，明确要求“坚持以信息化带动工业化，以工业化促进信息化”，“走新型工业化道路”。党的“十七大”进一步提出了“五化并举”与“两化融合发展”的目标，再次强调了走新型工业化道路，大力推广信息技术应用与推动国家信息化建设的战略方针。在中央领导的亲切关怀、指导，各部门、各地方及各界的积极参与和共同努力下，我国的信息产业持续高速发展，信息技术应用与信息化建设坚持“以人为本”、科学发展，取得了利国惠民、举世瞩目的骄人业绩。

近几年来，在全球金融危机的大背景下，各国政要纷纷以政治家的胆略和战略思维提出了振兴本国经济、确立竞争优势的关键战略。2009年，美国奥巴马政府把“智慧地球”上升为国家战略；欧盟也在同年推出《欧洲物联网行动计划》；我国领导在2009年提出了“感知中国”的理念，并于2010年把包含物联网在内的新一代信息技术等7个重点产业，列入“国务院加快培育和发展的战略性新兴产业的决定”中，同时纳入我国“十二五”重点发展战略及规划。日本在2009年颁布了新一代信息化战略 “i-Japan”；韩国2006年提出“u-Korea”战略，2009年具体推出IT839战略以呼应“u-Korea”战略；澳大利亚推出了基于智慧城市和智能电网的国家发展战略；此外，还有“数字英国”、“数字法国”、“新加坡智慧国2015（iN2015）”等，都从国家角度提出了重大信息化发展目标，作为各国走出金融危机、重振经济的重要战略举措。

物联网在中国的迅速兴起绝非炒作。我们认为它是我国战略性新兴产业——信息产业创新发展的新的增长点，是中国信息化重大工程，特别是国家金卡工程最近10年的创新应用、大胆探索与成功实践所奠定的市场与应用基础，是中国信息化建设在更高层面，向更广领域纵深发展的必然结果。

近两年来，胡锦涛总书记、温家宝总理等中央领导同志深入基层调研，多次强调要依靠科技创新引领经济社会发展，要注重经济结构调整和发展模式转变，重视和支持战略性新兴产业发展，并对建设“感知中国”、积极发展物联网应用等做出明确指示。中央领导在视察过程中，充分肯定了国家金卡工程银行卡产业发展及城市多功能卡应用和物联网 RFID 行业应用示范工程取得的成果，鼓励我国信息业界加强对超高频 UHF 等核心芯片的研发，并就推动物联网产业和应用发展等问题发表了重要讲话，就加快标准制定、核心技术产品研发、抢占科技制高点、掌握发展主动权等，做出一系列重要指示。我们将全面贯彻落实中央领导的指示精神，进一步发挥信息产业对国家经济增长的“倍增器”、发展方式的“转换器”和产业升级的“助推器”作用，促进两化融合发展，真正走出一条具有中国特色的信息产业发展与国家信息化之路。

我们编辑出版“物联网在中国”系列丛书（以下简称“丛书”），旨在探索中国特色的物联网发展之路，通过全面介绍中国物联网的发展背景、体系架构、技术标准体系、关键核心技术产品与产业体系、典型应用系统及重点领域、公共服务平台及服务业发展等，为各级政府部门、广大用户及信息业界提供决策参考和工作指南，以推动物联网产业与应用在中国的健康有序发展。

“丛书”首批 20 分册将于 2012 年 6 月正式发行，我们衷心感谢国家新闻出版总署的大力支持，将“丛书”列入“十二五”国家重点图书出版规划项目，并给予国家出版基金的支持；感谢国务院各相关部门、行业及有关地方，以及我国信息产业界相关企事业单位对“丛书”编写工作的指导、支持和积极参与；感谢社会各界朋友的支持与帮助。
谨以此“丛书”献给为中国的信息化事业奋力拼搏的人们！

“物联网在中国”系列丛书编委会

潘云鹤

2012 年 5 月于北京

前言 PREFACE

物联网，顾名思义，就是将所有物体连接在一起的网络。物体通过二维码、RFID、传感器等信息感知设备与网络连接起来，进行信息交换和通信，实现智能化识别、定位、跟踪、监控和管理。物联网时代，现实的“万物”与虚拟的“网络”将融合为“物联网”，现实的任何物体（包括人）在网络中都有与之对应的“标志”，最终的物联网就是虚拟的、数字化的现实物理空间。

物联网不是对现有技术的颠覆性革命，是现有技术的聚合应用。物联网的核心和基础是网络，是在现有网络基础上延伸和扩展的网络。物联网是互联网发展的延伸。

物联网除了面对传统互联网安全问题之外，还存在着一些与已有互联网安全不同的特殊安全问题。物联网中的“物”信息量比“互联网”时代大很多；物联网的感知设备计算能力、通信能力、存储能力及能量等都受限，不能应用传统互联网的复杂安全技术；现实世界的“物”都连网，通过网络可感知及控制交通、能源、家居等，与人们的日常生活密切相关，安全呈现大众化、平民化特征，安全事故的危害和影响巨大；物联网安全与成本的矛盾十分突出。

互联网中，先系统后安全的思路使安全问题层出不穷，因而物联网应用之初，就必须同时考虑应用和安全，将两者从一开始就紧密结合，系统地考虑感知、网络和应用的安全；物联网时代的安全与信息将不再是分离的，物联网安全不再是“打补丁”，而是要给用户提供“安全的信息”。

本书系统地介绍了物联网安全技术，首先简单介绍信息安全的基本概念和相关技术，然后从物联网的概念和特点开始，分析物联网的安全威胁和安全挑战，以此为基础提出物联网安全的体系结构，然后分别从感知安全、网络安全、应用安全及安全管理等方面说明物联网安全技术，并举例说明了物联网安全的典型应用，最后归纳了物联网安全技术的发展趋势和未来发展方向。

本书由雷吉成研究员编著，陈昌祥负责具体组织和统稿工作。其他参与编写的人员有中国电子科技集团公司第三十研究所喻辉、何恩、黎珂、陈倩、曾梦岐、韦勇刚、林翠萍，卫士通公司胡成华、邓子健，三零凯天公司洪江，三零瑞通公司漆俊峰等。

本书的编写安排如下：

第 1 章，信息安全概述，简单介绍信息安全的基本概念和主要技术，主要由何恩、喻辉、陈昌祥、黎珂负责编写；

第 2 章，物联网安全概述，概要描述物联网的基本概念和特点，分析其安全威胁和安全需求，提出物联网安全体系结构，简单介绍物联网安全主要的技术，主要由陈昌祥、喻辉、邓子健负责编写；

第 3 章，感知层安全，描述物联网感知的安全需求和相关技术，重点是 RFID 安全和传感器网络安全技术，主要由韦勇刚、林翠萍、曾梦岐负责编写；

第 4 章，网络层安全，描述物联网网络的安全需求和相关技术，包括核心网安全、移动通信接入安全和无线接入系统安全，主要由漆俊峰、曾梦岐负责编写；

第 5 章，应用层安全，描述物联网应用的安全需求和相关技术，主要是数据处理安全、数据存储安全和云安全，主要由曾梦岐、胡成华负责编写；

第 6 章，安全管理支撑系统，描述物联网安全管理的需求、框架和相关技术，主要是安全管理、身份和权限管理，主要由曾梦岐负责编写；

第 7 章，应用案例，举例说明物联网安全的典型应用，包括门禁管理系统安全、贵重物品防伪、安防监控系统安全及智能化监狱系统的安全应用，主要由林翠萍、洪江、漆俊峰负责编写；

第 8 章，物联网安全发展趋势，分析物联网安全技术的发展趋势和发展方向，主要由陈倩负责编写。

对于本书的出版，作者非常感谢中国科学院软件研究所冯登国研究员在百忙之中仔细审阅了本书并给予宝贵的指导，丛书编委会主任张琪女士及电子工业出版社的编辑刘宪兰老师给予大力支持，同时，在本书编辑过程中，三十所周晓明、赵雅丽也给予了大力支持，在此一并表示感谢。

由于作者水平有限，本书难免有缺陷甚至错误，恳请读者给予指正。

目录 CONTENTS

第1章 信息安全概述

内容提要

信息安全（Information Security）涉及信息论、计算机科学和密码学等多方面的知识，它研究计算机系统和通信网络内信息的保护方法，是指在信息的产生、传输、使用、存储过程中，对信息载体（处理载体、存储载体、传输载体）和信息的处理、传输、存储、访问提供安全保护，以防止数据、信息内容或能力被非授权使用、篡改。信息安全的基本属性包括机密性、完整性、可用性、可认证性和不可否认性，主要的信息安全威胁包括被动攻击、主动攻击、临近攻击、内部人员攻击和分发攻击，主要的信息安全技术包括密码技术、身份管理技术、权限管理技术、本地计算环境安全技术、防火墙技术等，信息安全的发展已经经历了通信保密、计算机安全、信息安全和信息保障等阶段。

本章重点

- 信息安全基本属性
- 信息系统面临的风险
- 主要的信息安全技术
- 信息安全的发展阶段

1.1　信息安全概念

在介绍信息安全的概念之前，我们回顾一下生活中发生的信息安全事件。新闻不时报道，某犯罪团伙利用黑客软件盗取了多个银行卡的网银密码，给人们造成经济损失；前几年互联网上的熊猫烧香病毒，影响广泛。

通俗地说，信息安全就是要保护你的网银密码、秘密短信、悄悄电话等不被别人知道，要保护你的计算机不中病毒，保护公众电话网络不被攻击，保护国家铁路、民航等顺利运行。

抽象地说，信息安全是指信息在产生、传输、使用、存储过程中，对信息载体（处理载体、存储载体、传输载体）和信息的处理、传输、存储、访问提供安全保护，以防止数据、信息内容或能力被非授权使用、篡改。

一提信息安全，人们就会想到信息加密，密码技术是信息安全的核心技术，但信息安全不仅仅是加密。比如，对于互联网来说，除了要采用密码技术对网络中的信息进行保护外，还需要实现计算机终端的安全，以及网络设备、通信链路、网络协议、网络应用的安全。

目前，信息安全受到了社会各界的广泛关注。随着人类社会越来越依赖于各种信息，信息安全的重要性日渐突出。信息安全正在渗入人们生活的方方面面，随着物联网概念的提出及物联网应用的日渐增多，人们的日常生活将真正地与信息安全紧密联系在一起。

1.2　信息安全基本属性

信息安全的基本属性有机密性、完整性、可用性、可认证性和不可否认性[1]，也就是说，信息安全的目标是要使得信息能保密，保护信息的完整、可用，确保信息的来源和不可否认。

1.2.1　机密性

机密性是指信息不泄露给非授权的个人和实体或供其使用的特性。只有得到授权或许可，才能得到其权限对应的信息。通常，机密性是信息安全的基本要求，主要包括如下内容。

（1）对传输的信息进行加密保护，防止敌人译读信息并可靠检测出对传输系统的主动攻击和被动攻击。对不同密级的信息实施相应的保密强度和完善及合理的密钥管理。

（2）对存储的信息进行加密保护，有效防止非法者利用非法手段通过获得明文信息来达到窃取机密之目的。加密保护方式一般应视所存储的信息密级、特征和使用资源的开放程度等具体情况来确定，加密系统应与访问控制和授权机制密切配合，以达到合理共享资源。

（3）防止因电磁信号泄露带来的失密。计算机系统在工作时，常会发生辐射和传导电磁信号泄露现象，若此泄露的信号被敌方接收下来，经过提取处理，就可恢复出原信息而造成泄密。

1.2.2 完整性

完整性，就是要防止信息被非法复制，避免非授权的修改和破坏，以保证信息的正确性、有效性、一致性，或不受意外事件的破坏。

（1）数据完整性。对存储数据的媒体应定期检查其物理操作情况，要尽量减少误操作、硬件故障、软件错误、掉电、强电磁场的干扰等意外事件的发生。要具备检测错误输入等潜在性错误的完整性校验和审计手段。对只需调用的数据，可集中组成数据模块后，使之无法读出和修改。对数据应有容错、后备和恢复能力。数据完整性一般含两种形式：数据单元的完整性和数据单元序列的完整性。前者包括两个过程，一个过程发生在发送实体，另一个过程发生在接收实体。后者主要是要求数据编号的连续性和时间标记的正确性，以防止假冒、丢失、重发、插入或修改数据。

（2）软件完整性。为防止软件被非法复制，对软件必须有唯一的标志，并且能检验这种标志是否存在及是否被修改过。除此之外，还应具有拒绝动态跟踪分析的能力，以免复制者绕过该标志的检验。为防止软件被非法修改，软件应有抗分析的能力和完整性的校验手段。应对软件实施加密处理，这样，即使复制者得到了源代码，也不能进行静态分析。

（3）操作系统的完整性。除计算机硬件外，操作系统是确保计算机安全保密的最基本部件。操作系统是计算机资源的管理者，其完整性控制也至关重要，如果操作系统完整性遭到破坏，也将会导致入侵者非法获取系统资源。

（4）内存完整性、磁盘完整性。为防内存及磁盘中的信息不被非法复制、修改、删除、插入或受意外事件的破坏，必须定期检查内存的完整性和磁盘的完整性，以确保内存磁盘中信息的真实性和有效性。

1.2.3 可用性

可用性，是指信息可被合法用户访问并能按要求顺序使用的特性，即在需要时就可以取用所需的信息。确保授权用户或实体对信息及资源的正常使用不会被异常拒绝，允许其可靠而及时地访问信息及资源。即对于有合法访问权并经许可的用户，不应阻止它们访问那些目标，即不应发生拒绝服务或间断服务。反之，则要防止非法者进入系统访问、窃取资源、破坏系统；也要拒绝合法用户对资源的非法操作和使用。可用性问题的解决方案主要有如下两种。

（1）避免受到攻击。一些基于网络的攻击被设计用来破坏、降级或摧毁网络资源。解决办法是强化这些资源使其不受攻击。免受攻击的方法包括：关闭操作系统和网络配置中的安全漏洞；控制授权实体对资源的访问；限制对手操作或浏览流经或流向这些资源的数据从而防止带入病毒等有害数据；防止路由表等敏感网络数据的泄露。

（2）避免未授权使用。当资源被使用、被占用或过载时，其可用性会受到限制。如果未授权用户占用了有限的资源（如处理能力、网络带宽、调制解调器连接等），则这一资源对授权用户就是不可用的。识别与认证资源的使用可以提供访问控制来限制未授权使用。然而，过度频繁地发送请求可能导致网络运行减慢或停止。

1.2.4 可认证性

可认证性，是指从一个实体的行为能够唯一追溯到该实体的特性，可以支持故障隔离、攻击阻断和事后恢复等。一旦出现违反安全政策的事件，系统必须提供审计手段，能够追踪到当事人。这要求系统能识别、鉴别每个用户及其进程，能终结他们对系统资源的访问，能记录和追踪他们的有关活动。

通常使用访问控制对网络资源（软件和硬件）和数据（存储的和通信的）进行认证。访问控制的目标是阻止未授权使用资源和未授权公开或修改数据。访问控制运用于基于身份（Identity）和/或授权（Authorization）的实体。身份可能代表一个真实用户、具有自身身份的一次处理（如进行远程访问连接的一段程序）或者由单一身份代表的一组用户（如给予规测的访问控制）。

身份认证、数据认证等可以是双向的，也可以是单向的。要实现信息的可认证性，可能需要认证协议、身份证书技术的支持。

1.2.5 不可否认性

不可否认性，是指一个实体不能够否认其行为的特性，可以支持责任追究、威慑作用和法律行动等。“否认”指参与通信的实体拒绝承认它参加了那次通信。不可否认性安全服务提供了向第三方证明该实体确实参与了那次通信的能力。

不可否认性服务通常由应用层提供，用户最可能参与为应用程序数据（如电子邮件消息或文件）提供不可否认性。在低层提供不可否认性仅能提供证据证明特定的连接产生，而无法将流经该连接的数据同一个特定的实体相绑定。

确保信息交换的真实性和有效性。信息交换的接收方应能证实所收到信息的来源、内容和顺序都是真实的。为保证信息交换的有效性，接收方收到了真实信息时应予以确认。对所收到的信息不能删除或改变，也不能抵赖或否认。对发送方而言，不能谎称从未发过信息，也不能声称信息是由接收方伪造的。

1.3　信息安全威胁

信息安全所面临的威胁主要包括：利用网络的开放性，采取病毒和黑客入侵等手段，渗透进计算机系统，进行干扰、篡改、窃取或破坏；利用在计算机 CPU（中央处理器）芯片或在操作系统、数据库管理系统、应用程序中预先安置从事情报收集、受控激发破坏的程序，来破坏系统或收集和发送敏感信息；利用计算机及其外围设备电磁泄露，侦截各种情报资料等。

信息系统和网络是颇具诱惑力的受攻击目标。它们抵抗着来自黑客与国家的全方位威胁实体的攻击。因此，它们必须具备限制受破坏程度的能力并在遭受攻击后得以快速恢复。信息保障技术框架[2]认为有以下五类攻击，见表 1-1。

- 被动攻击
- 主动攻击
- 临近攻击
- 内部人员攻击
- 分发攻击

表 1-1　攻击类型

攻击类型	描　述
被动攻击	被动攻击包括流量分析、监视未受保护的通信、解密弱加密的数据流、获得鉴别信息（如口令）
主动攻击	主动攻击包括企图破坏或攻击系统的保护功能、引入恶意代码及偷窃或修改信息。其实现方式包括攻击骨干网、利用传输中的信息渗透某个区域或攻击某个正在设法连接到一个区域上的合法的远程用户。主动攻击所造成的结果包括泄露或传播数据文件、拒绝服务及更改数据
临近攻击	临近攻击指未授权个人以更改、收集或拒绝访问信息为目的而在物理上接近网络、系统或设备。实现临近攻击的方式是偷偷进入或开放访问，或两种方式同时使用
内部人员攻击	内部人员攻击可以是恶意的或非恶意的。恶意攻击可以有计划地窃听、偷窃或损坏信息；以欺骗方式使用信息，或拒绝其他授权用户的访问。非恶意攻击则通常由粗心、缺乏技术知识或为了“完成工作”等无意间绕过安全策略的行为造成
分发攻击	分发攻击指的是在工厂内或在产品分发过程中恶意修改硬件或软件。这种攻击可能给一个产品引入后门程序等恶意代码，以便日后在未获授权的情况下访问信息或系统

1.3.1　被动攻击

被动攻击包括被动监视公共媒体（如无线电、卫星、微波和公共交换网）上的信息传输。抵抗这类攻击的对策包括使用虚拟专用网 VPN、加密保护网路及使用加保护的分布式网络（如物理上受保护的网络/安全的在线分布式网络）。表 1-2 给出了被动攻击特有的攻击实例。

表 1-2 典型被动攻击实例

攻击类型	描述
监视明文	监视网络的攻击者获取无法防止被泄露的用户信息或区域数据
解密加密不善的数据	加密分析能力在公共域内有效
口令嗅探	包括使用协议分析工具捕获用于未授权使用的口令
通信量分析	即使不解密下层信息，外部通信模式的观察也能给对手提供关键信息。例如，通信模式的改变可以暗示从而除去意外因素

1.3.2 主动攻击

主动攻击包括企图避开或打破安全防护、引入恶意代码（如计算机病毒）及转换数据或系统的完整性。典型对策包括增强的区域边界保护（如防火墙和边界护卫）、基于网络管理交互身份认证的访问控制、受保护远程访问、质量安全管理、自动病毒检测工具、审计和入侵检测。表 1-3 提供了主动攻击的实例。

表 1-3 典型主动攻击

攻击类型	描述
修改数据	在金融领域，如果电子交易能够被修改，从而改变交易的数量或者将交易转移到别的账户，其后果将是灾难性的
替换	以前消息的重新插入将耽搁及时的行动。Bellovin 显示了将消息结合在一起的能力如何改变传输中的信息，并且得到想要的结果
会话劫持	包括未授权使用一个已经建立的会话
伪装	包括攻击者将自己伪装成他人，因而得以未授权而访问资源及获取信息。一个攻击者通过实施嗅探或其他手段获得用户/管理员信息，然后使用该信息作为一个授权用户登录。这类攻击也包括用于获取敏感数据的欺骗服务器，通过同未产生怀疑的用户建立信任服务关系来实施该攻击
获取系统软件	攻击者探求运行系统权限的软件的脆弱性
攫取主机或网络信任	攻击者通过操纵文件使虚拟/远方主机提供服务从而攫取传递信任
获得数据执行	攻击者将恶意代码植入看起来无害的供下载的软件或电子邮件中，从而使用户去执行该恶意代码。恶意代码可用于破坏或修改文件，特别是包含权限参数或值的文件。典型的攻击有 PostScript、ActiveX 和微软 Word 宏病毒
植入并刺探恶意代码	攻击者通过先前发现的漏洞并使用该访问来达到其攻击目的。这包括基于某些未来事件来植入软件来执行
开拓协议或基础设施的漏洞	攻击者利用协议中的缺陷来欺骗用户或改变路由通信量。典型的这类攻击有哄骗域名服务器以进行未授权远程登录、使用 ICMP 炸弹使某个机器离线。其他有名的攻击有源路由伪装成信任主机源、TCP 序列号猜测获得访问权、为截获合法连接而进行 TCP 组合等
拒绝服务	攻击者有很多其他的攻击方法，如有效地将一个路由器从网络中脱离的 ICMP 炸弹、在网络中扩散垃圾包及向邮件中心扩散垃圾邮件等

1.3.3 临近攻击

临近攻击中未授权者物理上接近网络、系统或设备，目的是修改、收集或拒绝访问信息。这种接近可以是秘密进入或公开接近，也可以是两者都有。表 1-4 提供了这种攻击独有的典型攻击实例。

表 1-4　典型临近攻击

攻击类型	描　述
修改数据或收集信息	临近的攻击者由于获得了对系统的物理访问权限从而修改或窃取信息，如获取了 IP 地址、登录的用户名和口令等
系统干预	来自临近的攻击者访问并干预系统（如窃听、降级等）
物理破坏	来自获得对系统的物理访问临近者，导致对本地系统的物理破坏
通信量分析	即使不解密下层信息，外部通信模式的观察也能给对手提供关键信息。例如，通信模式的改变可以暗示从而除去意外因素

1.3.4 内部人员攻击

内部人员攻击由内部的人员实施，他们要么被授权在信息安全处理系统的物理范围内，要么对信息安全处理系统具有直接访问权。有两种内部人员攻击：恶意的和非恶意的（不小心或无知的用户）。根据非恶意攻击中用户的安全结果，非恶意情况也被认为是一种攻击。

恶意内部人员攻击——美国联邦调查局的评估显示 80%的攻击和入侵来自组织内部[3]，因为内部人员知道系统的布局、有价值的数据在何处及何种安全防范系统在工作。内部人员攻击来自区域内部，常常最难以检测和防范。

通常，阻止系统合法访问者越界进入他们未被授权的更秘密的区域是比较困难的。内部人员攻击可以集中在破坏数据或访问，包括修改系统保护措施。恶意内部人员攻击者可以使用隐秘通道将机密数据发送到其他受保护的网络中。然而，一个内部人员攻击者还可以通过其他很多途径来破坏信息系统。

非恶意内部人员攻击——这类攻击由授权的人们引起，他们并非故意破坏信息或信息处理系统而是由于其特殊行为而对系统无意地产生了破坏。这些破坏可能由于缺乏知识或不小心所致。

典型对策包括：安全意识和训练，审计和入侵检测；安全策略和增强安全性；关键数据服务和局域网的特殊的访问控制等；在计算机和网络元素中的信任技术，或者一个强的身份识别与认证能力。表 1-5 给出了这类攻击特有的攻击实例。

表 1-5 典型内部人员攻击

攻击类型	描述
● 恶意	
修改数据或安全机制	内部人员由于是共享网络的使用者因而常常对信息具有访问权。这种访问使内部人员攻击者能未授权操作或破坏数据
建立未授权网络连接	对机密网络具有物理访问能力的用户未授权连接到一个低机密级别或敏感网络中
秘密通道	秘密通道是未授权的通信路径，用于从本地区域向远程传输盗用信息
物理损坏或破坏	一种对本地系统的故意破坏或损坏，源于对攻击者赋予的物理访问权
● 非恶意	
修改数据	内部人员攻击者由于缺乏训练，不关心或不专注而修改或破坏本地系统的信息
物理损坏或破坏	也可列入恶意攻击范畴。作为非恶意攻击，它是由于内部人员不小心所致。例如，由于未遵守公布的指导和规则而导致系统意外损坏或破坏

1.3.5 分发攻击

分发攻击一词是指在软件与硬件开发出来之后到安装之前这段时间，或当它从一个地方传输到另一个地方时，攻击者恶意修改软/硬件。在工厂，可以通过加强处理配置控制将这类威胁降低到最低。通过使用受控分发，或使用由最终用户检验的签名软件和存取控制可以解除分发威胁。表 1-6 给出了这类分发特有的典型攻击实例。

表 1-6 典型分发攻击举例

攻击类型	描述
在制造商的设备上修改软/硬件	当软件和硬件在生产线上流通时，可以通过修改软/硬件配置来实施这类攻击。防范这一阶段威胁的对策有严格的完整性控制和在测试软件产品中的加密签名，前者又包括高可靠配置控制
在产品分发时修改软/硬件	这些攻击可以通过在产品分发期内（如在装船时安装窃听设备）修改软件和硬件配置来实施。防范这一阶段威胁的对策包括：在包装阶段使用篡改检测技术，使用授权和批准传递或使用盲买（Blind-Buy）技术

1.4 主要的信息安全技术

1.4.1 身份管理技术

1. PKI 技术

PKI（Public Key Infrastructure）作为一种公钥基础设施，为其他基于非对称密码技术的安全应用提供统一的安全服务，是其他安全应用的基础，提供证书生成、签发、查询、维护、审计、恢复、更新、注销等一系列服务。PKI 提供的证书为身份证书，将公/私钥对中的公钥部分与其拥有者的身份绑定在一起，并使用密码技术保证这种绑定关系的安全性。

PKI 的基础技术包括加密、数字签名、数据完整性机制、数字信封、双重数字签名等。PKI 的组成包括一系列的软件、硬件和协议，包括证书授权机构（Certificate Authority，CA）、注册机构（Register Authority，RA）及证书库。PKI 管理的对象包括密钥、证书及证书撤销列表（Certificate Revocation List，CRL）。

2．CPK 体制

组合公钥密码[3]（Combined Public Key，CPK）体制也是一种基于身份的公钥密码体制，由我国著名密码专家南湘浩所提出。CPK 体制依据离散对数难题的数学原理构建公钥与私钥矩阵，采用杂凑函数与密码变换将实体的标志映射为矩阵的行坐标与列坐标序列，用以对矩阵元素进行选取与组合，生成数量庞大的公钥与私钥组成的公私钥对，从而实现基于标志的超大规模的密钥生产与分发。

CPK 体制的中心思想之一是，由规模很小的“矩阵”通过“组合”生产出数量极为庞大的公钥、私钥对，达到密钥管理规模化的目的。CPK 体制与 PKI 体制相比较，优势在于不需要第三方证明的层次化 CA 链，彻底解决了规模化的问题，由于只需保留少量共用参数（仅占用 25KB 空间就能处理 1048 个以上的公钥），所以无需在线数据库的支持，整个认证过程可以在芯片上实现，提高了效率，降低了成本。同时，CPK 体制具有密钥集中式管理的特点，适于军事通信环境。CPK 体制的缺陷在于抗共谋攻击性较差，密钥更换困难，必须采取其他安全措施保护各用户的私钥，防止私钥种子矩阵被破解。

1.4.2　权限管理技术

权限管理基础设施（Privilege Management Infrastructure，PMI）对权限管理进行了系统的定义和描述，是属性证书、属性权威机构、属性证书库等部件的集合体，用来实现权限和证书的产生、管理、存储、分发和撤销等功能。PMI 使用属性证书表示和容纳权限信息，通过管理属性证书的生命周期实现对权限生命周期的管理。属性证书的申请、签发、注销、验证流程对应着权限的申请、发放、撤销、使用和验证的过程。使用属性证书进行权限管理方式使得权限的管理不必依赖某个具体的应用，而且利于权限的安全分布式应用。

PMI 建立在 PKI 基础之上，与 PKI 相比，其主要区别在于：PKI 证明用户是谁，而 PMI 证明这个用户有什么权限，能干什么，而且 PMI 需要 PKI 为其提供获取属性证书的身份认证依据。它们之间的关系类似于护照和签证的关系。护照是身份证明，唯一标志个人信息，只有持有护照才能证明你是一个合法的人。签证具有属性类别，持有哪一类别的签证才能在该国家进行哪一类的活动。

PMI 实际提出了一个新的信息安全基础设施，能够与 PKI 和目录服务紧密地集成，并系统地建立起对认可用户的特定授权，对权限管理进行了系统的定义和描述，完整地提供了授权服务所需过程。

PMI 在体系上可以分为三级，分别是信任源点 SOA 中心、属性权威机构 AA 中心和 AA 代理点。在实际应用中，这种分级体系可以根据需要进行灵活配置，可以是三级、二级或一级。

1.4.3 本地计算环境安全防护技术

1．主机监控技术

主机监控技术包括集成登录控制、外设控制、主机防火墙、安全审计等多种安全防护机制和自身安全保护机制。

登录控制机制在操作系统安全登录认证机制上加入了自定义的登录认证功能，以实现更高性能的登录认证功能。同时，采用基于 USB Key 的硬件令牌存储用户身份证书，USB Key 有物理上的防篡改机制，可以有效地保护用户身份证书，防止恶意代码盗取用户身份。

外设控制部分可以对计算机外设接口进行访问控制，提供禁用/可用两种可控制状态。能够防止违规使用外部设备或外挂式存储设备。

主机防火墙既可以基于 IP 进行网络访问控制，也可以基于接口进行网络访问控制，能够抵御多种网络攻击，为主机接入网络访问网络资源，提供了主机侧的安全防护能力。

安全审计能够审计移动存储介质在终端的使用情况、用户登录情况、外设操作使用情况、网络访问行为情况、打印操作情况、操作系统文件共享情况。

2．安全操作系统

操作系统的安全在计算机系统的整体安全中起到至关重要的作用。1985 年，美国国防部颁布的可信计算机评测标准，提出了安全操作系统设计在安全策略、客体标志、主体标志、审计、保证、连续保护 6 方面的安全要求。TCSEC 把计算机系统的安全分为 A、B、C、D 四个等级，从 D 开始，等级逐渐提高，系统可信度也随之增加。安全操作系统的设计主要以 TCSEC 为蓝本来进行研究。

3．恶意代码防治技术

恶意代码防治技术主要包括基于特征的扫描技术、校验和技术、恶意代码分析技术和基于沙箱的防治技术。

基于特征的扫描技术源于模式匹配的思想。扫描程序工作之前，必须先建立恶意代码的特征文件，根据特征文件中的特征串，在扫描文件中进行匹配查找。用户通过更新特征文件更新执行扫描的恶意代码防治软件，查找最新版本的恶意代码。

校验和技术主要使用 Hash 和循环冗余码等检查文件的完整性。未有恶意代码的系统首先会生成检测数据，然后周期性地使用校验和法检测文件的改变情况。校验和法可以检测未知恶意代码对文件的修改。

恶意代码分析技术可以分为静态分析方法和动态分析方法。其中静态分析方法有反恶意代码软件的检查、字符串分析、脚本分析、静态反汇编分析和反编译分析；动态分析包括文件检测、进程检测、注册表检测、网络活动检测和动态反汇编分析等。静态分析和动态分析是互补的，对恶意代码分析先执行静态分析后再进行动态分析比单独执行任一种更为有效。

基于沙箱（Sandbox）的防治技术，是指根据系统中每一个可执行程序的访问资源，以及系统赋予的权限建立应用程序的沙箱，从而限制恶意代码的运行。每个应用程序都运行在自己的且受保护的“沙箱”之中，不能影响其他程序的运行。虚拟机就可看做是一种“沙箱”，后文对此还将进行探讨。

4. 可信计算技术

为了从网络终端的体系结构入手解决网络安全问题，业界产生了构建可信计算平台的设想。主要思路是在终端的通用计算平台（如PC、服务器和移动设备等）中嵌入一块物理防篡改芯片TPM（Trusted Platform Module，可信平台模块），作为信任根和安全防护的基础，实施信任链、封装存储和远程证明等安全机制，目前已形成了大量的标准规范。可信计算主要包括信任根与信任链、封装存储及远程证明等技术。

信任根是计算平台中加入的可信第三方，是可信计算平台可信的基础。可信计算平台启动时，以一种受保护的方式进行，要求所有的执行代码和配置信息在其被使用或执行前要进行完整性度量。这样一级度量一级，并存储度量结果的信任传递过程，就构成了信任链。

封装存储是指被TPM加密的敏感数据（如密钥）只能被TPM解密，同时在加密时可将平台的配置状态信息“封装”起来，规定解密时必须具备相符的平台配置状态（PCR值）时才能解密。

远程证明是指可信计算平台向质询的一方证明平台的真实可信，包括身份认证和报告平台完整性状态两方面的内容。

1.4.4 防火墙技术

1. 包过滤技术

包过滤技术又分为静态包过滤和动态包过滤。

静态包过滤运行在网络层，根据IP包的源地址、目的地址、应用协议、源接口号、目的接口号来决定是否放行一个包。其优点是：对网络性能基本上没有影响，成本很低，路由器和一般的操作系统都支持。缺点是：工作在网络层，只检查IP和TCP的包头；不检查包的数据，提供的安全性不高；缺乏状态信息；IP易被假冒和欺骗；规则很好写，但很难写正确，规则测试困难；保护的等级低。

动态包过滤是静态包过滤技术的发展和演化，它与静态包过滤技术的不同点在于，动态包过滤防火墙知道一个新的连接和一个已经建立的连接的不同点，而静态包过滤技术对此一无所知。对于已经建立的连接，动态包过滤防火墙将状态信息写进常驻内存的状态表，后来的包的信息与状态表中的信息进行比较，该动作是在操作系统的内核中完成的。因此，动态包过滤增加了很多的安全性，其速度和效率都较高，成本低，但仍具有与静态包过滤技术相同的缺点。

2．电路网关

电路网关工作在会话层。电路网关在执行包过滤功能的基础上，增加一个握手再证实及建立连接的序列号的合法性检查的过程。同时电路网关还要对客户端进行认证，使其安全性有所提高。认证程序决定用户是否是可信的，一旦认证通过，客户端便发起 TCP 握手标志，并确保相关的序列号是正确且连贯的，这样该会话才是合法的。一旦会话有效，便开始执行包过滤规则的检查。电路网关对网络性能的影响不是很大，中断了网络连接，其安全性要比包过滤高。

3．应用网关

应用网关截获所有进和出的包，运行代理机制，通过网关来复制和转发信息，其功能像一个代理服务器，防止任何直接连接出现。应用网关的代理是与具体应用相关的，每一种应用需要一个具体的代理，代理检查包的所有数据，包括包头和数据，以及工作在 OSI 的第七层。由于应用协议规定了所有的规程，因此较为容易设计过滤规则。应用代理要比包过滤更容易配置和管理。通过检查完整的包，应用网关是目前最安全的防火墙。

然而，应用网关由于与具体应用相关，因此支持的应用总是有限的，而且性能低下也是妨碍应用网关推广的一个重要因素。

4．状态检测包过滤

状态检测综合了很多动态包过滤、电路网关和应用网关的功能。状态检测包过滤有一个最基本的功能，即检查所有开放系统互连（Open System Interconnect，OSI）七层的信息，但主要是工作在网络层，而且主要是采用动态包过滤的工作模式。

状态检测包过滤也能像电路网关那样工作，决定在一个会话中的包是否是正常的。状态检测也能作为一个最小化的应用网关，对某些内容进行检查，但也与应用网关相同，一旦采用这些功能，防火墙的性能也是直线下降。

从很大程度上来说，状态检测防火墙的成功，不完全是一个技术上的成功，而是一个市场概念的成功。状态检测对很多技术进行了简化，然后进行组合。状态检测包过滤并没有克服技术上的局限性。

5. 切换代理

切换代理是动态包过滤和电路网关的一种混合型防火墙。切换代理首先作为一个电路代理来执行 RFC（Internet 标准）规定的三次握手和认证要求，然后切换到动态包过滤模式。因此，开始时，切换代理工作在网络的会话层，在认证完成并建立连接之后，转到网络层。因此，切换代理又称为自适应防火墙，在安全性和效率之间取得了一定程度的平衡。

切换代理比传统的电路网关对网络性能的影响更小，三次握手检查机制减小了 IP 假冒和欺骗的可能性，但是切换代理并没有中断网络连接，因此安全性比电路网关更低，另外，切换代理防火墙的规则也不易设计。

1.4.5　基于网闸的物理隔离技术

物理隔离是指在完全断开网络物理连接的基础上，实现合法信息的共享，隔离的目的不在于断开，而在于更安全地实现信息的受控共享。实施物理隔离技术的安全设备通常被称为物理隔离网闸，安置在两个不同安全等级的网络之间，并使用数据“摆渡”的方式实现两个网络之间的信息交换。“摆渡”意味着物理隔离网闸在任意时刻只能与一个网络建立非 TCP/IP 的数据连接，即当它与外网相连时，它与内网的连接必须是断开的，反之亦然。内、外网在同一时刻永不连接。

1.4.6　网络接入控制技术

早期的网络接入控制主要用于电信网络中，又称接入认证技术，主要对将要接入网络的用户进行认证、授权和审计（AAA）。主要的技术包括 PPPoE、Web 认证和 IEEE 802.1X 三种。目前的网络接入控制技术，通常称为网络准入控制技术，主要强调终端状态的可信，只有具有可信状态的终端才能接入网络，其具有代表性的方案有 Cisco 的 NAC、微软的 NAP 及 TCG（可信计算组织）提出的可信网络连接（TNC）。

PPPoE 将 PPP 的数据帧封装在以太网帧中进行传输，利用 PAP 或 CHAP 认证协议，实现对用户的接入控制。其中，PAP 采用“用户名+口令”的不安全方式，而 CHAP 利用客户端和认证服务端的共享密钥运行基于质询/响应的认证协议。

Web 认证直接应用于浏览器作为认证客户端，需要登录指定的门户（Portal）服务器，在网页上输入用户名和口令。地址获取一般是 DHCP 或静态 IP 的方式。Web 认证的优点是支持按用户方式收费，可以跨三层使用，可以支持数字证书认证。

IEEE 802.1X 协议全称是“基于接口的网络接入控制”，需要用户终端安装 802.1X 认证客户端软件，用户认证报文通过接入的以太网交换机送到后台的 Radius 服务器进行认证，用户认证通过后将与其相连的以太网交换机接口打开。

网络准入控制是网络接入认证技术的增强，它除了对终端的用户进行身份认证外，还要对终端平台进行身份认证，以及对终端完整性状态进行检查。其中Cisco的架构称为NAC（网络准入控制），利用安装在终端上的思科信任代理，收集终端的安全状态信息，如防病毒软件的病毒库信息、操作系统补丁信息，并将其发送到网络接入设备，后者将这些信息连同终端的证书一起发送给策略服务器，由策略服务器根据终端的证书和安全状态信息决定是否采用终端接入网络的策略，包括许可、拒绝、隔离和限制。

1.4.7 入侵检测技术

1. 误用检测技术

误用检测技术也称为基于知识的检测技术或者模式匹配检测技术。它是假设所有的网络攻击行为和方法都具有一定的模式或特征，如果把以往发现的所有网络攻击的特征总结出来并建立一个入侵信息库，那么IDS（入侵检测系统）可以将当前捕获到的网络行为特征与入侵规则库中的特征信息进行比较，如果匹配，则当前行为就被认定为入侵行为。这个比较过程可以很简单（如通过字符串匹配以寻找一个简单的条目或指令），也可以很复杂（如利用正规的数学表达式来表达安全状态的变化）。

2. 异常检测技术

异常检测技术也称为基于行为的检测技术，是指根据用户的行为和系统资源的使用状况来判断是否存在网络攻击。异常检测技术首先假设网络攻击行为是异常的，区别于所有的正常行为。如果能够为用户和系统的所用正常行为总结活动规律并建立行为模型，那么入侵检测系统可以将当前捕获到的网络行为与行为模型相对比，若入侵行为偏离了正常的行为轨迹，就可以被检测出来。

异常检测技术先定义一组系统正常活动的阈值，如CPU利用率、内存利用率、文件校验和等，然后将系统运行时的数值与所定义的“正常”情况比较，得出是否有被攻击的迹象。这种检测方式的核心在于如何分析系统运行情况。

1.4.8 安全管理技术

1. 安全事件关联分析技术

安全事件关联分析技术包括基于规则的安全事件关联分析技术和统计关联分析技术。

基于规则的关联是指将攻击的特征（一系列按一定顺序发生的安全事件）预定义在规则库中，当检测到的一系列安全事件与规则匹配时，触发规则。基于规则的关联主要用于发现已知的攻击，具体包括限定关联、顺序关联和阈值关联。

统计关联使用某种算法对发生的安全事件进行计算，获得定义某些统计量（如网络安全态势或事件威胁等级）的数值。通过一段时间的学习得出这些数值的正常范围。然后计算正在发生的安全事件对这些数值的影响，一旦偏离了正常范围，则判定发生了异常行为。

2. 安全联动技术

简单的安全联动过程包括事件检测、联动双方通信和联动响应三个步骤。首先事件检测设备（如 IDS）与联动响应设备（如防火墙）通过联动协议建立起通信信道。当事件检测设备检测到安全事件时，联动双方首先要建立起稳定而可靠的连接，通过认证确认对方身份后，事件检测设备将安全事件消息通过联动协议加密发送给联动响应设备，后者发送一个消息应答，并通过解析安全事件消息进行联动响应。联动结束后，联动响应设备与事件检测设备断开连接。因此，一次简单联动的过程除了检测安全事件和联动响应外，还包括联动的双方通过联动协议进行通信的过程，包括建立连接、数据传输、断开连接三个阶段。

3. 漏洞扫描及管理技术

漏洞扫描技术，是指通过匹配漏洞库检测或模拟攻击，来发现网络中存在的安全漏洞，是一种主动检测网络脆弱性的技术。通常所说的漏洞扫描分三个阶段进行：第一阶段是发现目标主机或网络；第二阶段是发现目标后进一步收集目标系统的信息，包括操作系统类型、端口（服务）和服务软件的版本，以及网络的拓扑结构和路由设备信息；第三步是真正意义上的漏洞扫描，即根据收集到的信息，利用已有的漏洞库进行模式匹配，或者模拟攻击来发现真正存在的安全漏洞。

漏洞管理技术是在漏洞扫描技术的基础上新发展起来的一项技术，与漏洞扫描技术根本性的不同在于，漏洞管理技术不仅关注漏洞，是将网络资产、漏洞和威胁紧密结合，以这三个要素共同呈现网络面临的风险。

1.4.9 密码技术

密码技术是以研究数据保密为目的，对存储或者传输的信息采取秘密保护措施以防止信息被第三者窃取的技术。密码技术是信息安全的核心技术，已经渗透到大部分安全产品之中，并正向芯片化方向发展。

密码技术是一门古老而深奥的学科，它对一般人来说是陌生的，因为长期以来，它只在很少的范围内，如军事、外交、情报等部门使用。信息的秘密性要求被存储或传输的数据信息是经过伪装的，即使数据被非法的第三方窃取或窃听都无法破译其中的内容。要达到这样的目的，则必须采用密码技术。

密码技术的基本原理及基本思想是在加密密钥 K_e 的控制下，采用加密函数（加密算法）E 将要保护的数据（即明文 M）加密成密文 C，以便使第三方无法理解它的真实含义。此加密过程通常记为：C=E（M，K_e）。而解密则是在解密密钥 K_d 的控制下，通过解密函数（解密算法）D 对密文 C 进行反变换后，将其还原成明文 M，此过程记为 M=D（C，K_d），密码原理如图 1-1 所示。

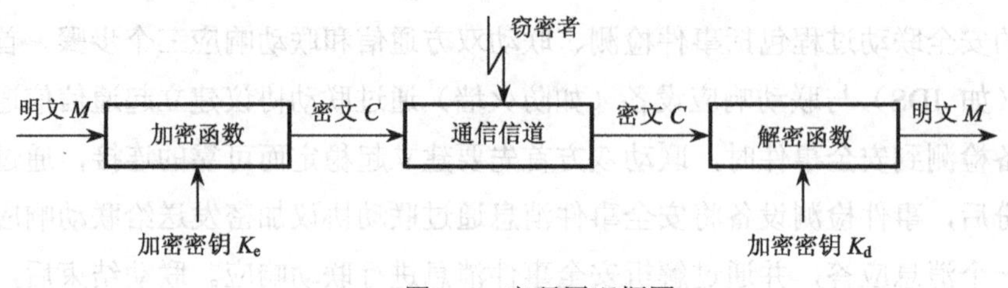

▶ 图 1-1　密码原理框图

密码学研究包含两部分内容：加密算法的设计和研究及密码分析和密码破译。窃密者与报文接收方的区别在于不知道解密密钥，无法轻易将密文还原为明文。

加密技术的密码体制分为对称密钥体制和非对称密钥体制两种。相应的，对数据加密的技术也分为两类，即对称加密（私人密钥加密）和非对称加密（公开密钥加密）。密钥保护也是防止攻击的重点。

1.5　信息安全的发展历程

随着社会的进步和技术的发展，信息安全也有一个发展的过程。一般可将信息安全分成通信保密、计算机安全、信息安全和信息保障 4 个阶段[1]。

1.5.1　通信保密阶段

在早期，通信技术还不发达，计算机只是零散地位于不同的地点，信息系统的安全一方面局限于保证计算机的物理安全，另一方面又通过密码（主要是序列密码）解决通信安全保密问题。把计算机安置在相对安全的地点，不容许生人接近，这样就可以确保数据安全了。但是，信息是必须要交流的。如果这台计算机的数据需要让别人读取，而需要数据的人在异地，怎么办？只有将数据复制在介质上，派专人秘密地送到目的地，复制进计算机后再读取出数据。即使是这样，也不是完美无缺的，谁来保证信息传递员的安全？因此这个阶段人们强调的信息系统安全性更多的是注重信息的保密性，对安全理论和技术的研究也仅限于密码学，这一阶段的信息安全可以简单称为通信保密，它侧重于数据从一地传输到另外一地时的保密性。1949 年 Shannon（仙农）发表的《保密通信的信息理论》将密码学的研究纳入了正常的轨道，移位寄存器的物理舞台给数学家基于代数编码理论提供了运用智慧的空间。

1.5.2 计算机安全

在科学技术飞跃发展的今天，通过计算机网络传递的信息已与物质、能量并列成为人类社会的三大支柱。信息的价值和人类社会对信息的依赖，使计算机和计算机网络成为怀着各种目的的人攻击的首要目标。计算机逐步进入每个家庭、每个办公室，国际互联网也把各类计算机互连成一个全球开放性的社会网，以使每个人在任何地点、任何时间都能接入全球信息网。通信和计算机网络成为一个国家的信息基础设施的主要组成部分。正因计算机已在整个社会中担任如此重要的角色，国家的政治、经济、军事、金融，乃至人们的工作和生活，都将依赖计算机，对计算机的需求就像今天我们需要水、电一样。因此，可以说，信息化程度越高的国家，依赖计算机的程度就越高，一旦一个国家的信息基础设施遭受破坏，则国家的政治、经济、金融将陷入瘫痪。

由于当代计算机系统存在固有的脆弱性，使得非法分子有了可乘之机，他们充分利用计算机的脆弱性，采用非法手段，窃取军事机密、篡改银行账目、盗用私人信用卡，甚至阻塞并导致整个计算机网络的瘫痪。所有这一切，都将严重危及国家安全并影响社会治安，造成重大决策失误、指挥失灵、经济损失等难以估量的后果。据报道，美国政府一计算机网络（包括国家宇航局、国防部的计算机在内），就曾因病毒的侵入和扩散，使 18 万台计算机被阻塞，6000 多台计算机瘫痪，大量数据因“死机”而丢失，经济损失达 1 亿美元。这一事件影响之大，被评为当年世界十大科技新闻之一。此外，全世界现有计算机大部分是个人微机，如此众多的微机，一方面可作为促进经济的倍增器，但另一方面也可能被用做攻击计算机网络的工具。尤其在发达国家，许多微机可直接通过电话线连网，以致那些“黑客”们在家中就可以随时尝试非法侵入计算机网络。目前，国外已有许多计算机“黑客俱乐部”，并且有黑客出版的杂志，竟公开交流黑客经验。有的“黑客”甚至在议会公开宣称，世界上没有一个计算机网络没有被人非法侵入过。

由此可见，计算机和计算机网络在其迅速发展的同时，也正日益成为非法分子攻击的首要目标。因此，为切实加强计算机系统的安全性，有必要对计算机系统安全保护的目标、军用安全模型、一般安全问题及入侵攻击，以及恶意程序（病毒、蠕虫、特洛伊木马）、信息战和黑客等做一深入探讨。

1.5.3 信息安全阶段

20 世纪 60 年代后期，半导体和集成电路技术的飞速发展推动了计算机软/硬件的发展，计算机和网络技术的应用进入了实用化和规模化阶段，数据的传输已经可以通过计算机网络来完成了。

当计算机连网之后，新的安全问题出现了，同时老的安全问题也以不同的形式出现。网络的安全不同于以往的通信安全。计算机网络中，信息已经分成了静态信息和动态信息了。人们对安全的关注已经逐渐发展到以保密性、完整性和可用性为目标的信息安全阶段，主要确保计算机系统中硬件、软件安全及正在处理、存储和传输的信息在传输过程中不被窃取，即使被窃取了也不能读出正确的信息；保证数据在传输过程中不被篡改，让读取信息的人能够看到正确无误的信息；保障连网的通信设备，包括路由器、交换机等能够正常工作。

1977 年美国国家标准局（NBS）推出的国家数据加密标准（DES）和 1983 美国国防部推出的可信计算机系统评价准则（TCSEC—Trusted Computer System Evaluation Criteria 1985 年再版）标志着解决计算机信息系统保密性问题的研究和应用迈上了新台阶。这一时期，国际上把相应的信息安全工作称之为数据保护。

1.5.4　信息保障阶段

到了 20 世纪 90 年代，由于互联网技术的飞速发展，信息无论是对内还是对外都得到极大开放，由此产生的信息安全问题跨越了时间和空间，信息安全的焦点已经不仅仅是传统的保密性、完整性和可用性三个原则了，由此衍生出了诸如可控性、可靠性、不可否认性等其他的原则和目标，信息安全也发展到从整体角度考虑其体系建设的信息保障阶段。

这个阶段的重点是保护信息，确保信息在存储、处理、传输过程中及信息网络系统中不被破坏，确保合法用户得到合理的服务并限制非授权用户访问和利用系统资源，以及采取必要的防御攻击的措施。如果说对信息的保护，主要还是从传统的安全理念到信息化安全理念的转变，那么面对业务的安全，就要完全从信息化的角度考虑信息的安全。体系性的安全保障理念，不仅要关注系统的漏洞，同时要从业务的生命周期着手，对业务流程进行分析，找出流程中的关键控制点，从安全事件出现的前、中、后三个阶段进行安全保障。面向业务的安全保障不再是建立防护屏障，而是建立一个“深度防御体系”，通过更多的技术手段把安全管理与技术防护联系起来；不再是被动地保护自己，而是主动地防御攻击。也就是说，面向业务的安全防护已经从被动走向主动，安全保障理念已从风险承受模式走向安全保障模式。

随着网络上业务的增多，各个业务系统的边界逐渐模糊，系统间需要相互融合，数据需要互通互换，多个业务系统的开发与运营统一到一个管理平台上来，这些平台成为面向服务的架构的基础。因此，对单个业务的安全保障需求演变为对多个业务交叉系统的综合安全需求，信息系统基础设施与业务之间的耦合程度逐渐降低，安全也分解为若干单元，安全不再面对业务本身，而是面对使用业务的客户，具体而言就是用户在使用信息系统平台承载业务时，涉及该业务安全保障，由此，安全保障也从面向业务发展到面向服务。

物联网安全是包括感知、网络、应用各部分的综合安全，必须以信息安全保障的思路去保障。

本章小结

本章先介绍信息安全的基本概念，分析信息安全的主要威胁；然后描述信息安全的基本属性，包括保密性、完整性、可用性、可认证性和不可否认性；接着介绍信息安全的发展历史，从最初的通信保密已发展到如今的信息保障阶段；最后列举了信息安全的主要技术。

问题思考

信息安全对于目前的网络来说十分重要。请读者思考，采用了安全防护措施，网络是不是就绝对安全了？目前网络都面临哪些安全威胁？信息安全，是否都与密码技术相关？试举例说明非密码的安全技术。

第2章 物联网安全概述

内容提要

物联网的研究目前十分火热，但是物联网并不是全新的概念，物联网是互联网的延伸和发展。物联网将实现物与物的广泛“联网”，物联网时代网络与人们的日常生活将更加紧密。广泛的物联网应用将带来大量的安全新挑战。物联网安全技术与互联网安全技术相比，更具大众性和平民性，与所有人的日常生活密切相关。物联网应用的普遍性要求物联网安全技术采用低成本、简单、易用、轻量级的解决方案。本章首先介绍物联网的基本概念和物联网的体系结构，然后分析物联网安全的新特征和物联网安全的各种威胁，接着提出物联网安全体系结构，最后介绍物联网安全的关键技术。

本章重点

- 物联网基本概念和体系结构
- 物联网安全新特征
- 物联网安全体系结构
- 物联网安全关键技术

2.1 物联网简介

2.1.1 物联网的基本概念

物联网[4]（Internet of Things，IoT），顾名思义，物联网就是“物物相连的网络”。物联网的最终目标是要将自然空间中的所有物体通过网络连接起来。物联网的核心和基础是网络，是在现有各种网络基础上延伸和扩展的网络，同时现实生活中的所有物体在物联网上都有对应的实体，可以说最终的物联网就是虚拟的、数字化的现实物理空间（可参考电影《黑客帝国》想象）。国际电信联盟（International Telecommunication Union，ITU）2005年的一份报告曾描绘了“物联网”时代的场景：当司机出现操作失误时汽车会自动报警；公文包会提醒主人忘带了什么东西；衣服会“告诉”洗衣机对颜色和水温的要求等。

物联网的概念是麻省理工学院Auto-ID实验室的Ashton教授于1999年提出的。物联网本身是一个容易理解的概念，但由于其涉及现实世界的方方面面，尤其是在温家宝总理发表了“感知中国”的讲话之后，各行各业都不约而同地发表自己对物联网的理解，由于出发点和视角的差异，这些理解难免不一致，目前物联网的定义还没有完全统一，其普遍采用的定义是：利用二维码、无线射频识别（Radio Frequency Identification Devices，RFID）、红外感应器、全球定位系统（Global Position System，GPS）、激光扫描器等各种感知技术和设备，使任何物体与网络相连，全面获取现实世界的各种信息，完成物与物、人与物的信息交互，以实现对物体的智能化识别、定位、跟踪、管理和控制。

从物联网本质上看，物联网是现代信息技术发展到一定阶段后出现的一种聚合性应用与技术提升，将各种感知技术、现代网络技术和人工智能与自动化技术聚合与集成应用，使人与物智慧对话，创造一个智慧的世界。

“物联网”被称为继计算机、互联网之后，世界信息产业的第三次革命性创新。物联网一方面可以提高经济效益，大大降低成本；另一方面可以为经济的发展提供技术推动力。物联网将把新一代信息技术充分运用到各行各业中，具体地说，就是要给现实世界的各种物体，包括建筑、家居、公路、铁路、桥梁、隧道、水利、农业、油气管道、供水及各种生产设备，装上传感器，并且要将这些传感器通过有线/无线通信手段与核心网络连接起来，实现人类社会与物理世界的融合，同时网络上还将连接各种执行器，也就是说物联网不光是感知世界，同时也能够控制世界。

物联网的基础要实现网络融合，现有的互联网、电信网（包括移动通信系统）、广播电视网络首先要融合成一个统一的“大网络”，即目前如火如荼展开的三网融合。物联网在融合大网络的基础上，能够对网络上的人员、机器设备和基础设施实施实时的管理和控制。物联网时代，人类的日常生活将发生翻天覆地的巨大变化。

物联网具备三个特点：一是全面感知，即利用 RFID、传感器、二维码等随时随地获取物体的信息；二是可靠传递，通过各种电信网络与互联网的融合，将物体的信息实时准确地传递出去；三是智能应用，利用云计算、模糊识别等各种智能计算技术，对天量（互联网中，人们常说海量数据，物联网的信息量比互联网大得多，因而本书将其称为天量数据）数据和信息进行分析和处理，对物体实施智能化的控制。

首先，它是各种感知技术的广泛应用。物联网上安置了海量的多种类型传感器，每个传感器都是一个信息源，不同类别的传感器所捕获的信息内容和信息格式不同。传感器获得的数据具有实时性，按一定的频率周期性地采集环境信息，不断更新数据。

其次，它是一种建立在融合网络之上的泛在网络。物联网技术的重要基础和核心仍旧是网络，也就是融合了现有互联网、电信网、广播电视网的新型网络，通过各种有线和无线接入手段与网络融合，将物体的信息实时、准确地传递出去。在物联网上的传感器定时采集的信息需要通过网络传输，由于其数量极其庞大，形成了天量信息，在传输过程中，为了保障数据的正确性和传输的及时性，必须适应各种异构网络和协议。

最后，物联网不仅仅提供了传感器的连接，其本身也具有智能处理的能力和执行器件，能够对物体实施智能控制。物联网将传感器和智能处理相结合，利用云计算、模式识别等各种智能技术，扩充其应用领域。从传感器获得的天量信息中分析、加工和处理出有意义的数据，以适应不同用户的不同需求，发现新的应用领域和应用模式。

2.1.2　物联网概念提出的背景

1999 年美国麻省理工学院 Auto-ID 中心的 Ashton 教授在研究 RFID 时提出了物联网的概念：基于互联网、RFID 技术，在计算机互联网的基础上，利用射频识别技术、无线数据通信技术等，构造一个实现全球物品信息实时共享的实物互联网“Internet of things”（简称物联网）。

2005 年 11 月 17 日，在突尼斯举办的信息社会世界峰会（WSIS）上，ITU 发布《ITU 互联网报告 2005：物联网》，引用了“物联网”的概念。物联网的定义和范围已经发生了变化，覆盖范围有了较大的拓展，不再只是指基于 RFID 技术的物联网。报告指出，无所不在的“物联网”通信时代即将来临，世界上所有的物体从轮胎到牙刷、从房屋到纸巾都可以通过网络自动进行信息交换。RFID 技术、传感器技术、纳米技术、智能嵌入技术将得到更加广泛的应用。

2008 年后，为了促进科技发展，寻找经济新的增长点，各国政府开始着手下一代的技术规划，将目光放在了物联网上。

2009 年 1 月 28 日，奥巴马就任美国总统后，与美国工商业领袖举行了一次“圆桌会议”。作为仅有的两名代表之一，IBM 首席执行官彭明盛首次提出“智慧地球”这一概念，建议新政府投资新一代的智慧型基础设施。当年，美国将新能源和物联网列为振兴经济的两大重点。

2009 年 2 月 24 日，IBM 大中华区首席执行官钱大群提出了名为“智慧的地球”的最新策略。此概念一经提出，即得到美国各界的高度关注，甚至有分析认为 IBM 公司的这一构想极有可能上升至美国的国家战略，并在世界范围内引起轰动。IBM 认为，IT 产业下一阶段的任务是把新一代 IT 技术充分运用到各行各业之中。IBM 希望“智慧的地球”策略能掀起“互联网”浪潮之后的又一次科技产业革命。“智慧地球”战略被不少美国人认为与当年的“信息高速公路”有许多相似之处，同样被他们认为是振兴经济、确立竞争优势的关键战略。该战略能否掀起如当年互联网革命一样的科技和经济浪潮，不仅为美国关注，更为世界所关注。

2009 年 8 月温家宝总理在视察中科院无锡物联网产业研究所时，对于物联网应用也提出了一些看法和要求。自温总理提出“感知中国”以来，物联网被正式列为国家五大新兴战略性产业之一写入“政府工作报告”，物联网在中国受到了全社会极大的关注，其受关注程度是在美国、欧盟及其他各国不可比拟的。

物联网的概念与其说是一个外来概念，不如说它已经是一个“中国制造”的概念，他的覆盖范围与时俱进，已经超越了 1999 年 Ashton 教授和 2005 年 ITU 报告所指的范围，物联网已被贴上“中国式”标签。截至 2010 年，发改委、工信部等部委正在会同有关部门，在新一代信息技术方面开展研究，以形成支持新一代信息技术的一些新政策措施，从而推动我国经济的发展。

2.1.3 物联网相关概念及关系

1. 物联网与互联网

目前，物联网被炒得火热，各行各业的人将其说得十分“玄乎”，但是，我们要认识到，物联网并不是凭空提出的概念。物联网本身是互联网的延伸和发展。目前，互联网已发展到空前高度，人们通过互联网了解世界十分便利。但随着人们认识的提高，人们对生活品质的要求越来越高，人们不再满足现有互联网这种人与人交互的模式，人们追求能够通过网络实现人与物的交互，甚至物与物的自动交互，不再需要人的参与。基于这些背景，以及技术的发展，物联网概念的提出水到渠成。物联网是在现有互联网的基础上，利用各种传感技术，构建一个覆盖世界上所有人与物的网络信息系统。人与人之间的信息交互和共享是互联网最基本的功能。而在物联网中，我们更强调的是人与物、物与物之间信息的自动交互和共享。

2．物联网相关概念及关系

1）传感网

目前，传感网一般是指无线传感器网络，即WSN（Wireless Sensor Network）。无线传感器网络是指“随机分布的集成有传感器、数据处理单元和通信单元的微小节点，通过自组织方式构成的无线网络”。无线传感器网络由大量无线传感器节点组成，每个节点由数据采集模块、数据处理模块、通信模块和能量模块构成。其中数据采集模块主要是各种传感器和相应的A/D转换器，数据处理模块包括微处理器和存储器，通信模块主要是无线收发器，无线传感器网络节点一般采用电池供电。无线传感器网络技术是物联网最重要的技术之一，也是物联网与现有互联网区别所在的主要因素之一，可广泛应用于军事、国家安全、环境科学、交通管理、灾害预测、医疗卫生、制造业、城市信息化建设等领域。

2）泛在网

泛在网（Ubiquitous Network）也被称为无所不在的网络。泛在网概念的提出比物联网更早一些，国际上对其的研究已有相当长的时间。这个概念得到了美、欧在内的世界各个国家和地区的广泛关注。泛在网将4A作为其主要特征，即可以实现在任何时间（Anytime）、任何地点（Anywhere）、任何人（Anyone）、任何物（Anything）都能方便地通信。泛在网内涵更多地以人为核心，关注可以随时随地获取各种信息，几乎包含了目前所有的网络概念和研究范畴。

3）信息物理系统

信息物理系统（Cyber Physical Systems，CPS）是美国自然基金会2005年提出的研究计划。CPS是“人、机、物”深度融合的系统，CPS在物与物互连的基础上，强调对物实时、动态的信息控制和信息服务。CPS试图克服已有传感网各个系统自成一体、计算设备单一、缺乏开放性等缺点，更注重多个系统间的互连互通，并采用标准的互连互通协议和解决方案，同时强调充分运用互联网，真正实现开发的、动态的、可控的、闭环的计算和服务支持。CPS概念和物联网的概念类似，只是目前的物联网更侧重于感知世界。

4）M2M

M2M即Machine to Machine，指机器到机器的通信，也包括人对机器和机器对人的通信。M2M是从通信对象的角度出发表述的一种信息交流方式。M2M通过综合运用自动控制、信息通信、智能处理等技术，实现设备的自动化数据采集、数据传输、数据处理和设备自动控制，是不同类型通信技术的综合运用。M2M让机器、设备、应用处理过程与后台信息系统共享信息，并与操作者共享信息。M2M是物联网的雏形，是现阶段物联网应用的主要表现。

传感网可以看成是“传感模块”加上“组网模块”而构成的一个网络，更像一个简单的信息采集的网络，仅仅感知到信号，并不强调对物体的标志，最重要的是传感网不涉及执行器件。物联网的概念比传感网大，它主要是人感知物、标示物的手段，除了传感网外，还可以通过二维码、一维码、RFID 等随时随地地获取信息；物联网除了感知世界外，还要控制物体执行某些操作。从泛在网的内涵看，它首先关注的是人与周边的和谐交互，各种感知设备与无线网络不过是手段；从概念上看，泛在网与最终的物联网是一致的。M2M 是机器对机器的通信，M2M 是物联网的前期阶段，是物联网的组成部分。CPS 则是物联网的学术提法，侧重于研究，而物联网则是侧重于工程技术。物联网、传感网、M2M、泛在网、互联网、移动网的相互关系如图 2-1 所示。

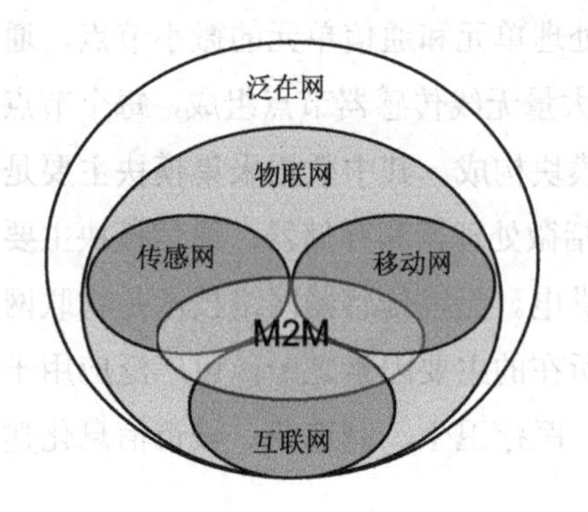

▶ 图 2-1　物联网、泛在网、M2M、传感网、互联网、移动网关系图

2.1.4　物联网体系结构

物联网是一个基于感知技术，融合了各类应用的服务型网络系统，可以利用现有各类网络，通过自组网能力，无缝连接、融合形成物联网，实现物与物、人与物之间的识别与感知，发挥智能作用。在业界，物联网被分为三个层次，底层是感知世界的感知层，中间是数据传输的网络层，最上面则是应用层，如图 2-2 所示。

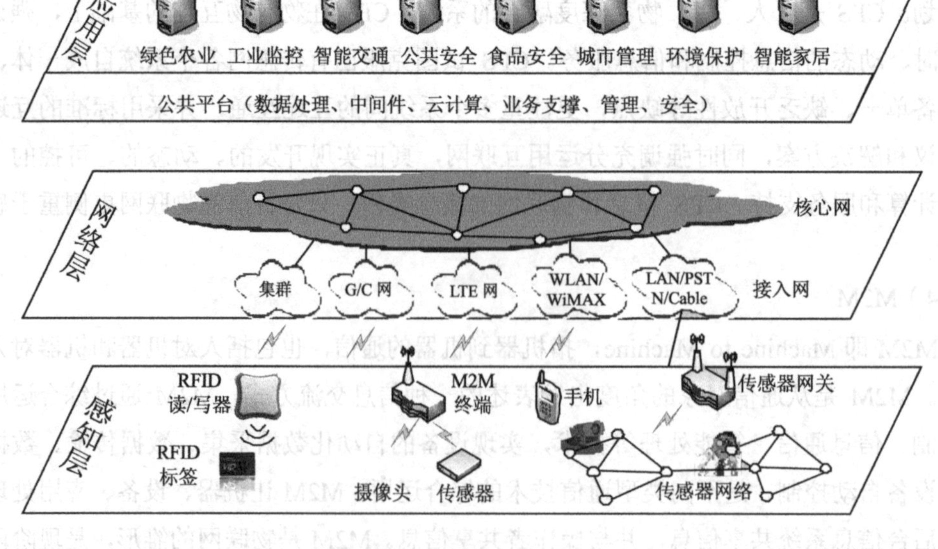

▶ 图 2-2　物联网体系结构

1. 感知层

物联网的感知层，主要完成信息的采集、转换和收集，以及执行某些命令。感知层包含传感器件和控制器件两部分，用于数据采集及最终控制；短距离传输网络，将传感器件手机的数据发送到网关或将应用平台控制命令发送到控制器件。传感器件包括条码和读/写器、RFID 和读/写器、摄像头、GPS、各种传感器、终端、传感器网络等。

感知层要形成泛在化的末端感知网络。各种传感器、RFID 标签与其他感知器件要泛在化布设，无处不在。末端感知网络泛在化说明：第一，全面的信息感知是实现物联网的基础；第二，解决低功耗、小型化与低成本是推动物联网普及的关键。"末端感知网络"是相对网络层来说的，它位于物联网的末端，自身不承担转发其他网络的作用。此外，除了上述传统意义上的感知器件之外，现在世界各国大力研究的智能机器人未来也将是物联网的一部分。

2. 网络层

物联网的网络层包括核心网和各种接入网，网络层将感知层获取的信息传输给处理中心和用户。物联网的核心网络是在现有互联网基础上，融合电信网、广播电视网等形成的面向服务、即插即用的栅格化网络；而接入网则包括移动的 2G/3G 网、集群、无线城域网等，通过接入网络，感知层能够将信息传输给用户，同时用户的指令也可以传输给感知层。

目前，物联网的核心网基本与互联网的核心网一致，但随着时间的推移及人们认知的提高，由于物联网广泛增长的信息量及信息安全要求的提高，物联网的核心网将在现有核心网上扩展而成或者是有技术体制差别的新型网络。目前业界针对 IP 网络安全性差的先天缺陷提出了多种改进方案，如名址分离、集中控制、源地址认证等，这些思想肯定会在今后的物联网核心网发展过程中得以体现。

物联网的接入网也在发展，未来的 4G 网络，各种宽带接入系统，都将是接入网的组成部分，随着感知节点的增多，天量信息的接入将对接入网带来全新的挑战。

3. 应用层

物联网的应用层主要是通过分析、处理与决策，完成从信息到知识、再到控制指挥的智能演化，实现处理和解决问题的能力，完成特定的智能化应用和服务任务。应用层包括数据处理、中间件、云计算、业务支撑系统、管理系统、安全服务等应用支撑系统（公共平台），以及利用这些公共平台建立的应用系统。

物联网的应用层将是普适化的应用服务。物联网应用服务将具备智能化的特征。物联网的智能化体现在协同处理、决策支持及算法库和样本库的支持上。实现物联网的智能化应用服务涉及天量数据的存储、计算与数据挖掘等技术。

物联网中，云计算将起到十分重要的作用，云计算适合于物联网应用，云计算由于规模化带来的经济效应将对实现物联网应用服务的普适化起到重要的推动作用。

除了感知层、网络层和应用层之外，物联网的管理也是一项重要的内容。物联网中涉及的大量节点、网络和应用，需要高效、稳定、可靠的管理系统维护系统的运行。

值得注意的是，物联网的概念非常广泛，其体系结构包括了各个方面，但是这不意味着今后全世界只有一个物联网。正如目前国际互联网将全世界连通之外，还存在很多的私有网络，这些网络按照互联网的技术建立，但是并不与国际互联网连接。同样，今后除了全球的大物联网之后，也存在很多独立的小物联网。

2.1.5 物联网技术应用领域

物联网可以广泛地应用于很多领域，包括物流、医疗、家居、城管、环保、交通、公共安全、农业、校园及军事等。

1. 现代物流

在现代物流中，物联网技术可应用于车辆定位、车辆监控、航标遥测管理、货物调度追踪等。现代物流中“虚拟仓库”的概念需要由物联网技术来支持，从神经末梢到整个运行过程的实时监控和实时决策也必须由物联网来支持。

现代物流打造了集信息展现、电子商务、物流配载、仓储管理、金融质押、园区安保、海关保税等功能为一体的物流园区综合信息服务平台。

信息服务平台以功能集成、效能综合为主要开发理念，以电子商务、网上交易为主要交易形式，建设了高标准、高品位的综合信息服务平台。并为金融质押、园区安保、海关保税等功能预留了接口，可以为园区客户及管理人员提供一站式综合信息服务。

2. 智能医疗

物联网在智能医疗中的主要应用包括查房、重症监护、人员定位及无线上网等医疗信息化服务。通过物联网，医生可以通过随身携带的具有无线网络功能的个人终端，更加准确、及时、全面地了解患者的详细信息，使患者也能够得到及时、准确的诊治。

智能医疗系统借助简易实用的家庭医疗传感设备，对家中患者或老人的生理指标进行自测，并将生成的生理指标数据通过中国电信的固定网络或3G无线网络传输到护理人或有关医疗单位。根据客户需求，中国电信还提供相关增值业务，如紧急呼叫救助服务、专家咨询服务、终生健康档案管理服务等。智能医疗系统真正解决了现代社会子女们因工作忙碌无暇照顾家中老人的无奈，可以随时表达孝子情怀。

3. 智能家居

智能家居通过在家庭环境中配置各类传感器和感应器，可以通过远程方式实现对家庭中的冰箱、空调、微波炉、电视、电话、电灯等家居用品的控制。

智能家居系统融合自动化控制系统、计算机网络系统和网络通信技术于一体，将各种家庭设备（如音/视频设备、照明系统、窗帘控制、空调控制、安防系统、数字影院系统、网络家电等）通过智能家庭网络连网实现自动化，通过中国电信的宽带、固话和 3G 无线网络，可以实现对家庭设备的远程操控。

与普通家居相比，智能家居不仅提供舒适宜人且高品位的家庭生活空间，实现更智能的家庭安防系统，还将家居环境由原来的被动静止结构转变为具有能动智慧的工具，提供全方位的信息交互功能。

4．数字城市

数字城市包括对城市的数字化管理和城市安全的统一监控。前者利用“数字城市”理论，基于 3S（GIS、GPS、RS）等关键技术，深入开发和应用空间信息资源，建设服务于城市规划、城市建设和管理，服务于政府、企业、公众，服务于人口、资源环境、经济社会的可持续发展的信息基础设施和信息系统。

后者基于宽带互联网的实时远程监控、传输、存储、管理业务，利用中国电信无处不到的宽带和 3G 网络，将分散、独立的图像采集点进行连网，实现对城市安全的统一监控、统一存储和统一管理，为城市管理和建设者提供一种全新、直观、视/听觉范围延伸的管理工具。

5．数字环保

数字环保是以环境保护为核心，有基础应用、延伸应用、高级应用与战略应用等多个层面的环境保护管理平台集成的系统。数字环保包括环境测控跟踪系统、环境预测预报系统、污染源显示系统、污染源异动跟踪报警系统、环境状态速查系统等。

物联网数字环保应用的典型案例是太湖环境监控项目，它是通过安装在环太湖地区的各个监控的环保和监控传感器，将太湖的水文、水质等环境状态提供给环保部门，实时监控太湖流域水质等情况，并通过互联网将监测点的数据报送至相关管理部门。

6．智能交通

智能交通系统包括公交行业无线视频监控平台、智能公交站台、电子票务、车管专家和公交手机一卡通 5 种业务。

公交行业无线视频监控平台利用车载设备的无线视频监控和 GPS 定位功能，对公交运行状态进行实时监控。

智能公交站台通过媒体发布中心与电子站牌的数据交互，实现公交调度信息数据的发布和多媒体数据的发布功能，同时还可以利用电子站牌实现广告发布等功能。

电子门票是二维码应用于手机凭证业务的典型应用，从技术实现的角度来看，手机凭证业务就是手机+凭证，是以手机为平台、以移动网络为媒介，通过特定的技术实现完成凭证功能。

车管专家利用全球卫星定位技术、无线通信技术、地理信息系统技术等高新技术，将车辆的位置与速度，以及车内外的图像、视频等各类媒体信息及其他车辆参数等进行实时管理，有效满足用户对车辆管理的各类需求。

公交手机一卡通将手机终端作为城市公交一卡通的介质，除完成公交刷卡功能外，还可以实现小额支付、空中充值等功能。

7. 公共安全

物联网在社会公共安全中将起到十分重要的作用。物联网可用于危险区域、危险物品、危险人物的监控、管理，便于管理部门随时掌握相关情况。“电子镣铐”监狱管理系统、智能司法系统等就是其中的典型代表。

智能司法是一个集监控、管理、定位、矫正于一身的管理系统。能够帮助各级司法机构降低刑罚成本、提高刑罚效率。目前，中国电信已实现通过 CDMA 独具优势的 GPSONE 手机定位技术对矫正对象进行位置监管，同时具备完善的矫正对象电子档案、查询统计功能，并包含对矫正对象的管理考核，给矫正工作人员的日常工作提供了一个信息化、智能化的高效管理平台。

重要区域和场所的围界防入侵技术应用，涉及社会的方方面面，应用范围广阔。仅以机场为例，目前全国机场为 477 个，其中大、中型机场约 100 个，按照每个机场建设 10～20km 围界计算，市场容量将在 50 亿元以上。

8. 智能农业

智能农业产品通过实时采集温室内温度、湿度信号及光照、土壤温度、CO_2 浓度、叶面湿度、露点温度等环境参数，自动开启或者关闭指定设备。

智能农业可以根据用户需求，随时进行处理，为设施农业综合生态信息自动监测及对环境进行自动控制和智能化管理提供科学依据。

通过温度采集模块适实采集温度传感器的信号，经由无线信号收发模块传输数据，实现对大棚温、湿度的远程控制。智能农业产品还包括智能粮库系统，该系统通过将粮库内温、湿度变化的感知与计算机或手机的连接进行实时观察，记录现场情况以保证粮库内的温、湿度平衡。

物联网技术还可应用于农产品溯源。目前国内频发食品质量与安全问题，将物联网技术应用于农产品溯源中，建立完整的产业链全程信息追踪与溯源体系，实现信息会聚，进而能够对食品安全事件进行快速、准确的溯源和快速处理。

9. 智能校园

物联网技术可应用于校园中，和校园卡结合实现各类智能功能，促进校园的信息化和智能化。

中国电信的校园手机一卡通和金色校园业务，促进了校园信息化和智能化的发展。

校园手机一卡通主要实现的功能包括：电子钱包、身份识别和银行圈存。电子钱包即通过手机刷卡实现主要校内消费；身份识别包括门禁、考勤、图书借阅、会议签到等，银行圈存即实现银行卡到手机的转账充值、余额查询。目前校园手机一卡通的建设，除具有普通一卡通功能外，还借助手机终端实现了空中圈存、短信互动等功能。

中国电信实施的“金色校园”方案，帮助中小学用户实现学生管理电子化、老师上课办公无纸化和学校管理的系统化，使学生、家长、学校三方可以时刻保持沟通，方便家长及时了解学生学习和生活情况，通过一张薄薄的“学籍卡”，真正达到了对未成年人日常行为的精细管理，最终达到学生开心、家长放心、学校省心的效果。

10. 军事应用

信息技术在战争中的作用越来越重要，近年来美军强调“网络中心战”与“传感器到射手”的作战模式，突显无线传感器网络、信息栅格等物联网技术在感知战场态势及将目标信息传输给武器装备方面的作用。

目前，世界各国都非常重视战场感知体系的研究。建立战场感知体系的目的是及时发现、准确识别、精确定位、快速处置。微型传感器节点可以通过飞机抛投的方式，在战场上形成密集型、随机分布与低成本的无线传感器网络，可以将能够收集震动、压力、声音、速度、湿度、磁场、辐射等信息的各种微型传感器结合起来，隐藏在战场的各个角落，全面感知战场态势。

物联网技术在反恐装备研究中也将发挥巨大的作用。2003 年，第一套基于声传感器与无线传感器网络的反狙击系统研制成功，此系统通过在敏感区域事先布置大量低成本声传感器节点的方法，自组网形成无线传感器网络，与基站配合，通过计算枪响的时间、强度、方位等确定狙击手的位置。此套系统在伊拉克战争中得到了初步应用。

物联网技术还可应用于军事物流中。最早将 RFID 技术应用于军事物流的是美国国防部军需供应局。2002 年，美军中央战区要求所有进入该战区的物资都必须贴有 RFID 标签。2004 年，美国国防部公布了最终的 RFID 政策，同时宣布 2007 年 1 月 1 日起，除散装物资外，所有国防部采购的物资在单品、包装盒及托盘化装载单元上都必须粘贴 RFID 标签。

从本质上看，军事信息化中的从“传感器到射手”的信息无缝交互流程与物联网的目的是一致的，因而物联网技术将在军事应用中大放异彩。

2.2 物联网安全新特征

2.2.1 与互联网安全的关系

物联网是互联网的延伸，因此物联网的安全也是互联网安全的延伸，物联网和互联网的关系是密不可分、相辅相成的。但是物联网和互联网在网络的组织形态、网络功能及性能上的要求都是不同的。物联网对于实时性、安全可信性、资源保证性等方面却有很高的要求。物联网的安全既构建在互联网安全上，又因为其业务环境具有自身的特点。总的来说，物联网安全和互联网安全的关系体现在以下几点：

- 物联网安全不是全新的概念；
- 物联网安全比互联网安全多了传感层；
- 传统互联网的安全机制可以应用到物联网；
- 物联网安全比互联网安全更“平民”；
- 物联网安全比互联网安全更复杂。

正如物联网不是全新的概念一样，物联网安全也不是全新的概念。与已有的互联网安全相比，物联网安全大部分都采用相同的技术或者是相同原理的技术，对信息进行保护的方式也不会有太多的变化。但是物联网安全的重点在于广泛部署的感知层相关信息的防护，以及大量新型应用的安全保护。

物联网安全与互联网安全最大的差别在于其“平民化”，其安全需求远大于互联网安全需求。

互联网时代，人们对信息安全进行了各种各样的诠释，出现了多种信息安全产品，但是，互联网安全不具备“平民化”特征，普通用户在使用计算机上网时，其实是不太关心信息安全的，或者说是信息安全事故造成的危害对其生活而言，并不是十分显著。比如，某个用户的计算机中毒了，或者是某个账号密码被窃取了，对其而言，最多就是格式化计算机、重装操作系统或者重新申请一个账号的问题。在这种情况下，互联网安全基本上是企业用户的专利，普通用户不太可能为信息安全付出很大代价。

在物联网时代，所有的“物”都将连网，这些“物”包括普通人生活中的所有东西，比如银行卡、身份证、家电、汽车等，当物联网与普通大众的生活紧密联系在一起时，物联网中的安全就显得特别重要了，这时的信息安全也具备了“平民化”的特征。物联网安全比互联网安全更重要、影响更大。互联网出现安全问题时损失的是信息，而且我们还可以通过信息的加密和备份来降低甚至避免信息损失，物联网是与物理世界打交道的，无论是智能交通、智能电网、智能医疗还是桥梁检测、灾害监测，一旦出现问题就会涉及生命财产的损失，对普通人来说至关重要，因而人们也会愿意为之付出。从另外一个角度看，在物联网安全问题得到高效、低成本解决之前，大规模的物联网应用将不可能展开，人们所描绘的物联网美好蓝图只会在安全问题解决之后才会出现。

物联网中的信息量将远大于互联网，因而物联网安全的复杂性更高，天量的信息需要管理和保护，这对物联网安全设备的性能要求提出了更高的要求。同样的技术，可能会采用不同的原理实现，或者是为了应对天量信息安全防护，可能会出现新的安全技术。

物联网安全中，隐私保护将是一个十分重要的内容。人们的身份信息将上网，怎么保证身份信息不被非法获得将是物联网安全的一大挑战。

2.2.2　与日常生活的关系

物联网安全与互联网安全相比，最大的区别就是"平民化"，与人们的日常生活密切相关，而不是看不见摸不着的海市蜃楼，比如：

（1）银行卡（信用卡）信息和密码保护，只有具备十分安全的保护手段，风险十分小之后，人们才会广泛地进行大额度的电子支付（网上银行、移动支付），不然人们永远只会在网上买点便宜物品；

（2）移动用户既需要知道（或被合法知道）其位置信息，又不愿意让非法用户获取该信息，如果这些信息被恶意用户获取，就可能从中挖掘出人们的生活习惯，带来隐私泄露等问题；

（3）智能家居、智能汽车等将给人们带来方便，但如果相关信息被别人恶意获取和使用之后，将给个人的生活带来严重不便，轻则损坏设备，重则带来生命危险；

（4）用户既需要证明自己合法使用某种业务，又不想让他人知道自己在使用某种业务，如在线游戏；

（5）患者急救时需要及时获得该患者的电子病历信息，但又要保护该病历信息不被他人非法获取，包括病历数据管理员；事实上，电子病历数据库的管理人员可能有机会获得电子病历的内容，但隐私保护采用某种管理和技术手段使病历内容与病人身份信息在电子病历数据库中无关联；

（6）许多业务需要匿名，如网络投票；很多情况下，用户信息是认证过程的必需信息，如何对这些信息提供隐私保护，是一个具有挑战性的问题， 但又是必须要解决的问题；例如，医疗病历的管理系统需要患者的相关信息来获取正确的病历数据，但又要避免该病历数据与患者的身份信息相关联，在应用过程中， 主治医生知道患者的病历数据，这种情况下对隐私信息的保护具有一定困难性，但可以通过密码技术手段防止医生泄露患者病历信息；

（7）移动 RFID 系统是利用植入 RFID 读/写芯片的智能移动终端获取标签中的信息，并通过移动网络访问后台数据库，获取相关信息；在移动 RFID 网络中存在的安全问题主要是假冒与非授权服务，首先，在移动 RFID 网络中，读/写器与后台数据之间不存在任何固定物理连接，通过射频信道传输其身份信息，攻击者截获一个身份信息时，就可以用这个身份信息来假冒该合法读/写器的身份；其次，通过复制他人读/写器的信息，可以多次顶替他人消费；另外，由于复制他人信息的代价不高，且没有任何其他条件限制，所以成为攻击者最常用的手段。

从上面的例子可以看出，物联网时代，人们日常生活的各方面都涉及安全问题，不解决好安全问题，物联网就不会与人们的日常生活紧密联系起来，物联网的目标就不会达到。

2.2.3 物联网安全面临的挑战

物联网是互联网的延伸，分为感知层、网络层和应用层三大部分，从结构层次看，物联网比互联网新增加的环节为感知部分。感知包括传感器和标签两个大的方面。传感器和标签的最大区别在于传感器是一种主动的感知工作方式，标签是一种被动的感知工作方式。除去感知部分，物联网具有互联网的全部信息安全特征，加之物联网传输的数据内容涉及国家经济社会安全及人们日常生活的方方面面，所以物联网安全已成为关乎国家政治稳定、社会安全、经济有序运行、人们安居乐业的全局性问题，物联网产业要健康发展，必须解决好安全问题。

与传统网络相比，物联网发展带来的信息安全、网络安全、数据安全乃至国家安全问题将更为突出，要强化安全意识，把安全放在首位，超前研究物联网产业发展可能带来的安全问题。物联网安全除要解决传统信息安全的问题之外，还需要克服成本、复杂性等新的挑战，具体介绍如下。

1. 需求与成本的矛盾

物联网安全的最大挑战来自于安全需求与成本的矛盾。从上述描述可以看出，物联网安全将是物联网的基本属性，为了确保物联网应用的高效、正确、有序，安全显得特别重要，但是安全是需要代价的，与互联网安全相比，“平民化”的物联网安全将面临巨大的成本压力，一个小小的 RFID 标签，为了保证其安全性，可能会增加相对较大的成本，成本增加将影响到其应用。成本，将是物联网安全不可回避的挑战。

2. 安全复杂性加大

物联网安全的复杂性将是另一个巨大的挑战。物联网中将获取、传输、处理和存储天量的信息，信息源和信息目的的相互关系将十分复杂；解决同样的问题，已有的技术虽然能用，但可能不再高效，这种复杂性肯定会催生新的解决方法出现。比如，天量信息将导致现有包过滤防火墙的性能达不到要求，今后可能出现分布式防火墙，或者其他全新的防火墙技术。

3. 信息技术发展本身带来的问题

物联网是信息技术发展的趋势，信息技术在给人们带来方便和信息共享的同时，也带来了安全问题，如密码分析者大量利用信息技术本身提供的计算和决策方法实施破解，网络攻击者利用网络技术本身设计大量的攻击工具、病毒和垃圾邮件；信息技术带来的信息共享、复制和传播能力，使人们难以对数字版权进行管理。因此无所不在的安全网络需求是对信息安全的巨大挑战。

4. 物联网系统攻击的复杂性和动态性仍较难把握

信息安全发展到今天，对物联网系统攻击防护的理论研究仍然处于相对困难的状态，这些理论仍然较难完全刻画网络与系统攻击行为的复杂性和动态性，致使防护方法还主要依靠经验，“道高一尺，魔高一丈”的情况时常发生。目前，对于很多安全攻击，都不具备主动防护的能力，往往在攻击发生之后，才能获取到相关信息，之后才能避免这类攻击，这不能从根本上防护各种攻击。

5. 物联网安全理论、技术与需求的差异性

随着物联网中计算环境、技术条件、应用场合和性能要求变得复杂化，需要研究、考虑的情况会更多，这在一定程度上加大了物联网安全研究的难度。在应用中，当前对物联网中的高速安全处理还存在诸多困难，处理速度还很难达到带宽的增长，此外，政府和军事部门的高安全要求与技术能够解决的安全问题之间尚存在差距。

6. 密码学方面的挑战

密码技术是信息安全的核心，在物联网中，随着物联网应用的扩展，实现物联网安全，也对密码学提出了新的挑战，具体主要表现在以下两个方面。

一是通用计算设备的计算能力越来越强与感知设备计算能力弱带来的挑战，当前的信息安全技术特别是密码技术与计算技术密切相关，其安全性本质上是计算安全性，由于当前通用计算设备的计算能力不断增强，对很多方面的安全性带来了巨大挑战；但是在另一方面，同样位于物联网中感知层的感知节点，由于体积和功耗等物理原因，导致计算能力、存储能力远远弱于网络层和应用层的设备，这些限制导致了其不可能采用复杂的密码算法，这增大了信息被窃的风险。因此如何有效地利用密码技术，防止感知层设备出现安全短板效应，是值得认真研究的课题。为了应对物联网安全的需求，很有可能产生一批运算复杂度不高，但防护强度相对较高的轻量级密码算法。

二是物联网环境复杂多样带来的挑战，随着网络高速化、无线化、移动化和设备小开支化的发展，信息安全的计算环境可能附加越来越多的制约，往往约束了常用方法的实施，而实用化的新方法往往又受到质疑。例如，传感器网络由于其潜在的军事用途，常常需要比较高的安全性，但由于节点的计算能力、功耗和尺寸均受到制约，因此难以

实施通用的安全方法。当前，所谓轻量级密码的研究正试图寻找安全和计算环境之间合理的平衡手段，然而尚有待于发展。同样，物联网感知层可能面临不同的应用需求，其环境变化剧烈，这就要求密码算法能够适应多种环境，传统的单一的不可变密码算法很可能不再适用，随之而来则需要全新、具备灵活性的可编程、可重构的密码算法。

2.2.4 物联网安全的特点

物联网应当从国家战略高度上重视安全问题，保证网络信息的可控可管，保证在信息安全和隐私权不被侵犯的前提下建设物联网。由于物联网将各类感知设备通过传感网络与现有互联网相互连接，其核心和基础仍然是互联网，因此，当前互联网所面临的病毒攻击、数据窃取、身份假冒等安全风险在物联网中依然存在。此外，根据物联网自身具有的由大量设备构成、缺少人对设备的有效监控、大量采用无线网络技术等特点，除面对传统网络安全问题之外，还存在着一些特殊安全问题。相对于互联网安全、综合技术、成本及社会等方面的因素而言，物联网安全的主要特点体现在 4 个方面：平民化、轻量级、非对称和复杂性。就纯技术角度而言，物联网安全与互联网安全是紧密联系的，并不存在超越互联网安全的全新技术，其主要区别在于物联网安全的四个特点面对各种技术的性能和成本等提出了新的要求。

1. 平民化

所谓平民化，是指物联网安全与普通大众的生活密切程度十分“高”。互联网时代，信息安全已经显得非常重要，但是我们可以看到，对普通大众来说，其实不是很关心信息安全，家里的计算机中病毒了，就想法杀毒，实在不能解决，把机器格式化之后重装系统；信箱的密码丢了，重新申请一个就是。也就是说，互联网时代，信息安全虽然重要，但是还达不到影响人们生活的程度。但是，在物联网时代，当每个人习惯于使用网络处理生活中的所有事情时，当你习惯于网上购物、网上办公时，信息安全就与你的日常生活紧密地结合在一起了，不再是可有可无。物联网时代如果出现了安全问题，那每个人都将面临重大损失。只有当安全与人们的利益相关时，所有人才会重视安全，也就是所谓的“平民化”。

2. 轻量级

物联网需要面对的安全威胁数量庞大，并且与人们的生活密切相关。前文已经提到，安全与需求的矛盾十分突出，如果采用现阶段的安全思路，那么物联网安全将面临十分严重的成本压力，因而物联网安全必须是轻量级、低成本的安全解决方案。只有这种轻量级的思路，普通大众才可能接受。轻量级解决方案正是物联网安全的一大难点，安全措施的效果必须要好，同时要低成本，这样的需求可能会催生出一系列的安全新技术。

3. 非对称

物联网中，各个网络边缘的感知节点的能力较弱，但是其数量庞大，而网络中心的信息处理系统的计算处理能力非常强，整个网络呈现出非对称的特点。物联网安全在面向这种非对称网络时，需要将能力弱的感知节点安全处理能力与网络中心强的处理能力结合起来，采用高效的安全管理措施，使其形成综合能力，从而能够整体上发挥出安全设备的效能。

4. 复杂性

物联网安全十分复杂，由目前可认知的观点可知，物联网安全所面临的威胁、要解决的安全问题及所采用的安全技术，不管在数量上比互联网多多少，都可能出现互联网安全所没有的新问题和新技术。物联网安全涉及信息感知、信息传输和信息处理等多方面，并且更加强调用户隐私。物联网安全各个层面的安全技术都需要综合考虑，系统的复杂性将是一大挑战，同时也将呈现大量的商机。

2.2.5 物联网安全对密码技术的需求

密码技术是信息安全技术的核心，对于物联网安全来说，密码技术的核心地位更加明显。物联网安全不仅仅需要保障某个感知设备的安全，也要保障整个系统的安全，否则物联网的安全将没有任何意义，而密码技术则是构成整个系统安全的“砖和瓦”。密码算法大体可以分为对散列函数、对称密码算法和非对称密码算法。这些密码算法构成了目前信息安全中的密码应用技术，它们包括身份鉴别技术、访问控制技术、数字签名技术、数据完整性技术、不可抵赖技术、加密技术、安全通信技术、密钥管理技术等，这些技术在物联网的各个阶段发挥着重要的作用。物联网安全问题，其解决措施都需要以密码技术为支撑来解决。

密码技术不但贯穿于信息安全技术的方方面面，也在物联网安全技术方面发挥着基础支撑作用。我国相关管理部门从物联网发展伊始，就高度重视密码技术在物联网安全中的作用，积极制定相关标准和技术规范。以作为物联网的构成技术之一的 RFID 为例，在 RFID 提出伊始，国家密码管理局就颁布了《信息安全技术射频识别系统密码应用技术要求》，该要求是依据国家密码相关政策，在现有标准及相关行业实际应用需求的基础上建立的，是基于自主 SM7 密码算法、密钥管理体系及密码协议的 RFID 系统密码安全标准，其内容涉及密码安全保护框架、安全等级划分及技术要求、电子标签芯片密码应用技术要求、电子标签读/写器密码应用技术要求、中间件密码应用技术要求、密钥管理技术要求、电子标签与读/写器通信安全密码应用技术要求、电子标签读/写器与中间件通信安全密码应用技术要求等方面。

从国家层面来说，作为信息安全基石的密码算法如果使用国外的密码算法，由这些密码算法构成的安全保护框架将存在不可控因素，无法保证中国物联网的安全。因此为了保障国家安全和公民利益，在物联网时代，密码算法必须使用国家密码管理局批准的商用密码，遵循国家密码管理局的相关技术要求和标准。

物联网安全对密码算法、安全协议、密钥管理等都提出了新的需求。

1．密码算法

要解决前述诸如身份假冒、数据窃取等问题，最有效的办法是采用密码技术。由于感知设备自身的资源限制，其计算能力和存储空间均十分有限。为了节省能量开销并提升整体性能，需要设计轻量级的、足够强壮的对称加密算法对传输数据进行加密保护，确保数据的保密性；由于对称加密算法的局限性，需要设计高效的、适合感知设备使用环境的公开密钥密码算法和散列算法以进行身份认证和数字签名，确保数据的完整性和可用性。这是维护物联网安全亟待解决的问题。此外，这些密码算法的使用要符合国家密码主管部门的相关规范要求。

物联网安全中的密码算法，既要有高强度、复杂的密码算法，也需要简单的、高效的轻量级算法，并且还需要这两种算法能够在一定程度上互通。因而，为了满足这样的需要，可能会产生可编程、可重构的模块化密码算法。

2．安全协议

要确保物联网的安全，除了采用密码技术，还需要针对物联网的使用要求和特点设计专门的安全协议。所以现有的网络安全机制无法应用于本领域，需要开发专门协议，包括安全路由协议、安全网络加密协议、流认证协议、安全时间同步协议、安全定位协议、安全数据聚集协议等。其中，安全路由协议主要用于维护路由安全，确保网络健壮性，保证数据在安全路径中传输，防止数据被篡改；安全网络加密协议主要用于实现感知节点和感知数据接收设备之间的数据鉴别和加密；流认证协议主要用于实现基于源端认证的安全组播；安全时间同步协议主要用于确保即使存在恶意节点攻击的情况下仍能获得较高精度的时间同步；安全定位协议主要用于保护定位信息不会被中间恶意转发节点修改，抵御各种针对定位协议的攻击，检测出定位过程中存在的恶意节点，防止恶意节点继续干扰定位协议正常运行；安全数据聚集协议主要用于确保数据聚集的保密性和完整性。

3．密钥管理

要确保密码算法真正发挥其效用，需要设计有效的密钥管理机制。物联网密钥管理机制除在线分发机制之外，可能更多的需要采用预分配机制。鉴于物联网设备计算能力和存储资源有限、部署数量庞大等特点，需要解决如何预先分发密钥、如何实现临近设备间密钥共享、如何实现端端密钥分发、密钥过期或失效后如何快速重发等问题。物联网环境下的密钥管理需要实现密钥管理的本地化，使感知设备可以在本地进行密钥的分发和更新，避免传统的基于密钥分发中心（Key Distribution Center，KDC）模式的密钥管理方案中感知设备需要与远端交互所带来的大量系统开销；此外，密钥管理还要能够剥夺假冒节点的网络成员资格并进行密钥自我恢复，以此来适应物联网络中感知设备易于被攻占及通信不可靠的特点。

2.3　物联网安全威胁分析

2.3.1　感知层安全威胁分析

感知层的任务是全面感知外界信息，或者说是原始信息收集器。该层的典型设备包括 RFID 装置、各类传感器（如红外、超声、温度、湿度、速度等）、图像捕捉装置（摄像头）、位置感知器（GPS）、激光扫描仪等。这些设备收集的信息通常具有明确的应用目的，因此传统上这些信息直接被处理并应用，如公路摄像头捕捉的图像信息直接用于交通监控。但是在物联网应用中，多种类型的感知信息可能会同时处理， 综合利用，甚至不同感应信息的结果将影响其他控制调节行为，如湿度的感应结果可能会影响到温度或光照控制的调节。同时，物联网应用强调的是信息共享，这是物联网区别于传感网的最大特点之一，如交通监控录像信息可能还同时被用于公安侦破、城市改造规划设计、城市环境监测等。于是，如何处理这些感知信息将直接影响到信息的有效应用。为了使同样的信息被不同应用领域有效使用，应该有综合处理平台，这就是物联网的应用层，因此这些感知信息需要传输到一个处理平台。

感知层可能遇到的安全挑战包括下列情况：

（1）感知节点所感知的信息被非法获取（泄密）；

（2）感知层的关键节点被非法控制———安全性全部丢失；

（3）感知层的普通节点被非法控制（攻击者掌握节点密钥）；

（4）感知层的普通节点被非法捕获（但由于没有得到节点密钥，而没有被控制）；

（5）感知层的节点（普通节点或关键节点） 受来自于网络的 DOS（拒绝服务）攻击；

（6）接入到物联网的超大量感知节点的标志、识别、认证和控制问题。

如果感知节点所感知的信息不采取安全防护措施或者安全防护的强度不够，则很可能这些信息被第三方非法获取，这种信息泄密某些时候可能造成很大的危害。由于安全防护措施的成本因素或者使用便利性等因素的存在，很可能使某些感知节点不会采取安全防护措施或者采取很简单的信息安全防护措施，这样将导致大量的信息被公开传输，其结果很可能在意想不到时引起严重后果。

攻击者捕获关键节点不等于控制该节点，一个感知层的关键节点实际被非法控制的可能性很小，因为需要掌握该节点的密钥（与感知层内部节点通信的密钥或与远程信息处理平台共享的密钥），而这是很困难的。如果攻击者掌握了一个关键节点与其他节点的共享密钥，那么他就可以控制此关键节点，并由此获得通过该关键节点传出的所有信息。但如果攻击者不知道该关键节点与远程信息处理平台的共享密钥，那么他不能篡改发送的信息，只能阻止部分或全部信息的发送，但这样容易被远程信息处理平台觉察到。

感知层遇到比较普遍的情况是某些普通节点被攻击者控制而发起攻击，关键节点与这些普通节点交互的所有信息都被攻击者获取。攻击者的目的可能不仅仅是被动窃听，还通过所控制的感知节点传输一些错误数据。因此，感知层的安全需求应包括对恶意节点行为的判断和对这些节点的阻断，以及在阻断一些恶意节点（假定这些被阻断的节点分布是随机的）后，感知层的连通性如何保障。

对感知层的分析（很难说是否为攻击行为，因为有别于主动攻击网络的行为）更为常见的情况是攻击者捕获一些感知节点，不需要解析它们的预置密钥或通信密钥（这种解析需要代价和时间），只需要鉴别节点种类，比如检查节点是用于检测温度、湿度还是噪声等。有时候这种分析对攻击者是很有用的。因此安全的感知层应该有保护其工作类型的安全机制。

既然感知层最终要接入其他外在网络，包括互联网，那么就难免受到来自外在网络的攻击。目前能预期到的主要攻击除非法访问外，应该是拒绝服务（DOS）攻击了。因为感知节点通常资源（计算和通信能力）有限，所以对抗DOS攻击的能力比较弱，在互联网环境里不被识别为DOS攻击的访问就可能使感知网络瘫痪，因此，感知层的安全应该包括节点抗DOS攻击的能力。考虑到外部访问可能直接针对感知层内部的某个节点（如远程控制启动或关闭红外装置），而感知层内部普通节点的资源一般比网关节点更小，因此，网络抗DOS攻击的能力应包括关键节点和普通节点两种情况。

感知层接入互联网或其他类型网络所带来的问题不仅仅是感知层如何对抗外来攻击的问题，更重要的是如何与外部设备相互认证的问题，而认证过程又需要特别注意感知层资源的有限性，因此认证机制付出的计算和通信代价都必须尽可能小。此外，对外部互联网来说，其所连接的不同感知系统或者网络的数量可能是一个庞大的数字，如何区分这些系统或者网络及其内部节点，并有效地识别它们，是安全机制能够建立的前提。

2.3.2　网络层安全威胁分析

物联网的网络层主要用于把感知层收集到的信息安全可靠地传输到应用层，然后根据不同的应用需求进行信息处理，即网络层主要是网络基础设施，包括互联网、移动网和一些专业网（如国家电力专用网、广播电视网）等。在信息传输过程中，可能经过一个或多个不同架构的网络进行信息交接。例如，普通电话座机与手机之间的通话就是一个典型的跨网络架构的信息传输实例。在信息传输过程中跨网络传输是很正常的，在物联网环境中这一现象更突出，而且很可能在正常而普通的事件中产生信息安全隐患。

网络环境目前遇到前所未有的安全挑战，而物联网网络层所处的网络环境也存在安全挑战，甚至是更大的挑战。同时，由于不同架构的网络需要相互连通，因此在跨网络架构的安全认证等方面会面临更大挑战。初步分析认为，物联网网络层将会遇到下列安全挑战：

（1）非法接入；

（2）DOS 攻击、DDOS 攻击；

（3）假冒攻击、中间人攻击等；

（4）跨异构网络的网络攻击；

（5）信息窃取、篡改。

网络层很可能面临非授权节点非法接入的问题，如果网络层不采取网络接入控制措施，就很可能被非法接入，其结果可能是网络层负担加重或者传输错误信息。

在物联网发展过程中，目前的互联网或者下一代互联网将是物联网网络层的核心载体，多数信息要经过互联网传输。互联网遇到的 DOS 和分布式拒绝服务攻击（DDOS）仍然存在，因此需要有更好的防范措施和灾难恢复机制。考虑到物联网所连接的终端设备性能和对网络需求的巨大差异，对网络攻击的防护能力也会有很大差别，因此很难设计通用的安全方案，而应针对不同网络性能和网络需求有不同的防范措施。

在网络层，异构网络的信息交换将成为安全性的脆弱点， 特别在网络认证方面，难免存在中间人攻击和其他类型的攻击（如异步攻击、合谋攻击等）。这些攻击都需要有更好的安全防护措施。

信息在网络上传输时，很可能被攻击者非法获取到相关信息，甚至篡改信息。信息在网络中传输时，必须采取保密措施进行加密保护。

2.3.3　应用层安全威胁分析

物联网应用层的重要特征是智能，智能的技术实现少不了自动处理技术，其目的是使处理过程方便迅速，而非智能的处理手段可能无法应对天量数据。但自动过程对恶意数据特别是恶意指令信息的判断能力是有限的，而智能也仅限于按照一定规则进行过滤和判断，攻击者很容易避开这些规则，正如垃圾邮件过滤一样，这么多年来一直是一个棘手的问题。因此应用层的安全挑战包括如下几方面：

（1）来自于超大量终端的天量数据的识别和处理；

（2）智能变为低能；

（3）自动变为失控（可控性是信息安全的重要指标之一）；

（4）灾难控制和恢复；

（5）非法人为干预（内部攻击）；

（6）设备（特别是移动设备）的丢失。

物联网时代需要处理的信息是海量的，需要处理的平台也是分布式的。当不同性质的数据通过一个处理平台处理时，该平台需要多个功能各异的处理平台协同处理。但首先应该知道将哪些数据分配到哪个处理平台，因此数据类别分类是必须的。同时，安全的要求使得许多信息都是以加密形式存在的，因此如何快速有效地处理海量加密数据是智能处理阶段遇到的一个重大挑战。

应用层设计的是综合的或有个体特性的具体应用业务，它所涉及的某些安全问题通过前面几个逻辑层的安全解决方案可能仍然无法解决。在这些问题中，隐私保护就是典型的一种。无论感知层、网络层还是应用层，都不涉及隐私保护的问题，但它却是一些特殊应用场景的实际需求，即应用层的特殊安全需求。物联网的数据共享有多种情况，涉及不同权限的数据访问。此外，在应用层还将涉及知识产权保护、计算机取证、计算机数据销毁等安全需求和相应技术。

应用层的安全挑战和安全需求主要来自于下述几方面：

（1）如何根据不同访问权限对同一数据库内容进行筛选；

（2）如何提供用户隐私信息保护，同时又能正确认证；

（3）如何解决信息泄露追踪问题；

（4）如何进行计算机取证；

（5）如何销毁计算机数据；

（6）如何保护电子产品和软件的知识产权。

由于物联网需要根据不同应用需求对共享数据分配不同的访问权限，而且不同权限访问同一数据可能得到不同的结果。例如，道路交通监控视频数据在用于城市规划时只需要很低的分辨率即可，因为城市规划需要的是交通堵塞的大概情况；当用于交通管制时就需要清晰一些，因为需要知道交通实际情况，以便能及时发现哪里发生了交通事故，以及交通事故的基本情况等；当用于公安侦查时可能需要更清晰的图像，以便能准确识别汽车牌照等信息。因此如何以安全方式处理信息是应用中的一项挑战。随着个人和商业信息的网络化，越来越多的信息被认为是用户隐私信息，这也是应用层需要考虑的安全。

在物联网环境的商业活动中，无论采取什么技术措施，都难免恶意行为的发生。如果能根据恶意行为所造成后果的严重程度给予相应的惩罚，那么就可以减少恶意行为的发生。技术上，这需要收集相关证据。因此，计算机取证就显得非常重要，当然这有一定的技术难度，主要是因为计算机平台种类太多，包括多种计算机操作系统、虚拟操作系统、移动设备操作系统等。与计算机取证相对应的是数据销毁。数据销毁的目的是销毁那些在密码算法或密码协议实施过程中所产生的临时中间变量，一旦密码算法或密码协议实施完毕，这些中间变量将不再有用。但这些中间变量如果落入攻击者手里，可能为攻击者提供重要的参数，从而增大攻击成功的可能性。因此，这些临时中间变量需要及时安全地从计算机内存和存储单元中删除。计算机数据销毁技术不可避免地会被计算机犯罪提供证据销毁工具，从而增大计算机取证的难度。因此如何处理好计算机取证和计算机数据销毁这对矛盾是一项具有挑战性的技术难题，也是物联网应用中需要解决的问题。

物联网的主要市场将是商业应用，在商业应用中存在大量需要保护的知识产权产品，包括电子产品和软件等。在物联网的应用中，对电子产品的知识产权保护将会提高到一个新的高度，对应的技术要求也是一项新的挑战。

2.4 物联网安全体系结构

物联网安全体系结构如图 2-3 所示，从该图中可以看出，物联网安全需要对物联网的各个层次进行有效的安全保障，并且还要能够对各个层次的安全防护手段进行统一的管理和控制。

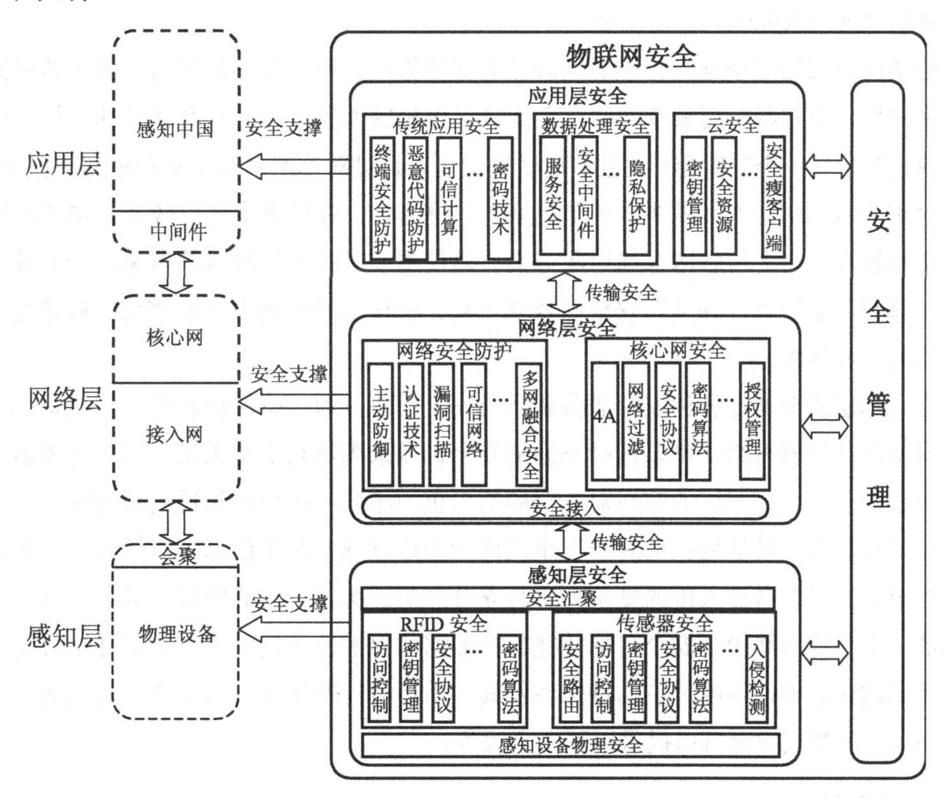

▶ 图 2-3　物联网安全体系结构

2.4.1　感知层安全

感知层安全主要分为设备物理安全和信息安全两类，由于物理安全的特殊性，本书将重点讨论感知层的信息安全。

在感知层，成千上万的传感器节点、RFID 读卡器部署在目标区域收集环境信息。由于传感器节点受到自身能量、计算能力和通信能力的限制，通常需要相互协作来完成任务，组内传感器节点相互协作收集、处理和聚集数据，同时通过多跳方式传递信息给基站或者基站发送控制信息给传感器节点。在很多情况下，传感器节点之间传递信息是敏感的，不应该被未授权的第三方获得。因此，传感器网络应用需要安全的通信机制。

任何安全通信机制都需要密码机制提供点对点的安全通信服务，而在传感器网络中应用对称密钥体制必须有相应的密钥管理方案作为支撑。密钥管理是传递数据信息加密技术的重要一环，它处理密钥从生成到销毁的整个生命周期的有关问题，涉及系统的初始化、密钥的生成、存储、备份恢复、装入、验证、传递、保管、使用、分配、保护、更新、控制、丢失、吊销和销毁等多方面的内容，它涵盖了密钥的整个生命周期，是整个加密系统中最薄弱的环节，密钥的泄密将直接导致明文内容的泄密。因此感知层需要通过密钥管理来保障传感器的安全。

传感网内部的安全路由、连通性解决方案等都可以相对独立地使用。由于传感网类型的多样性，很难统一要求有哪些安全服务，但机密性和认证性都是必要的。机密性需要在通信时建立一个临时会话密钥，而认证性可以通过对称密码或非对称密码方案解决。使用对称密码的认证方案需要预置节点间的共享密钥，在效率上也比较高，消耗网络节点的资源较少，许多传感网都选用此方案；而使用非对称密码技术的传感网一般具有较好的计算和通信能力，并且对安全性要求更高。在认证的基础上完成密钥协商是建立会话密钥的必要步骤。

在感知层主要通过各种安全服务和各类安全模块，为传感层提供各种安全机制，对某个具体的传感器网络，可以选择不同的安全机制来满足其安全需求。因为传感器网络的应用领域非常广，不同的应用对安全的需求也不相同。在金融和民用系统中，对于信息的窃听和篡改比较敏感；而对于军事或商业应用领域，除了信息可靠性以外，还需要对被俘节点、异构节点入侵的抵抗力进行充分考虑。所以不同的应用，其安全性标准是不同的。在普通网络中，安全目标往往包括数据的保密性、完整性及认证性三方面，但是由于无线传感器网络的节点的特殊性及其应用环境的特殊性，其安全目标及重要程度略有不同，感知层安全可以提供以下安全服务。

1. 保密性

保密性是无线传感器网络军事应用中的重要目标。在民用系统中，除了部分隐私信息，比如屋内是否有人居住、人员居住在哪些房间等信息需要保密，很多探测（温度探测）或警报信息（火警警报）并不需要保密。

2．完整性

完整性是无线传感器网络安全最基本的需求和目标。虽然很多信息不需要保密，但是这些信息必须保证没有被篡改。完整性目标能杜绝虚假警报的发生。

3．鉴别和认证

对于无线传感器网络，组通信是经常使用的通信模式，例如，基站与传感器节点间的通信使用的就是组通信。对于组通信，源端认证是非常重要的安全需求和目标。

4．可用性

可用性也是无线传感器网络安全的基本需求和目标。可用性是指安全协议高效可靠，不会给节点带来过多的负载导致节点过早消耗完有限的电能。

5．容错性

容错与安全相关，也可以称为是可用性的一个方面。当一部分节点失效或者出现安全问题时，必须保证整个无线传感器网络的正确和安全运行。

6．不可否认性

在某些应用中，不可否认也是无线传感器网络安全的重要安全目标。利用不可否认性，节点发送过的信息可以作为证据，证明节点是否具有恶意或者进行了不符合协议的操作。但是，由于传感器的计算能力很弱，该不可否认性不能通过传统的非对称密钥的方式来完成。

7．扩展性

传感器网络中节点数量大，分布范围广，实际情况的变化可能会影响传感器网络的部署。同时，节点经常加入或失效也会使网络的拓扑结构不断发生变化。传感器网络的可扩展性表现在传感器节点数量、网络覆盖区域、生命周期、感知精度等方面的可扩展性级别。因此，给定传感器网络的可扩展性级别，安全保障机制必须提供支持该可扩展性级别的安全机制和算法，来使传感器网络保持正常运行。

在传感器网络基站和节点之间及节点之间通过加/解密及认证技术保护信息安全，密码学技术可以保持整个网络信息的真实性、秘密性和完整性。然而，当网络中一个节点或者更多节点被妥协时，许多基于密码学技术的算法的安全性将会降低。由于这些妥协的节点此时拥有一些密钥，其他节点不知道他们被妥协，把他们作为合法的节点，因而，之前的安全防护措施很可能不起作用。在此情况下，感知层也需要入侵检测机制。

2.4.2 网络层安全

在网络出现以后，网络的安全问题逐渐成为了大家关注的焦点，加/解密技术、防火墙技术、安全路由器技术都很快发展起来。因为网络环境变得越来越复杂，攻击者的知识越来越丰富，他们采用的攻击手法也越来越高明、隐蔽，因此对于入侵和攻击的检测防范难度在不断加大。网络层的安全机制可分为端到端机密性和节点到节点机密性。对于端到端机密性，需要建立如下安全机制：端到端认证机制、端到端密钥协商机制、密钥管理机制和机密性算法选取机制等。在这些安全机制中，根据需要可以增加数据完整性服务。对于节点到节点机密性，需要节点间的认证和密钥协商协议，这类协议要重点考虑效率因素。机密性算法的选取和数据完整性服务则可以根据需求选取或省略。考虑到跨网络架构的安全需求，需要建立不同网络环境的认证衔接机制。

综合来说，网络层安全防护主要涉及如下安全机制。

（1）加密机制。用于保证通信过程中信息的机密性，采用加密算法对数据或通信业务流进行加密。它可以单独使用，也可以与其他机制结合起来使用。加密算法可分成对称密钥系统和非对称密钥系统。

（2）数字签名机制。用于保证通信过程中操作的不可否认性，发送者在报文中附加使用自己私钥加密的签名信息，接收者使用签名者的公钥对签名信息进行验证。

（3）数据完整性机制。用于保证通信过程中信息的完整性，发送者在报文中附加使用单向散列算法加密的认证信息，接收者对认证信息、进行验证。使用单向散列算法加密的认证信息具有不可逆向恢复的单向性。

（4）实体认证机制。用于保证实体身份的真实性，通信双方相互交换实体的特征信息来声明实体的身份，如口令、证书以及生物特征等。

（5）访问控制机制。用于控制实体对系统资源的访问，根据实体的身份及有关属性信息确定该实体对系统资源的访问权，访问控制机制一般分为自主访问控制和强制访问控制。

（6）信息过滤机制。用于控制有害信息流入网络，根据安全规则允许或禁止某些信息流入网络，防止有害信息对网络系统的入侵和破坏。

（7）路由控制机制。用于控制报文的转发路由，根据报文中的安全标签来确定报文的转发路由，防止将敏感报文转发到某些网段或子网，被攻击者窃听和获取。

（8）公证机制。由第三方参与的数字签名机制，通过双方都信任的第三方的公证来保证双方操作的不可否认性。

（9）主动防御。主动式动态网络安全防御是指在动态网络中，直接对网络信息进行监控，并能够完成吸引网络攻击蜜罐网络，牵制和转移黑客对真正业务往来的攻击，并对数据传输进行控制，对捕获的网络流数据进行分析，获取黑客入侵手段，依据一定的规则或方法对网络入侵进行取证，对攻击源进行跟踪回溯。

（10）节点认证、数据机密性、完整性、数据流机密性、DDOS 攻击的检测与预防。

（11）移动网中 AKA 机制的一致性或兼容性、跨域认证和跨网络认证（基于 IMSI）。

（12）相应密码技术。密钥管理（密钥基础设施 PKI 和密钥协商）、端对端加密和节点对节点加密、密码算法和协议等。

（13）组播和广播通信的认证性、机密性和完整性安全机制。

2.4.3　应用层安全

物联网的应用层是物联网核心价值所在，物联网的应用层目前可见的典型应用包括 3G 视频监控、手机支付、智能交通 ITS、汽车信息服务、GIS 位置业务、智能电网等。由于数据量大，需要云计算、云存储等为应用层提供支撑。多样化的物联网应用面临各种各样的安全问题，除了传统的信息安全问题，云计算安全问题也是物联网的应用层所需要面对的。因此应用层需要一个强大而统一的安全管理平台，否则每个应用系统各自建立各自的应用安全平台会割裂网络与应用平台之间的信任关系，导致新一轮安全问题的产生。

除了传统的访问控制、授权管理等安全防护手段，物联网的应用层还需要新的安全机制，比如对个人隐私保护的安全需求等。

信息处理需要的安全机制：

（1）可靠的认证机制和密钥管理；

（2）高强度数据机密性和完整性服务；

（3）可靠的密钥管理机制，包括 PKI 和对称密钥的有机结合机制；

（4）可靠的高智能处理手段；

（5）入侵检测和病毒检测；

（6）恶意指令分析和预防，访问控制及灾难恢复机制；

（7）保密日志跟踪和行为分析，恶意行为模型的建立；

（8）密文查询、秘密数据挖掘、安全多方计算、安全云计算技术等；

（9）移动设备文件（包括秘密文件）的可备份和恢复；

（10）移动设备识别、定位和追踪机制。

信息应用需要的安全机制：

（1）有效的数据库访问控制和内容筛选机制；

（2）不同场景的隐私信息保护技术；

（3）叛逆追踪和其他信息泄露追踪机制；

（4）有效的计算机取证技术；

（5）安全的计算机数据销毁技术；

（6）安全的电子产品和软件的知识产权保护技术。

2.5 物联网安全关键技术

回顾互联网发展的历程，物联网的安全必须引起重视，互联网的今天将是物联网的明天。作为一种多网络融合的网络，物联网安全涉及网络的不同层次，在这些独立的网络中已实际应用了多种安全技术，特别是移动通信网和互联网的安全研究已经历了较长的时间，但对多网融合背景下的物联网来说，由于网络的复杂性、资源的局限性，对物联网安全产生了新的威胁，也提出了新的研究内容。

在不久的未来，解决物联网安全问题将可能比现在解决互联网安全问题显得更为迫切和困难。在物联网发展之初，就需要对物联网总体安全需求和安全体系结构进行深入研究，建立基于普适、异构环境下的可信物联网的安全机制，以保证基于物联网的应用业务的整体安全性、便捷性和可靠性。

目前，物联网安全技术的发展还处于起步阶段。物联网虽然不是全新的概念，其中的感知层、网络层、应用层的相关技术和应用已经起步多年，但是物联网作为一个整体概念还是新兴事物，其中虽然有众多的安全威胁，但是目前很多的物联网应用中，较少考虑安全问题，因而物联网安全作为一个整体概念，基本还处于起步阶段。

2.5.1 多业务、多层次数据安全传输技术

从信息安全的机密性、完整性和可靠性来分析物联网的网络层安全需求，数据安全传输是其核心内容。物联网是一个多网融合应用的网络，现有 3G 移动网络可支持高达 2Mbps 以上的传输速率，将来的物联网应用必然是一个支持多业务、多通道的宽带传输应用，其数据安全传输技术是一个多业务、多层次数据加密传输技术，需要加密传输的数据内容可能包括感知层采集的语音、数据、图像等业务数据，通过专用的数据安全传输技术保证数据在空中无线信道和有线信道中的传输安全。

物联网承载网络支撑的业务将是多业务并存状态，不同业务、不同设备之间流量差别很大，对安全性的要求也不尽相同，需要针对此特点研究适宜的数据安全传输技术，既满足安全性能要求又不能破坏负荷平衡，实现多业务并行加密处理。数据安全传输技术需要重点研究终端和网络的数据安全传输体系结构，通过可编程加密技术和密码算法引擎设计的研究，满足物联网多业务、多层次加密并发处理需求。数据安全传输体系结构可以支持不同加密算法建立独立的高速加密信道，同时对不同业务和数据传输速率的通信信息执行网络层安全服务。为提高数据安全传输体系结构的通用性和优化体系系列

化设计思路，数据加密技术可深入研究将密码功能模块和通信模块整合设计的技术，研究标准化中间件接口设计、封装、复用技术。

2.5.2 身份认证技术

1. 基于PKI/WPKI轻量级认证技术

提供丰富的M2M数据业务是物联网应用的一个重要特点，这些M2M数据业务的应用具有一定的安全需求，部分特殊业务具有较高的安全保密要求。充分利用现有互联网和移动通信技术和设施，是物联网应用快速发展和建设的重要方向。随着多网融合下物联网应用的不断发展，对于未来物联网承载网络层、提供安全可靠的终端设备轻量级鉴别认证和访问控制应用提出了迫切需求。

PKI（公钥基础设施）是一个用公钥技术来实施和提供安全服务的、具有普适性的安全基础设施。PKI技术采用证书管理公钥，通过第三方的可信任机构（认证中心）把用户的其他标志信息（设备编号、身份证号、名称等）捆绑在一起，来验证用户的身份。WPKI（Wireless PKI）就是为满足无线通信安全需求而发展起来的。它可应用于移动终端等无线终端，为用户提供身份认证、访问控制和授权、传输保密、资料完整性、不可否认性等安全服务。基于PKI/WPKI轻量级认证技术的研究目标是以PKI/WPKI为基础，开展物联网应用系统轻量级鉴别认证、访问控制的体系研究，提出物联网应用系统的轻量级鉴别认证和访问控制架构及解决方案，实现对终端设备接入认证、异构网络互连的身份认证及对应用的细粒度访问控制。

基于PKI/WPKI轻量级认证技术研究内容包括以下几方面。

- 物联网安全认证体系

重点研究在物联网应用系统中，如何基于PKI/WPKI系统实现终端设备和网络之间的双向认证，研究保证PKI/WPKI能够向终端设备安全发放设备证书的方式。

- 终端身份安全存储

重点研究终端身份信息在终端设备中的安全存储方式及终端身份信息的保护。重点关注在终端设备遗失的情况下，终端设备的身份信息、密钥、安全参数等关键信息不能被读取和破解，从而保证整个网络系统的安全。

- 身份认证协议

研究并设计终端设备与物联网承载网络之间的双向认证协议。终端设备与互联网和移动通信网络核心网之间的认证分别采用PKI或WPKI颁发的证书进行认证，对于异构网络之间在进行通信之前也需要进行双向认证。从而保证只有持有信任的CA机构颁发的合法证书的终端设备才能接入持有合法证书的物联网系统。

● 分布式身份认证技术

物联网应用业务的特点是接入设备多，分布地域广，在网络系统上建立身份认证时，如果采用集中式的方式在响应速度方面不能达到要求，就会给网络的建设带来一定的影响，因此需要建立分布式的轻量级鉴别认证系统。将对分布式终端身份认证技术、系统部署方式、身份信息在分布式轻量级鉴别认证系统中的安全、可靠传输进行研究。

2. 新型身份认证技术

身份认证用于确认对应用进行访问的用户身份。身份认证的方法一般基于以下一个或几个因素：静态口令；用户所拥有的东西，如令牌、智能卡等；用户所具有的生物特征如指纹、虹膜、动态签名等。在对身份认证安全性要求较高的情形下，通常会选择以上因素中的两种从而构成“双因素认证”。目前最常见的身份认证方式是用户名/静态口令，其他还有基于智能卡、动态令牌、USB Key、短信密码和生物识别技术等的身份认证方式，在物联网中也将综合运用这些身份认证技术，特别是生物识别技术及零知识身份认证技术。

● 生物识别技术

生物识别技术通过计算机与光学、声学、生物传感器和生物统计学原理等高科技手段密切结合，利用人体固有的生理特性（如指纹、掌形、虹膜、人脸等）和行为特征（如动态签名、声纹、步态等）来进行个人身份的鉴定。目前指纹识别技术已经得到了很广泛的应用，而面部识别、声音识别、步态识别、基因识别、静脉等其他高科技的生物识别技术也处于实验研究之中。基于生物识别技术的身份认证被认为是最安全的身份认证技术，将来能够被广泛地应用于物联网环境。

● 零知识身份认证技术

通常的身份认证都要求传输口令或其他能够识别用户身份的信息，而零知识身份认证技术不用传输这些信息，也能够识别用户的身份。

被认证方 P 掌握某些秘密信息，P 想设法让认证方 V 相信他确实掌握那些信息，但又不想让 V 也知道那些信息。被认证方 P 掌握的秘密信息可以是某些长期没有解决的猜想问题的证明(如费尔玛最后定理、图的三色问题)，也可以是缺乏有效算法的难题解法(如大数因式分解等)，信息的本质是可以验证的，即可通过具体的步骤来检验它的正确性。

2.5.3 基于多网络融合的网络安全接入技术

由于物联网的应用越来越广泛，人们对接入网络技术的需求也越来越强烈，对于物联网产业来说，接入网络技术有着广阔的发展前景，因此它已经成为当前物联网的核心研究技术，也是物联网应用和物联网产业发展的热点问题。接入网络技术最终要解决的是如何将成千上万的物联网终端快捷、高效、安全地融入物联网应用业务体系，这关系到物联网终端用户所能得到的物联网服务的类型、服务质量、资费等切身利益问题，因此也是物联网未来建设中需要解决的一个重要问题。

物联网以终端感知网络为触角，以运行在大型服务器上的程序为大脑，实现对客观世界的有效感知及有力控制。其中连接终端感知网络与服务器的桥梁便是各类网络接入技术，包括 GSM、TD-SCDMA 等蜂窝网络与 WLAN、WPAN 等专用无线网络，以及 Internet 等各种 IP 网络。物联网网络接入技术主要用于实现物联网信息的双向传递和控制，重点在于适应物物通信需求的无线接入网和核心网的网络改造和优化，以及满足低功耗、低速率等物物通信特点的网络层通信和组网技术。

物联网业务发展需要一个无处不在的通信网络，虽然 3G/LTE 移动通信技术和物联网技术应用服务现在还都刚起步，还存在各种各样的问题，但移动通信网具有覆盖广、建设成本低、部署方便、具备移动性等特点，物联网技术与以 3G/LTE 为代表的移动通信技术的相互融合是未来的发展趋势，是物联网网络接入技术研究的核心目标和内容。随着移动通信网络技术的高速发展，移动通信网络将成为物联网的主要承载网络，移动通信网络赋予未来物联网强大通信能力，并具有移动性、泛在性、时空和逻辑运算智慧性。

基于多网融合的网络安全接入技术研究内容包括以下几方面。

1. IPv6 安全接入与应用

物联网，继互联网之后的全球信息产业迎来的又一次科技与经济浪潮，必将对 IP 地址产生前所未有的需求。构成现今互联网技术基石的 IPv4，在面临地址资源枯竭的困境下，显然已无法为地球上存在的万事万物都分配一个 IP 地址——而这又恰恰是物联网实现的关键。作为下一代网络协议，IPv6 凭借着丰富的地址资源及支持动态路由机制等优势，能够满足物联网对通信网络在地址、网络自组织及扩展性等诸多方面的要求。在 IP 基础协议栈的设计方面，IPv6 将 IPSec 协议嵌入到基础的协议栈中，通信的两端可以启用 IPSec 加密通信的信息和通信的过程。网络中的黑客将不能采用中间人攻击的方法对通信过程进行破坏或劫持。同时，黑客即使截取了节点的通信数据包，也会因为无法解码而不能窃取通信节点的信息。从整体来看，使用 IPv6 不仅能够满足物联网的地址需求，同时还能满足物联网对节点移动性、节点冗余、基于流的服务质量保障的需求，很有希望成为物联网应用的基础网络安全技术。

然而，在物联网中应用 IPv6，并不能简单地“拿来就用”，而是需要进行一次适配，对 IPv6 协议栈和路由机制进行相应的精简，以满足对网络低功耗、低存储容量和低传输速率的要求。由于 IPv6 协议栈过于庞大复杂，并不匹配物联网中互连对象，因此虽然 IPv6 可为每一个终端设备分配一个独立的 IP 地址，但承载网络需要和外网之间进行一次转换，起到 IP 地址压缩和简化翻译的功能。目前，相关标准化组织已开始积极推动精简 IPv6 协议栈的工作。例如，IETF 已成立了 LowPAN 和 RoLL 两个工作组进行相关技术标准的研究工作。与传统方式相比，IPv6能支持更大的节点组网，但对传感器节点功耗、存储、处理器能力要求更高，因而成本要更高。并且，IPv6协议的流标签位于IPv6包头，容易被伪造，易产生服务盗用的安全问题。因此，在IPv6中流标签的应用需要开发相应的认证加密机制。同时为了避免流标签使用过程中发生冲突，还要增加源节点的流标签使用控制的机制，保证在流标签使用过程中不会被误用。

2. 满足多网融合的安全接入网关

多网融合环境下的物联网安全接入需要一套比较完整的系统架构，这种架构可以是一种泛在网多层组织架构。底层是传感器网络，通过终端安全接入设备或物联网网关接入承载网络。物联网的接入方式是多种多样的，通过网关设备将多种接入手段整合起来，统一接入到电信网络的关键设备，网关可满足局部区域短距离通信的接入需求，实现与公共网络的连接，同时完成转发、控制、信令交换和编解码等功能，而终端管理、安全认证等功能保证了物联网业务的质量和安全。物联网网关的安全接入设计有三大功能。

- 网关可以把协议转换，同时可以实现移动通信网和互联网之间的信息转换
- 接入网关可以提供基础的管理服务，对终端设备提供身份认证、访问控制等安全管控服务
- 通过统一的安全接入网关，将各种网络进行互连整合，可以借助安全接入网关平台迅速开展物联网业务的安全应用

总而言之，安全接入网关设计技术需要研究统一建设标准、规范的物联网接入、融合的管理平台，充分利用新一代宽带无线网络，建立全面的物联网网络安全接入平台，提供覆盖广泛、接入安全、高速便捷、统一协议栈的分布网络接入设备。满足大规模物联网终端快捷、高效、安全的融入物联网应用的业务体系。

2.5.4　网络安全防护技术

物联网的信息完整性和可用性贯穿物联网数据流的全过程， 网络入侵、拒绝攻击服务、路由攻击等都可以使信息的完整性和可用性受到破坏。同时物联网的感知互动过程也要求网络具有高度的稳定性和可靠性。物联网的安全特征体现了感知信息的多样性、网络环境的多样性和应用需求的多样性，呈现出网络的规模和数据的处理量大，决策控制复杂，给安全研究提出了新的挑战。依靠互联网和移动通信网络为主要承载网络的物联网具有相对完整的安全保护能力，但是由于物联网中节点数量庞大，而且以集群方式存在，因此会导致在数据传播时，由于大量机器的数据发送使网络拥塞，产生拒绝服务攻击。此外，现有通信网络的安全架构都是从人的通信角度设计的，并不适用于机器的通信。使用现有安全机制会割裂物联网机器间的逻辑关系。

网络安全防护技术主要是为了保证信息的安全而采用的一些方法，在网络和通信传

输安全方面，主要针对网络环境的安全技术（如VPN、路由等）实现网络互连过程的安全，旨在确保通信的机密性、完整性和可用性。而网络应用环境主要针对终端设备的访问控制与审计，以及网络应用系统在执行过程中产生的安全问题。作为一种多网络融合的网络，物联网网络安全涉及各个网络的不同层次，在这些独立的网络中已实际应用了多种安全技术，特别是移动通信网和互联网的安全研究已经历了较长的时间。然而不是提供了一定的安全机制就可以一劳永逸地享受通信网络安全。安全威胁在变，安全机制需要与时俱进。信息安全领域中永远不存在坚不可摧的安全防御体系，新的攻击方式总是不断地催生新的防御手段，而新的防御手段又激发更新的攻击方式。物联网网络层的安全防护技术主要是对网络通信、应用业务和基础设施三部分提供安全防护。其中网络通信安全防护包括对网络的保护，如IP层传输加密、入侵检测、网络隔离等。应用业务安全防护包括对分组数据业务网上运行的各类业务系统的保护，如用户身份认证和应用资源的授权访问、应用安全审计等。基础设施安全防护包括为核心系统提供综合安全管理、证书和授权管理、密码管理服务等基础设施提供安全保障。

物联网网络安全防护技术体系结构如图2-4所示。

应用环境安全防护技术 可信终端、身份认证、访问控制、安全审计等
网络环境安全防护技术 无线网安全、虚拟专网、传输安全、防火墙、入侵检测、安全审计等
信息安全防护关键技术 攻击监测、内容分析/过滤、病毒防治、访问控制、授权管理、应急联动等
信息安全基础核心技术 密码技术、高速密码芯片、PKI/WPKI基础设施、网络安全管控平台等

▶ 图2-4 物联网网络安全防护技术体系结构

1. 信息安全防护关键技术

在物联网系统的感应终端设备和网络核心系统之间部署应用访问控制设备、权限管理设备等防护设施为物联网应用业务体系提供集中式、统一的安全保护机制。对于任何基于TCP/IP的应用能够实现IP、IP+接口级的访问控制，对于数据库系统能够实现数据表一级的访问控制，对于FTP、HTTP应用系统能够实现目录一级的访问控制。在网络中部署了应用访问控制设备后，各个应用业务系统不再需要分别考虑各自的安全保护措施，而是统一交给应用访问控制设备来保证。

2. 网络环境安全关键技术

随着互联网和移动通信网的核心网向IP化演进，传统IP网络存在众多的安全漏洞，核心网也成为黑客攻击的主要目标。在核心网络系统内采取防病毒、入侵检测、安全审计等传统 IP 网络安全防护功能，对核心业务可以将 IPSec 协议嵌入到基础的协议栈中，通信的两端可以启用 IPSec 加密通信的信息和通信的过程，保障系统网络的通信安全。

2.5.5 密码技术

密码技术仍然是物联网安全的核心技术，能够解决物联网中数据产生、存储、传输等安全问题。物联网安全问题，其解决措施都需要以如下所述的密码技术为支撑来解决。

（1）低功耗、低成本的安全 RFID 标签。以密码算法为基础，研究抗物理攻击、能量分析和暴力破解的安全 RFID 标签，同时选用或设计全新密码算法，降低运算复杂度，采用异步电路和绝热电路等芯片设计手段严格控制芯片功耗和成本。

（2）无线传感器网络安全。基于密码算法，研究针对无线传感器节点带宽和能量有限、无人值守、应用耦合紧密特点的节点自身安全和路由协议安全技术。利用节点入网身份和健康状态认证及路由协议的自组织等手段，确保整个无线传感器安全、可靠地运行。

（3）安全管理。研究适合 RFID 标签和传感器节点数量大、分散性高、可控性差等特点的密钥管理技术，研究降低密钥管理复杂度的新算法、新手段，降低物联网安全系统的安装和运维成本。

（4）智能处理安全。分析物联网智能处理中间件安全漏洞和应对措施，利用基于密码算法的安全协议，提出物联网智能处理平台中间件的安全解决方案。

（5）安全芯片。研究适合物联网 RFID、传感器和网络传输、智能分析的安全芯片技术，结合新的密码算法，解决传统密码算法在 RFID 和传感器中功耗较高的问题。

在物联网中将会运用到基于对称密钥和非对称密钥的两种密码体制下的所有相关安全技术，如 SSL VPN、PKI 等，但由于物联网自身的特点，如在物联网中的部分终端不具备与计算机同样强大的计算处理能力，因此在选择密码算法的时候，必须考虑选择占用系统资源少或者轻型的密码算法，如基于椭圆曲线的密码算法。由于应用有保护用户隐私的需求，必须采用一些新的加密技术（如全同态加密等）来实现对数据的加密。

（1）全同态加密技术。全同态加密，也称为隐私同态，是一项全新的加密技术，它能够使系统在无须读取敏感数据的情况下处理这些数据，从而可以保护用户的隐私信息不被泄露。

记加密操作为 E，明文为 m，加密得 e，即 $e = E(m)$，$m = E'(e)$。已知针对明文有操作 f，针对 E 可构造 F，使得 $F(e) = E[f(m)]$，这样 E 就是一个针对 f 的同态加密算法。在使用同态加密技术的情况下，我们可以把本地加密得到的 e 交给应用系统，在应用系统进行操作 F，我们拿回 $F(e)$ 后，在本地系统进行解密，就得到了 $f(m)$。这样敏感信息 m 不会在本地系统以外的其他网络和系统中出现，从而确保其不会被第三方知道。例如，远程服务提供商收到客户发来的加密医疗记录数据，借助全同态加密技术，提供商可以像以往一样处理数据却不必破解密码。处理结果以加密的方式发回给客户，客户在自己的系统上进行解密读取。

但是由于全同态加密算法非常难以构造，因此至今还没有出现成熟的应用，但在这方面的研究一直没有中断过，在 2009 年 9 月，IBM 研究员 Craig Gentry 声明找到了一种全同态加密算法，从而在全同态加密技术的应用方面迈出了一大步，但目前该技术还处于研究的初级阶段，需要不断的实验和优化。

（2）轻型加密技术。轻型加密（也称选择加密，或者部分加密），是一种应用于多媒体数据的加密技术。它将加密与多媒体编/解码过程融合一体，不加密全部的多媒体数据，而是加密一定比例的、对多媒体解码影响大、带有丰富信息的数据，从而减小了系统的处理负荷。目前轻型加密技术涵盖视频和音频数据的加密，如基于视频压缩模型的加密、MPGE4 IPMP 和 JPEG2000 等国际标准所采纳的轻型加密技术。轻型加密技术减小了加密对系统的软/硬件资源的要求，特别适合于物联网环境中终端计算处理能力较弱的情况，但该项技术要投入使用，还需要在保密强度、密钥管理等方面进行进一步的研究。

2.5.6　分布式密钥管理技术

物联网的多源异构性，使密钥管理显得更为困难，特别是基于大规模网络应用为主的物联网业务系统，密钥管理是制约物联网信息机密性的主要瓶颈。密码应用系统是物联网网络安全的基础，是实现感知信息隐私保护的手段之一。

对于互联网，由于不存在计算资源的限制，非对称和对称密钥系统都可以适用，互联网面临的安全问题主要来源于其最初的开放式管理模式的设计，是一种没有严格管理中心的网络。移动通信网是一种相对集中式管理的网络，而物联网节点由于计算资源的限制，对密钥管理提出了更多的要求，因此，物联网的密钥管理面临两个主要问题：一是如何构建一个贯穿多个网络的统一密钥管理系统，并与物联网的网络安全体系结构相适应；二是如何解决物联网网络传输业务的密钥管理，如密钥的产生、分发、存储、更新和销毁等。

物联网的密钥管理可以采用集中式管理方式和分布式管理方式两种模式。集中式管理方式通过在核心网络侧构建统一的密钥管理中心来负责整个物联网的密钥管理，物联网应用节点接入核心承载网络时，通过与密钥管理中心进行交互，实现对网络中各节点的密钥管理；分布式管理方式通过在物联网承载网络中构建不同层次、不同区域、不同网络的区域密钥管理中心，形成层次式密钥管理网络结构，由区域密钥管理中心负责接入设备的密钥管理，顶层管理密钥中心负责区域密钥管理中心的密钥管理。

物联网的多源异构性使得分布式密钥管理方式将是未来密钥管理技术的研究重点。物联网的密钥管理中心的设计在很大程度上受到物联网终端自身特征的限制，因此在物联网的分布式密钥管理设计需求上与互联网和移动通信网络及其他传统 IP 网络有所不同，特别要充分考虑到物联网网络设备的限制和网络组网与路由的特征。物联网分布式密钥管理技术的研究主要内容包括：分布式密钥管理系统网络架构；高安全性的密钥产生、分发、更新和销毁机制；密码应用安全防护机制；物联网网络传输监控机制等。

2.5.7　分布式安全管控技术

支撑物联网业务的网络安全支撑平台有着不同的安全策略，如分布式密钥管理、安全防护、防火墙、应用访问控制、授权管理等，这些安全支撑平台要为上层服务管理和大规模行业应用建立起一个高效、可信、可管、可控的物联网网络应用系统，而大规模、多平台、多业务、多通道的网络特性，对物联网的网络安全管控提出了新的挑战。

从目前的物联网应用来看，都是各个行业自己建设系统，多数情况下将运营商网络视为单纯的数据管道。这样做的缺点就是缺乏对平台的管理和维护，缺乏对业务数据的监控和管理，缺少对终端维护服务的监管，对网络流量、业务优先级等缺少一个控制手段。由于缺乏对终端设备的有效管控手段，所以缺乏对终端设备工作状态、安全态势的有效管理机制。因此，如何建立有效的多网融合的分布式安全管控架构，建立一个跨越多网的统一网络安全管控模型，形成有效的分布式安全管控系统是物联网网络安全的重要研究方向之一。

分布式网络管理技术是近几年发展起来的以面向对象为基础的支持分布式应用的软件技术，它实现了异构环境下对象的可互操作性，有效地实现了系统集成。分布式对象技术采用面向对象设计思想来实现网络通信，支持面向对象的多层多级结构模型，可以在不同区域、不同机器的管理节点或管理对象之间相互传递信息，共同协作实现系统功能。从发展前景来看，采用分布式网络管理技术来对物联网终端设备及网络进行安全管控的发展趋势已经非常明显。

在分布式网络管理体系架构中会有多个平等的管理节点，系统按照一定的区域和管理业务功能定义每个管理节点。这种体系架构可以是一种能够反映网络连接关系的结构，也可以是一种反映等级管理关系的结构，甚至可以是一种反映分布应用的结构。分布式网络管理体系架构中各个区域管理节点之间通过专用的安全通信中间件进行数据传输。分布式网络管理体系架构易于规模的扩展，由于它使用了管理域的概念对全网进行分割，因此，只要通过增加管理节点的数目和重新定义管理域便可以很方便地适应网络规模的动态变化，弥补传统网络管理系统的不足，充分体现分布式环境下的区域自治、区域间协作等特点，对于大规模物联网应用下的终端设备及网络进行全面管理有明显的优势。物联网分布式安全管控技术主要内容包括分布式终端设备安全管控的组织体系结构、分布式网络管控系统数据同步与数据共享机制、分布式网络管控系统终端访问响应与服务器集群技术、适应于分布式网络环境下的安全管控业务设计技术、分布式网络环境下基于数字证书的终端鉴权认证技术和分布式网络管控系统的网络与信息安全技术等关键技术。

2.5.8 信息完整性保护技术

在传统网络中采用数字签名和数字水印等技术来对信息进行完整性保护，在物联网环境中，仍然会运用到这些技术。

1. 数字签名技术

数字签名是附加在一段信息上的一组数据，这组数据基于对信息进行的密码变换，能够被接受者用来确认信息的来源及其完整性，从而防止数据被篡改和伪造。基于公钥密码体制和私钥密码体制都可以获得数字签名，目前主要的数字签名技术都是基于公钥密码体制（PKI），常用的数字签名算法包括RSA、ElGamalr、Guillou-Quisquarter、ECC等。基于对特殊应用的需求，研究人员又提出了盲签名、代理签名、群签名、门限签名、多重签名等多种数字签名方案，其中的盲签名、群签名等方案都可以用于物联网中的用户隐私保护。

在盲签名中，签名者不能获取所签署消息的具体内容，消息拥有者先将消息盲化，而后让签名者对盲化后的消息进行签名，最后消息拥有者对签字除去盲因子，得到签名者关于原消息的签名。在这个过程中，签名者不知道他所签署消息的具体内容，也无法知道这是他哪次签署的。盲签名技术能够广泛的应用于电子商务、电子投票等活动中，具有良好的应用前景，但目前大多数盲签名方案研究尚处于起步阶段，如群盲签名、利用广义ELGamal型签名等，如何设计高效的盲签名方案，从而构建安全、实用的盲签名的应用将是一个重要的研究方向。

2. 数字水印技术

数字水印技术将与多媒体内容相关或不相关的一些标志信息嵌入到图像、音频、视频等多媒体载体中，在不影响原内容的使用价值的前提下，可以通过这些隐藏信息确认内容的创建者、购买者或者鉴别多媒体内容是否真实完整。数字水印具有不可感知性、鲁棒性、盲检测性、确定性等特点，典型的算法包括空域算法、变换域算法、压缩域算法、生理模型算法等，其中变换域数字水印技术是当前数字水印技术的主流。目前，主要的数字水印研究还是在图像水印方面，而且大都是理论上的研究，研究重点包括水印检测差错率估计与快速检测算法及包含人眼视觉系统、人耳听觉系统特性利用在内的水印系统模型、水印算法安全性论证等方面。近年来，我国在数字水印领域的研究也从跟踪逐步转向自主研究，许多大学和研究所纷纷致力于水印技术的研究，但该技术还处于起步阶段，还有很多不完善的地方，特别是在该技术的产业化发展方面。随着我国物联网的大力建设，会涉及大量多媒体完整性保护和知识产权保护等方面需求，但这也会反过来进一步推动水印技术的不断发展。

2.5.9 访问控制技术

访问控制可以限制用户对应用中关键资源的访问，防止非法用户进入系统及合法用户对系统资源的非法使用。在传统的访问控制中，一般采用自主访问控制（DAC）、强制访问控制（MAC）和基于角色的访问控制（RBAC）技术，随着分布式应用环境的出现，又发展出了基于属性的访问控制（ABBC）、基于任务的访问控制（TBAC）、基于对象的访问控制（OBAC）等多种访问控制技术。

1. 基于角色的访问控制

基于角色访问控制模型（RBAC）中，权限和角色相关，角色是实现访问控制策略的基本语义实体。用户（User）被当做相应角色（Role）的成员而获得角色的权限（Permission）。

基于角色访问控制的核心思想是将权限同角色关联起来，而用户的授权则通过赋予相应的角色来完成，用户所能访问的权限就由该用户所拥有的所有角色的权限集合的并集决定。角色之间可以有继承、限制等逻辑关系，并通过这些关系影响用户和权限的实际对应。

整个访问控制过程分为两个部分，即访问权限与角色相关联，角色再与用户关联，从而实现了用户与访问权限的逻辑分离，角色可以看成是一个表达访问控策略的语义结构，它可以表示承担特定工作的资格。

2. 基于属性的访问控制

面向服务的体系结构（Service-Oriented Architecture，SOA）和网格环境的出现打破了传统的封闭式的信息系统，使得平台独立的系统之间以松耦合的接口实现互连。在这种环境下，要求能够基于访问的上下文建立访问控制策略，处理主体和客体的异构性和变化性。传统的基于用户角色的访问控制模型已不适用于这样的环境。基于属性的访问控制不直接在主体与客体之间定义授权，而是利用他们关联的属性作为授权决策的基础，利用属性表达式描述访问策略。它能够根据相关实体属性的动态变化，适时更新访问控制决策，从而提供一种更细粒度、更加灵活的访问控制方法。

3. 基于任务的访问控制

基于任务的访问控制是一种以任务为中心的，并采用动态授权的主动安全模型。在授予用户访问权限时，不仅仅依赖主体、客体，还依赖于主体当前执行的任务、任务的状态。当任务处于活动状态时，主体就拥有访问权限；一旦任务被挂起，主体拥有的访问权限就被冻结；如果任务恢复执行，主体将重新拥有访问权限；任务处于终止状态时，主体拥有的权限马上被撤销。TBAC 从任务的角度，对权限进行动态管理，适合分布式计算环境和多点访问控制的信息处理控制，但这种技术的模型比较复杂。

4. 基于对象的访问控制

基于对象的访问控制将访问控制列表与受控对象相关联，并将访问控制选项设计成为用户、组或角色及其对应权限的集合；同时允许策略和规则进行重用、继承和派生操作。这对于信息量大、信息更新变化频繁的应用系统非常有用，可以减轻由于信息资源的派生、演化和重组带来的分配、设定角色权限等的工作量。

2.5.10 隐私保护技术

物联网中将承载大量涉及人们日常生活的隐私信息（如位置信息、健康状况等），如果不能解决用户隐私信息的保护问题，很多物联网应用将难以大规模的商业化。当前，隐私保护领域的研究工作主要集中于如何设计隐私保护原则和算法更好地达到安全性和易用性之间的平衡。

隐私保护技术大体可以分为基于数据失真、基于数据加密和基于限制发布的三类技术。作为新兴的研究热点，隐私保护技术不论在理论研究还是实际应用方面，都具有非常重要的价值。在国内，对隐私保护技术的研究也受到学术界的关注与重视，包括复旦大学、中国科技大学、北京大学、东北大学、华中科技大学等在内的多个课题组也开展了相关的研究工作。国内关于隐私保护技术的研究目前主要集中于基于数据失真或数据加密技术方面的研究，如基于隐私保护分类挖掘算法 、关联规则挖掘、分布式数据的隐私保持协同过滤推荐、网格访问控制等。

1. 基于数据失真的技术

基于数据失真的技术是使敏感数据失真，但同时保持某些数据或数据属性不变的方法。例如，采用添加噪声、交换等技术对原始数据进行扰动处理，但要求保证处理后的数据仍然可以保持某些统计方面的性质。当前，基于数据失真的隐私保护技术包括随机化、阻塞、交换、凝聚等。

2. 基于数据加密的技术

基于数据加密的技术采用加密技术在数据挖掘过程中隐藏敏感数据的方法。多用于分布式应用环境中，如安全多方计算（Secure Multiparty Computation，SMC）。

安全多方计算最早是由 Andrew C.Yao 在 1982 年通过“姚式百万富翁问题”提出的，

现在成为信息安全的一个重要研究方向。安全多方计算是指在一个互不信任的多用户网络中，各用户能够通过网络来协同完成可靠地计算任务，同时又能保持各自数据的安全性。这样就能够解决一组互不信任的参与方之间保护隐私的协同计算问题，确保输入的独立性，又保证计算的正确性，同时不泄露各输入值给参与计算的其他成员。

在多方安全计算中，*n* 个成员 *P*1，*P*2，…、*Pn* 分别持有秘密的输入 *X*1，*X* 2，…、*Xn*，从而计算函数值 *f*(*X*1，*X* 2，…，*Xn*)，在这个过程中，每个成员 *Pi* 仅仅知道自己的输入数据 *Xi*，而最后的计算结果会返回给每个成员。

当前，关于 SMC 的主要研究工作集中于降低计算开销、优化分布式计算协议及以 SMC 为工具解决问题等。

3. 基于限制发布的技术

限制发布即有选择地发布原始数据、不发布或者发布精度较低的敏感数据，以实现隐私保护。当前此类技术的研究集中于“数据匿名化”，即在隐私披露风险和数据精度间进行折中，有选择地发布敏感数据及可能披露敏感数据的信息，但保证对敏感数据及隐私的披露风险在可容许范围内。数据匿名化研究主要集中在两方面：一方面是研究设计更好的匿名化原则，使遵循此原则发布的数据既能很好地保护隐私，又具有较大的利用价值；另一方面是针对特定匿名化原则设计更“高效”的匿名化算法。随着数据匿名化研究的逐渐深入，如何实现匿名化技术的实际应用，成为当前研究者关注的焦点。例如，如何采用匿名化技术，实现对数据库的安全查询，以保证敏感信息无泄露等。

2.5.11　入侵检测技术

由于在物联网中完全依靠密码体制不能抵御所有攻击，故常采用入侵检测技术作为信息安全的第二道防线。入侵检测技术是一种检测网络中违反安全策略行为的技术，能及时发现并报告系统中未授权或异常的现象。按照参与检测节点是否主动发送消息分为被动监听检测和主动监听检测。被动监听检测主要是通过监听网络流量的方法展开，而主动监听检测是指检测节点通过发送探测包来反馈或者接收其他节点发来的消息，然后通过对这些消息进行一定的分析来检测。

2.5.12　病毒检测技术

目前主流的防病毒软件大都采用基于特征值扫描的技术，但这种技术不能检测出尚未被病毒特征库收录的病毒，而且如果病毒被加密也不能被及时地检测出来。因此，病毒防护技术需要从传统的、被动的特征码扫描技术及校验和技术向智能型、主动型的虚拟机技术、启发式扫描技术等方向发展。

1. 虚拟机杀毒

随着病毒技术的发展，压缩和加密技术渐渐成熟起来，从而使很多病毒的特征不再容易被提取。虚拟机杀毒技术能够创造一个虚拟运行环境，将病毒在虚拟环境中激活，看看它的执行情况。由于加密的病毒在执行时最终还是要解密的。这样可以在其解密之后再通过特征值查毒法对其进行查杀。但虚拟机技术在应用时面临的一个最大的难题就是如何解决资源占用问题。

2. 启发式扫描

新病毒不断出现，传统的特征值查毒法完全不可能查出新出现的病毒。启发式扫描技术是一种主动防御式的病毒防护技术，可分为静态式启发和动态式启发。一个病毒总存在其与普通程序不同的地方，譬如它会格式化硬盘、重定位、改回文件时间、修改文件大小、能够传染等，通过在各个层面进行病毒属性的确定和加权，就能发现新的病毒。

3. 病毒免疫

病毒免疫技术来源于生物免疫技术，它的设计目标是不依赖于病毒库的更新而让计算机具有对所有病毒的抵抗能力。普通防毒软件的最大缺点是总要等到病毒出现后才能制定出清除它的办法，并且还要用户及时的升级到新的病毒库。这就让病毒有更多的机会去蔓延传播，而病毒免疫则完全打破这种思路，它可以让计算机具有自然抵抗新病毒的能力，当有新病毒感染计算机系统时不用升级病毒库而同样可以侦测出它。

2.5.13　叛逆追踪技术

多媒体数字产品（音频，视频，图像）在网络中发布和传播时，有些恶意的授权用户，会通过恶意泄露自己的授权密钥给其他非授权用户以得到私利，或者几个授权用户通过共谋制造出密钥给其他非授权用户使用。那些恶意的授权用户就被称为叛徒，而非授权用户被称为盗版者。在这种情况下，非授权用户就得到了授权信息，从而侵犯了数据提供商的权益。为解决这个问题，Chor、Fiat、Naor 在 1994 年给出了一种叛徒追踪系统，从此之后，叛徒追踪技术受到了人们的广泛关注和研究。在叛徒追踪系统中，每个授权用户都有与其身份一一对应的密钥。在这个系统当中有一个追踪程序来实现追踪的功能。内容提供商截获一个非法解码器后，可以利用追踪程序至少确定一个叛逆者的身份。虽然追踪程序无法完全消除盗版，但是可以找出并惩罚叛逆者，给予非法传播者极大的威慑作用。

1994 年 Chor 等人给出的是一种基于概率论的叛徒追踪系统，这种系统需要用户存储的解密密钥的数量及通信所耗带宽都是随着用户数量增长而增长的，会造成过大的系统和通信开销。为解决这个问题，Naor 和 Pinkas 在 1998 年建立了门限叛徒追踪系统，这个系统减少了所需存储空间，并且降低了通信消耗。由于叛逆者可以直接将解密出来的明文传播到其他用户或者直接传播到网络上来获取利益。为了防止这种情况的发生，Fiat 和 Tassa 在 1999 年提出了一种可以解决重放攻击的基于数字水印的动态叛逆者追踪方案。Safavi、Naini 和 Wang 在 2003 年提出了一个可以达到防止叛逆者将解密明文传播给其他用户或者网络的机制——序列叛逆者追踪体制。该体制在解决延迟重放攻击的同时还提高了运行效率。Pfitzmann 在 1996 年首先提出了非对称叛徒追踪机制，这个机制解决了对称方案的问题，只有授权用户自己知道自己的解密密钥，数据提供商无法进行陷害而叛逆者也无法抵赖。但是由于效率太低，无法在实际中进行应用。Kurosawa 和 Desmedt 在 1998 年提出了公钥叛徒追踪机制，然而这个机制不能抵抗共谋攻击。Boneh 和 Franklin 在 1999 年提出了一种能对单个叛徒和若干共谋进行黑盒追踪的公钥叛逆者追踪方案。Kiayias 和 Yung 在 2002 给提出了一个黑盒追踪系统，它能够在多用户的情况下依然使密文明文比恒定。然而在全追踪的情况下，密文大小与用户数量 N 成线性关系。Dan Boneh 和 Moni Naor 在 2008 年给出了基于指纹码的叛徒追踪系统。2006 年，Dan Boneh 等人引入秘密线性广播加密协议（Private Linear Broadcast Encryption，PLBE），基于 PLBE，他们提出了完全抗共谋的叛徒追踪机制，然而这种机制的密文长度与用户数量成线性关系。而且这种机制中，追踪公钥是必须保密的，也就是说只有数据提供商才能进行追踪。Dan Boneh 和 Brent Waters 在 2006 年提出了一种可以公共追踪的完全抗共谋的叛徒追踪机制，在这个机制中追踪密钥是公开的，也就是任何人都可以进行追踪。

叛逆追踪技术可以广泛应用于物联网中，用于对多媒体资源等进行版权保护，发现信息泄露者并进行相关责任的追究。

2.5.14　应用安全技术

信息处理安全主要体现在物联网应用层中，其中，中间件主要实现网络层与物联网应用服务间的接口和能力调用，包括对企业的分析整合、共享、智能处理、管理等，具体体现为一系列的义务支持平台、管理平台、信息处理平台、智能计算平台、中间件平台等。应用层则主要包含各类应用，如监控服务、智能电网、工业监控、绿色农业、智能家居、环境监控、公共安全等。

应用层的安全问题主要来自于各类新兴业务及应用的相关业务平台。恶意代码及各类软件系统自身漏洞和可能的设计缺陷是物联网应用系统的重要威胁之一。同时由于涉及多领域、多行业，物联网广域范围的天量数据信息处理和业务控制策略目前在安全性和可靠性方面仍存在较多技术瓶颈且难以突破，特别是业务控制和管理、业务逻辑、中间件、业务系统关键接口等环境安全问题尤为突出。

1. 中间件技术安全迷

如果把物联网系统和人体做比较，感知层好比人体的四肢，传输层好比人的身体和内脏，那么应用层就好比人的大脑，软件和中间件是物联网系统的灵魂和中枢神经。在物联网中，中间件处于物联网的集成服务器端和感知层、传输层的嵌入式设备中。其中服务器端中间件称为物联网业务基础中间件，一般都是基于传统的中间件（应用服务器、ESB/MQ 等）构建，加入设备连接和图形化组态展示等模块；嵌入式中间件是一些支持不同通信协议的模块和运行环境。中间件的特点是它固化了很多通用功能，不过在具体应用中大多需要二次开发来实现个性化的行业业务需求，因此所有物联网中间件都要提供快速开发（RAD）工具。

2. 云计算安全问题

物联网的特征之一是智能处理，指利用云计算、模糊识别等各种智能计算技术，对天量的数据和信息进行分析和处理，对物体实施智能化的控制。云计算作为一种新兴的计算模式，能够很好地给物联网提供技术支撑。一方面，物联网的发展需要云计算强大的的处理和存储能力作为支撑。从量上看，物联网将使用数量惊人的传感器采集到的天量数据。这些数据需要通过无线传感网、宽带互联网向某些存储和处理设施会聚，而使用云计算来承载这些任务具有非常显著的性价比优势；从质上看，使用云计算设施对这些数据进行处理、分析、挖掘，可以更加迅速、准确、智能地对物理世界进行管理和控制，使人类可以更加及时、精细地管理物质世界，从而达到"智慧"的状态，大幅提高资源利用率和社会生产力水平。云计算凭借其强大的处理能力、存储能力和极高的性价比必将成为物联网的后台支撑平台。另一方面，物联网将成为云计算最大的用户，为云计算取得更大商业成功奠定基石。

本章小结

本章首先简要介绍物联网的基本概念及其提出的背景，分析物联网相关概念和相关关系，提出物联网的体系结构并列举了物联网的应用范围；然后，描述物联网安全新的特征，包括与互联网安全的关系、与日常生活的关系，分析物联网安全的新挑战和特点，并针对物联网体系结构分析其安全威胁，提出物联网安全体系结构；接着对物联网密码技术的新挑战和要求进行说明；最后说明物联网安全关键技术。

问题思考

物联网将会在互联网经济之后掀起世界新经济浪潮。物联网是在互联网基础之上提出的，其提出的背景既有技术因素也有经济因素，可以确定的是物联网将比现有互联网更加广泛，对社会的影响更大。请读者思考，物联网和互联网的关系是什么？物联网仅仅是现有互联网的延续还是有根本的差别？物联网安全与互联网安全的不同之处是什么？两者的根本区别在什么地方？从技术角度看，物联网安全最有可能在哪些方面产生新的技术手段和措施？

第3章 物联网感知层安全

内容提要

感知层在物联网体系结构中处于底层，承担信息感知的重任。感知层直接面向现实环境，数量庞大，功能各异，并且与人们生活密切相关。感知层的安全问题极其重要，是物联网安全与互联网安全主要的差别所在。感知层安全防护技术必须采用高效、低成本等解决方案。本章主要介绍 RFID 安全，包括 RFID 安全威胁和安全关键技术，以及传感器网络安全（包括其安全威胁和典型安全技术）。

本章重点

- RFID 的安全威胁和防护技术
- 传感器网络的安全威胁和防护技术

3.1　感知层安全概述

感知层处于物联网体系的最底层，涉及条码识别技术、无线射频识别（RFID）技术、图像识别技术、无线遥感技术、卫星定位技术、协同信息处理技术、自组织网络及动态路由技术等，主要负责物体识别、信息采集，包括条码（一维、二维）标签和阅读器、RFID 电子标签和读写器、摄像头、传感器、传感器网关等设备。感知层在物联网技术体系中的关系如图 3-1 所示[5]。

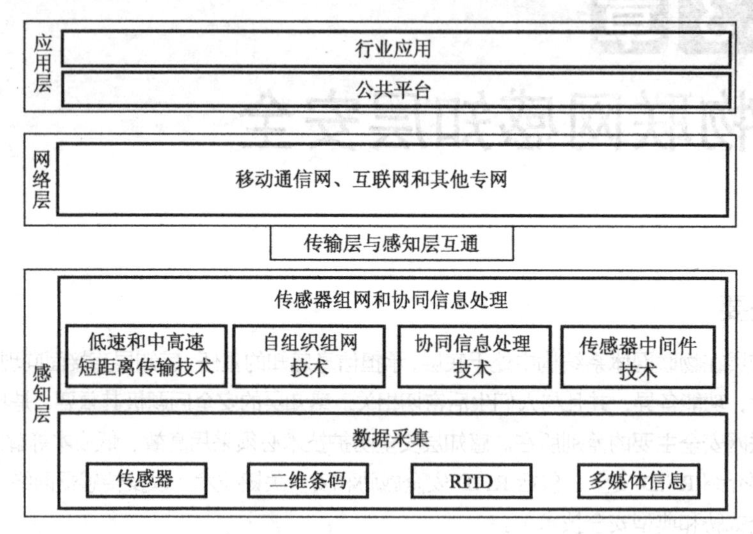

▶ 图 3-1　物联网感知层

随着生活质量的提高，人们对科技有了更高的要求，各种各样的高科技设备进入人们的生活，车载导航仪、网络视频会议设备、楼宇自控用的声光传感器、农田土壤检测传感器及 RFID 系统在物流、人员管理方面的普及，这些科技的推广和普及也改善了人们的生活，使人们的生活更为轻松、更为便利。

随着互联网应用的推广，如网上银行、网上支付、网上聊天等应用的普及，可以使人们足不出户便可以享受轻松快捷的服务，购买到优惠的商品，可以和远在万里的朋友“面对面”交流。但是，当你连接网络，使用这些服务的同时，同样要承受银行账号、密码泄露、落入网络诈骗等风险。类似，随着物联网的发展及科技的发展，各种感知设备成本的平民化，感知设备迅速普及，使用导航仪，可以轻松了解当前位置及目的地路线；使用摄像头，可以和朋友在网络上面对面交流；使用条码技术，商场结算可以快速便捷等。任何事物总有两面性，各种方便的感知系统给人们生活带来便利的同时，同样也存在各种安全问题。

使用 RFID 技术的汽车无匙系统，可以自由开、关车门，甚至开车都免去钥匙的麻烦，也可以在上百米内了解汽车的安全状况。但是这样的系统也是有漏洞的，具有恶意的人可以在无匙系统通信范围内监听设备的通信信号，并复制这样的信号，达到偷车的目的。著名球星贝克汉姆在西班牙时，就这样丢失了宝马X5 SUV。

随着摄像头、摄像监控设备的普及，人们可以在连接摄像部件的电子设备上视频通话，也可以通过手机、计算机、电视对办公地点、家居等重要场所进行监控。但是这样的摄像设备也容易被具有恶意的人控制，从而监控我们自己的生活，泄露我们的隐私。通过 google，你就可以找到无数个遍布在全球的摄像监控设备，你可以悄悄地连接这些设备，窥视别人的生活，同样，别人也同样在窥视你。近年来，黑客利用个人计算机连接的摄像头泄露用户隐私的事件层出不穷。

截至目前（2009年），我国共有180余个城市使用了不同规模的公共事业IC卡系统，发卡量已超过1.5亿张，约有95%的城市在应用IC卡系统时选择使用Mifare卡，其应用范围覆盖公交、地铁、出租、轮渡、自来水、燃气、风景园林及小额支付等领域[6]。但是早在2008年，德国研究员亨里克·普洛茨（Henryk Plotz）和弗吉尼亚大学计算机科学在读博士卡尔斯滕·诺尔（Karsten Nohl）成功地破解了恩智浦半导体的Mifare经典芯片的安全算法，并且公布于世。得到这种算法后，制作简单的设备便可以读取、复制 Mifare卡。Mifare卡被破解给我国的公共事业，以及企业的安全带来极大隐患。

相对于互联网来说，物联网的感知层安全是新事物，是物联网安全的重点，需要集中关注。目前，物联网感知层主要是由RFID系统和传感器网络组成，其他独立的传感器，如GPS系统等，属于被动感知信息的设备，其安全问题不在本书的范围内。

3.2　RFID 安全

感知层自动识别技术主要包括条形码、磁卡、接触IC卡、RFID等。其中RFID标签容量大，速度快，抗污染，耐磨损，支持移动识别、多目标志别和非可视识别。由于RFID系统具备以上这些优势，它正逐步应用于生产制造、交通运输、批发零售、人员跟踪、票证管理、食品安全等诸多行业，可以说RFID的应用已经遍布于人们日常生活的方方面面。RFID有安全问题吗？由于RFID应用的广泛性，在RFID技术的应用过程中，其安全问题越来越成为一个社会热点。讨论的焦点主要集中在RFID技术是否存在安全问题？这些安全问题是否需要解决？又如何解决？本书将在这些问题上回顾各种各样的观点和方案，并试图提出自己的观点和解决方案。

3.2.1　RFID 安全威胁分析

1. 两种不同的观点

对于RFID技术是否存在安全问题及这种安全问题是否值得解决有两种不同的观点。

一种观点认为RFID安全问题不存在，即使存在也不值得解决。他们认为RFID识别距离近，也就是在 10m 的范围以内，这么近的距离，窃听或跟踪都很困难，即使发生也很容易解决。另外 RFID 标签中往往只有 ID 号，没有什么重要信息，几乎不存在保密的价值。他们反问道：难道广泛使用的条码又有什么安全机制吗？对于隐私泄露和位置跟踪，他们说手机和蓝牙存在的问题更为严重，在这种情况下谈论 RFID 的安全问题是否有点小题大做？

另一种观点认为 RFID 安全问题不但存在，而且迫切需要解决，其中最大的安全问题就是隐私问题。他们认为如果在个人购买的商品或借阅的图书上存在 RFID 标签，那么就可能被不怀好意的人暗中读取并跟踪，从而获得受害人的隐私信息或位置信息。因此强烈要求解决 RFID 的安全问题，例如，德国麦德龙集团的“未来商店”会员卡由于包含 RFID 芯片，招来大批抗议，最后被迫被替换为没有 RFID 的会员卡；同样是与条形码对比，惠普实验室负责 RFID 技术的首席技术官 SaliI Pradhan 做了一个形象的比喻：“使用条形码好比行驶在城市街道上，就算撞上了人，危害也很有限。但使用 RFID 好比行驶在高速公路上，你离不开这个系统，万一系统被攻击后果不堪设想。” RFID 系统识别速度快，距离远，相对条码系统其攻击更为容易，而损失更为巨大。就隐私而言，手机和蓝牙用户可以在需要的场合关掉电源，但 RFID 标签没有电源开关，随时都存在被无声读取的可能性。

从物联网应用的角度看，本书倾向于后一种观点。随着技术的发展，目前乃至将来，RFID 标签将存储越来越多的信息，承担越来越多的使命，其安全事故的危害也将越来越大，而不再会是无足轻重。

2. RFID 各种安全威胁

(1) 零售业。对于零售业来说，粘贴在一个昂贵商品上的 RFID 标签可能被改写成一个便宜的商品，或者可以换上一个伪造的标签，或者更简单地把其他便宜商品的标签换上去。这样一来攻击者就可以用很便宜的价格买到昂贵的商品了。条码系统的收银员会检查标签内容与商品是否一致，因此条码系统上该问题不明显。但是 RFID 系统不需要对准扫描，人工参与度不高，即使是在人工收银的场合，收银员也很容易忽视这种情况。

为了对付隐私泄露，在商品售出后都要把 RFID 标签“杀死”。这就引来另一种安全威胁：一个攻击者出于竞争或发泄等原因，可能携带一个阅读器在商店里面随意“杀死”标签。这样就会带来商店管理的混乱——商品在突然之间就不能正常地扫描了，顾客只能在收银台大排长队；智能货架也向库房系统报告说大量货架已经出空，商品急需上架。很显然，这个安全问题对于条码来说也是不存在的。

另一方面，对于采用 RFID 进行库房管理的系统来说，竞争对手可以在库房的出/入口秘密安装一个 RFID 阅读器。这样，进、出库房的所有物资对于攻击者都一目了然。对企业而言，这种商业秘密非常重要，竞争对手可以很容易了解到企业物资流转情况，并能进一步了解企业的经营状况。很明显，没有任何一个企业愿意把自己曝光在竞争对手面前。

（2）隐私问题。如果把 RFID 标签嵌入个人随身物品，如身份证、护照、会员卡、银行卡、公交卡、图书、衣服、汽车钥匙等，如果不采取安全措施，则可能导致很大的隐私泄露问题。

美国电子护照兼容 ISO 14443 A & B 的标签，带有 64KB 内存，其中存有包括国籍和相片在内的个人信息。这种标签通常只有 10cm 的阅读距离，最初认为安全问题不重要，未采取措施，但方案公布后激起很大的反响。美国国务院 2005 年 2 月公布该方案，到 3 月 4 日为止，共收到 2335 份反馈，其中 98.5%是负面的，86%担忧其安全和隐私问题。例如，恐怖分子可以在宾馆走廊里扫描标签，如果发现美国人比较多才引爆炸弹；带有 RFID 识别器的炸弹可以在发现目标进入时才引爆。显然，一旦恐怖分子拥有这种对受害者精确识别的能力，他们将在世界上制造更多的恐怖活动，给全球带来更多的安全隐患。

如果购买的商品、借阅的图书中含有 RFID 标签，配备手持阅读器的小偷可以在人群中随意扫描，收集人们携带商品的信息，比如发现有人拥有名牌的 RFID 车钥匙，就可以对其实施定向行窃，大大提高偷窃的效率，从而降低风险；侦探或间谍可以跟踪目标出现的时间和位置；不良商家可以在店内装置 RFID 阅读器，扫描走进店内的个人携带的所有含有 RFID 标签，收集个人的消费偏好，然后有目标地发放垃圾广告，实现广告的“精确轰炸”，或者有目标地推荐特定的商品，你可能在不知不觉中就上了不良商家的圈套。

2003 年著名的服装制造商班尼特实施服装 RFID 管理，隐私权保护组织则提出口号：“宁愿裸体也不穿带间谍芯片的衣服！”，最后班尼特只好妥协。2004 年麦德龙集团实施 RFID 会员卡，也在隐私权保护组织的抵制中妥协。

电子产品的价格下降非常快，随着阅读器价格的下降，阅读器会很快普及，甚至可以在手机中内置阅读器，这样人人都具有侵犯别人 RFID 隐私的能力，而且随着社会发展，越来越多的物品中内置了 RFID 标签，很可能只有专家才能发现并完全消除所有的隐私泄露问题，因此人人也都可能成为 RFID 隐私的受害者。车臣匪首杜达耶夫就是因为手机信号泄露位置隐私而被俄罗斯消灭的。因此不能低估位置隐私的重要性。

（3）防伪问题。RFID 技术强化了一般防伪技术的安全性，但是仅仅依靠 RFID 的唯一序列号防伪有很大的局限性。伪造者可以读取真品的标签数据，然后在假冒标签上写入真品数据。对于一些昂贵的商品，如名牌服装、高档烟酒等，出于获得暴利的冲动，即使采取了加密措施，伪造者也可以采用边信道攻击、故障攻击甚至物理破解的方法获得标签的密钥，以便复制真标签，甚至生成以假乱真的新标签。另外，伪造者或竞争者也可以向 RFID 标签中写入数据，使真货变成假货，达到扰乱市场、诋毁对手名誉的目的。对于 RFID 食品安全管理，成都市正在推行的猪肉溯源标签就是一个很好的例子，它也需要防止标签的伪造和复制。普通的RFID标签很容易购买到，并写入相同的数据，消费者用同样的代码查询到的溯源信息看似真实，实则与商品并不相符，如果消费者质疑商品的质量，不法奸商甚至可以主动查询，以证实其商品的“真实性”。

某些场合的RFID应用也需要考虑防伪问题，如门禁系统，尤其是高安全级别场所的门禁管理，只允许一定身份的人员进入，如果犯罪分子伪造可通行的标签，就可以混入该场所作案。对于某些远距离无障碍通行的门禁系统来说，更要预防伪造问题，试想一个人在3m之外进入，阅读器也正常地响了一声，会引起门卫的警觉吗？

（4）公交卡、充值卡、市政卡、门票、购物卡、银行卡。这类应用与金钱有关，安全问题更加突出。虽然公交卡、门票这类应用涉及的金额不大，但是如果不法之徒解除其安全措施后，可以在市场上低价销售伪卡或者充值从而获得巨大的利益，因此其安全问题需要引起高度重视。

例如，Mifare卡在全世界得到了广泛应用，其中采用了CTYPT01流密码加密算法，密钥为48位。其算法是非公开的，但是2008年德国研究员亨里克·普洛茨和美国弗吉尼亚大学计算机科学在读博士卡尔斯滕·诺尔，利用计算机技术成功破解了其算法。这样攻击者只需破解其48位密钥即可将其安全措施解除，由于密钥太短，现在有关其破解的报道较多，已经出现了专门的ghost仿真破译机，可随心所欲地伪造Mifare卡。

停车收费系统采用无线方式，无障碍地收费，固然大大加强了公路通行效率。但是这类应用无需用户输入密码，完全依靠系统自身的安全措施。这类系统的射频信号比较强，传输距离比较远，如果安全措施稍有疏漏，犯罪分子破解后完全可以销售伪卡、为真卡充值或者盗用合法用户账户上的预存款。

一般而言银行卡采用在线验证的方式，并且需要输入口令。成都最近报道了犯罪分子利用安装在自助银行门上的阅读器获得磁卡号，利用摄像头获得银行卡密码，然后复制银行卡成功盗取用户账户资金。银行因此改刷卡进入为按键进入。试想，如果用RFID卡作为银行卡，如果不采取措施，犯罪分子就能够不知不觉地阅读用户放在包内的卡，这个问题无疑非常严重。

美国埃克森石油公司发行速结卡，方便司机支付加油费和在便利店刷卡消费。该系统采用了40比特的密钥和专有的加密算法，从1997年开始使用。2005年1月约翰霍普金斯大学的团队发表了他们的破解成果。同年RSA实验室和一群学生伪造了一张速结卡并成功地用这张卡来加油。

（5）军事物流。美国国防部采用RFID技术改善其物流供应状况，实现了精确物流，这在伊拉克战争中表现优异。根据DoD8100.2无线电管理规定，在个人电子设备的扫描探测段不需要进行加密，如光学存储介质使用激光、条形码与扫描头之间的激光，以及主动或被动式标签与阅读器之间的射频信号进行加密。

大多数国家要比美国弱许多，从近年美国参与的波斯湾战争、波黑战争和伊拉克战争来看，美国军事上和政治上都无意隐藏其进攻的动机，相反在战前都是大张旗鼓地调兵遣将，大规模地输送物资。美国不但不在意对手知道自己的物流信息，相反还主动发布这些信息，使对手产生恐惧心理，希望达到不战而屈人之兵的效果。这是基于美国军事、经济和技术均大幅度领先对手，而军队又极度依赖技术的前提下采用的合理策略。

但是对于落后的国家而言，却不能掉以轻心。在可以预见的将来，我国面临的主要战争威胁仍然来源于周边国家。与这些国家相比，我国技术、经济和军事力量并不占有绝对优势。不管是战略上还是战术上隐藏真实意图，保持军事行动的突然性仍然具有重大意义。

一般军用库房是封闭式的，防卫比较严密，但是在战前或战时会出现大量开放式的堆场，难以屏蔽无线电波。采用 RFID 军事物流时，敌方可在安全措施比较薄弱的交通要道或物资集散中心附近部署特别设计的高灵敏度阅读器，这样就可以远距离地获得军队物资变化信息和物资流向，从而分析出军队的意图，提前准备使军队的行动受挫，甚至失败。另外，如果不采取适当的安全措施，敌方可以伪造大量 RFID 标签，散布到合法标签中，导致军队物流效率降低。同时还可以任意修改标签数据，比如把手枪子弹的标签改为步枪子弹标签运往前线，这可能会使军队面临军事上的危险；如果把运往野战医院的血液从 A 型改为 B 型，也可能会导致医疗事故。

3. RFID 系统攻击模型

RFID 系统一般由三个实体部分与两种通信信道组成，即电子标签、阅读器、后台应用系统与无线通信信道、后端网络通信信道。对于攻击者来说这几部分都可能成为攻击对象。攻击者模型如图 3-2 所示。

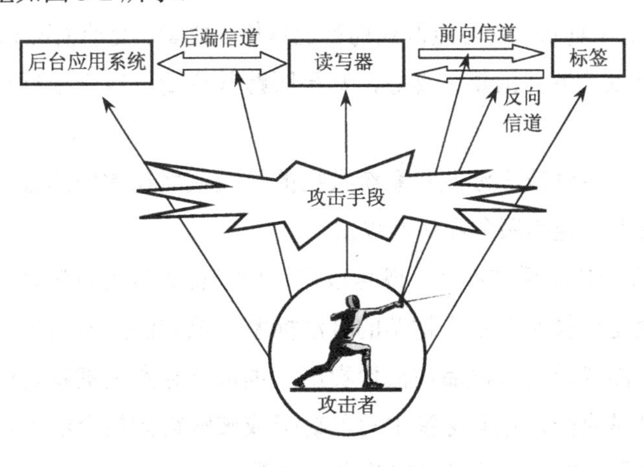

▶ 图 3-2　RFID 攻击模型

攻击者攻击 RFID 系统的意图有以下几点。

（1）获取信息：获取非公开的内部或机密信息后，攻击者可以自己利用这些信息，也可以出售这些信息谋取利益，或者公开这些信息使对方限于被动，或者保存这些信息以备将来使用。

（2）非法访问：通过获得与自身身份不符的访问权限，攻击者可以进入系统偷取系统数据或破坏系统正常运行，或暂时引而不发，在系统中植入病毒、木马和后门，为将来的攻击创造有利条件。

（3）篡改数据：通过篡改系统中的数据，攻击者可以冒充合法用户，伪造合法数据或使系统陷入混乱。例如，攻击者篡改 RFID 标签中的数据，则可能会造成物流系统的混乱。

（4）扰乱系统：攻击者扰乱系统可以使对手陷入混乱状态，无法正常使用系统，完成正常业务。其目的可能是为了商业竞争需要，也可能是为了炫耀技术能力。对于 RFID 系统而言，如果攻击者利用无线电干扰，则可以使系统无法工作。

4. RFID 系统的攻击技术

与常规的信息系统相同，攻击 RFID 系统的手段一般分为被动攻击、主动攻击、物理攻击、内部人员攻击和软/硬件配装攻击 5 种。其中内部人员攻击是由于内部人员恶意或无意造成的。而软/硬件配装攻击则是由于软/硬件产品在生产和配置过程中被恶意安装硬件或软件造成的。这两种攻击一般应通过管理措施解决，本书不详细讨论。

（1）被动攻击。被动攻击不对系统数据做任何修改，而是希望获得系统中的敏感信息。针对 RFID 系统而言主要是指对无线信道的窃听。窃听是众多攻击手段中最常见、最容易实施的。它的攻击对象是标签与阅读器之间的无线通信信道。与其他无线通信形式相同，信道中传输的数据时时刻刻都有被窃取的危险。无论攻击者是有意的，还是无意的，对于整个 RFID 系统而言都是一种威胁。通过窃听，攻击者可以获得电子标签中的数据，再结合被窃听对象的其他信息及窃听的时间、地点等数据，就可以分析出大量有价值的信息。例如，对于物资，就可能得到物资的价格、数量、变动情况和流向；对于 RFID 标签持有人，则可以了解其国籍、喜好，甚至跟踪其位置；对于银行卡，则可以分析其中的加密算法。

（2）主动攻击。主动攻击涉及对系统数据的篡改或增加虚假的数据。其手段主要包括假冒、重放、篡改、拒绝服务和病毒攻击。

① 假冒：对于 RFID 系统而言，既可以假冒电子标签也可以假冒阅读器。最不需要技术含量的假冒就是交换两个物资粘贴的合法标签。该方法虽然简单，但造成的后果却可能相当严重，可能导致贵重商品被低价卖出，也可能导致关键物资运错目的地。技术含量更高的假冒则是克隆，在新标签中写入窃听或破解得到的合法数据，然后模拟成一个合法标签。一个假冒的阅读器可以安装到一个看似合法的位置（如自助银行的门上），用于窃听数据。

② 重放：重放主要针对 RFID 的空中接口而言。攻击者可以把以前的合法通信数据记录下来，然后再重放出来欺骗标签或阅读器。某些 RFID 门禁系统仅采用简单的 ID 识

别机制，很容易被此手段欺骗。2003年，Jonathan Westhuse报道了他设计的一种设备，大小和信用卡相同，频率为125kHz，既能模拟阅读器，也能模拟卡片。他先模拟成阅读器捕获合法的标签数据，然后再播放给合法的阅读器，他用这个设备攻击了摩托罗拉的flexpass系统。

③ 篡改：对RFID系统而言，既可以篡改RFID的空中接口数据，也可以篡改其标签数据。对于可写的电子标签（如公交卡），通过修改其中的数据可以增加其中的余额。篡改只读卡不太容易，但篡改空中接口数据相对比较容易。在商场收银台通过便携式设备篡改RFID数据，可很容易地欺骗阅读器。

④ 拒绝服务：针对RFID的空中接口实施拒绝服务是比较容易的。RFID系统工作的频段比较窄，跳频速度比较小，反射信号非常弱，通过施放大功率干扰设备，很容易破坏RFID系统的正常工作。还有一种办法是采用间谍标签，攻击其防冲突协议，对于阅读器的每次询问间谍标签，均回应一个假冒数据，造成合法标签与间谍标签冲突。

⑤ 病毒攻击：RFID标签数据容量比较小，但是仍然可以在其中写入恶意数据，阅读器把这些数据传输到后台系统中即可造成一种特殊的RFID病毒攻击。2006年Melanie R. Rieback等人发表了一篇名为"你的猫感染了计算机病毒吗？"的文章，描述了他们在RFID标签中写入127字节数据，当阅读器把该数据写入数据库时，产生了SQL注入攻击，使数据库感染了病毒，数据库受到病毒感染后，读写器会把恶意数据写入其他标签。

（3）物理攻击。物理攻击需要接触系统的软/硬件，并对其进行破解或破坏。针对RFID系统而言由于标签数量巨大，难以控制，针对其进行物理攻击是最好的途径。另外，阅读器的数量也比较大，不能确保每一个使用者都能正确和顺利地使用系统，因此针对阅读器的物理攻击也可能存在。对电子标签而言，其物理攻击可分为破坏性攻击和非破坏性攻击。

① 破坏性攻击：破坏性攻击和芯片反向工程在最初的步骤上是一致的，使用发烟硝酸去除包裹裸片的环氧树脂；用丙酮、去离子水、异丙醇完成清洗；通过氢氟酸超声浴进一步去除芯片的各层金属。在去除芯片封装之后，通过金丝键合恢复芯片功能焊盘与外界的电气连接，最后可以使用手动微探针获取感兴趣的信号。对于深亚微米以下的产品，通常具有一层以上的金属连线，为了了解芯片的内部结构，可能要逐层去除该连线以获得重构芯片版图设计所需的信息。在了解内部信号走线的基础上，使用聚焦离子束修补技术可将感兴趣的信号连到芯片的表面供进一步观察。版图重构技术也可用于获得只读型ROM的内容。ROM的位模式存储在扩散层，用氢氟酸去除芯片各覆盖层后，根据扩散层的边缘就很容易辨认出ROM的内容。对于采用Flash技术的存储器，可用磷酸铝喷在芯片上，再用紫外线光来照射即可通过观察电子锁部位的状态来读取电子锁的信息。呈现黑暗的存储单元表示"1"，呈现透明的存储单元表示"0"。

② 非破坏性攻击：非破坏性攻击主要包括功率分析和故障分析。芯片在执行不同的指令时，对应的电功率消耗也相应变化。通过使用特殊的电子测量仪器和数学统计技术，检测分析这些功率变化，就有可能从中得到芯片中特定的关键信息，这就是著名的 SPA 和 DPA 攻击技术。通过在电子标签天线两端直接加载符合规格的交流信号，可使负载反馈信号百倍于无线反射信号。由于芯片的功耗变化与负载调制在本质上是相同的，因此，如果电源设计不恰当，芯片内部状态就能在串联电阻两端的交流信号中反映出来。故障攻击通过产生异常的应用环境条件，使芯片产生故障，从而获得额外的访问途径。故障攻击可以致使一个或多个触发器产生病态，从而破坏传输到寄存器和存储器中的数据。目前有 3 种技术可以促使触发器产生病态：瞬态时钟、瞬态电源及瞬态外部电场。无源标签芯片的时钟和电源都是使用天线的交流信号整形得到的，因此借助于信号发生器可以很容易地改变交流信号谐波的幅度、对称性、频率等参数，进而产生时钟/电源故障攻击所需的波形。

5. RFID 系统的脆弱性

对于 RFID 系统，攻击者可以攻击系统的电子标签、空中接口通信信道、读写器、后端信道和应用系统。但是由于后端信道和应用系统的防护手段比较成熟，与 RFID 技术关联不大，因此本书仅针对电子标签、空中接口和读写器进行分析。

（1）电子标签。电子标签是整个射频识别系统中最薄弱的环节，其脆弱性主要来源于其成本低、功耗低、数量多、使用环境难以控制等特点。

为了防范对标签芯片进行版图重构，可以通过采用氧化层平坦化的 CMOS 工艺来增加攻击者实现版图重构的难度。为了防范其对电路的分析，可以采用全定制单元电路。为了防范和阻止微探针获取存储器数据，可采用顶层探测网格技术，但是这些技术必然增加标签成本，如何平衡成本和安全成了电子标签设计的难题。

在电子标签中使用复杂的加密算法是防止标签克隆的有效方法，但是这会增加功耗；采用并联电源方案可减小功率分析的影响，但是这又会降低电源效率。而增加功耗，降低电源效率将对读取距离产生极大的影响。

电子标签数量较大，使用的场合往往难以控制，这就给攻击者接触电子标签提供了极大的便利。攻击者可以很容易地得到电子标签，并进一步对其进行分解和分析，窃取其中的数据，或者利用获得的知识和数据伪造或篡改标签，对系统产生破坏性影响。另一方面，由于其使用场合难以控制，攻击者也可以对其实施破坏、转移等攻击。

（2）空中接口。空中接口的脆弱性很大程度上仍然是由于电子标签的脆弱性造成的。虽然无线通信具有开放性的特点，但是采用经典的加密算法、认证协议和完整性措施是可以很好地解决阅读器与电子标签之间通信的机密性、完整性和真实性的。但是限于成本和功耗，标签难以采取复杂的加密算法，也难以执行复杂的认证协议，从而造成了空中接口非常脆弱。RFID 通信距离短，常常用于证明空中接口不需要很强的安全加固，但这只是一种错觉。首先空中接口的前向信道功率可以达到 4W，现有的技术可以达到 10 多千米的接收范围。好在 EPC C1G2 标准限制了前向信道泄露的信息。反向信道的信号很微弱，即使是超高频频段，正常的阅读器也只能在 10m 左右的范围接收。但是攻击者的阅读器并不一定是普通的阅读器，它可以采用大功率的发射机、高灵敏度的接收机、高增益的天线和复杂的信号处理算法。攻击者的另一个优势是可以只收不发，因此可以免受发送噪声的影响。我们实测采用收发分离的接收天线时，在某些条件下接收距离可达到 50m。可以想象，经过特殊设计的接收机完全可以达到数百米的接收距离。高频频段正常只有 1m 左右的阅读距离，但是在 2005 年美国拉斯维加斯召开的黑帽子安全会议上，Felixis 公司演示了在 69in（21m）外对 RFID 标签的成功读/写。如此大的通信距离，充分说明如果不采取适当的防护措施，攻击者很容易对 RFID 的空中接口实施窃听、篡改、重放等攻击手段。

在可用性方面，RFID 空中接口的反向信道信号非常弱很容易受到阻塞式全频带干扰。采用跳频方式可避开干扰，但在频率切换时标签失去电源，造成之前的状态丢失，因此为了保证有较好的标签识别速度，跳频速度不能太快，这对于固定的无意干扰是有效的，但对于恶意的跟踪式干扰就无能为力了。防冲突协议也容易被利用以破坏系统的可用性。阅读器面对大量标签时，各个标签必须配合阅读器的防冲突协议在适当的时机发送适当的数据。但是一个间谍标签可以不顾协议，只要收到询问就发送数据，使其他标签无法获得识别机会。

对个人隐私而言，空中接口协议具有公开性，攻击者可通过空中接口窃听标签信息，跟踪用户位置，推断其个人喜好。

（3）阅读器。阅读器的脆弱性来源于其可控性不太好，容易被盗窃、滥用和伪造。相对于标签，阅读器在成本和功耗上限制不大，可以采用的安全措施比较多，如电磁屏蔽、代码加密、数据加密、数据鉴别、身份认证、访问控制、密钥自毁等。但是有些阅读器工作在无人看管的场合，并且使用阅读器的人也可能存在无意误用或故意滥用的情况。另外，阅读器一般具备软件升级功能，如果不加保护，该功能可能会被攻击者利用以篡改阅读器中的软件和数据。对于攻击者而言，由于阅读器连接着标签和后台系统，可能存储算法、密码或密钥，攻击阅读器比攻击标签的价值大得多，如果设计不当，对一台阅读器的破解，可能危及整个系统的安全。攻击者还可以伪造一台阅读器，冒充真实阅读器，诱使受害人扫描其电子标签，从而获得不当利益。

6. RFID 系统的安全需求

一种比较完善的 RFID 系统解决方案应当具备机密性、完整性、可用性、真实性和隐私性等基本特征。

（1）机密性：机密性是指电子标签内部数据及与读写器之间的通信数据不能被非法获取，或者即使被获取但不能被理解。机密性对于电子钱包、公交卡等包含敏感数据的电子标签非常关键，但对一些 RFID 广告标签和普通物流标签则不必要。

（2）完整性：完整性是指电子标签内部数据及与读写器之间的通信数据不能被非法篡改，或者即使被篡改也能够被检测到。数据被篡改会导致欺骗的发生，因此大多数 RFID 应用，都是需要保证数据完整性。

（3）可用性：可用性是指 RFID 系统应该在需要时即可被合法使用，攻击者不能限制合法用户的使用。对于 RFID 系统而言，由于空中接口反射信号微弱和防冲突协议的脆弱性等原因，可用性受到破坏或降级的可能性较大。但对一般民用系统而言，通过破坏空中接口的可用性获利的可能性比较小，而且由于无线信号很容易被定位，因此这种情况较难发生。但在公众场合，电子标签的可用性则很容易通过屏蔽、遮盖、撕毁手段等被破坏，因此也应在系统设计中加以考虑。

（4）真实性：对于 RFID 系统而言，真实性主要是要保证读写器、电子标签及其数据是真实可行的，要预防伪造和假冒的读写器、电子标签及其数据。如果电子标签没有存放敏感数据，则对读写器的真实性要求不高，但由于标签数据要被送到后台系统中进一步处理，虚假数据可能导致较大的损失，因此要求标签及其数据是真实的。

（5）隐私性：隐私性是针对个人携带粘贴 RFID 标签的物品而产生的需求。一般可分为信息隐私、位置隐私和交易隐私。信息隐私是指用户相关的非公开信息不能被获取或者被推断出来。位置隐私是指携带 RFID 标签的用户不能被跟踪或定位。交易隐私是指 RFID 标签在用户之间的交换，或者单个用户新增某个标签，失去某个标签的信息不能被获取。与个人无关的物品，如动物标签等没有隐私性的要求。低频标签通信距离近，隐私性需求不强，但高频、超高频和微波标签对隐私性有一定要求。对于不同的国家及不同的人而言对隐私性的重视程度也不相同。但重要的政治和军事人物都需要较强的隐私性。

3.2.2 RFID 安全关键问题

RFID 系统中电子标签固有的内部资源有限、能量有限和快速读取要求，以及具有的灵活读取方式，增加了在 RFID 系统中实现安全的难度。实现符合 RFID 系统的安全协议、机制，必须考虑 RFID 系统的可行性，同时重点考虑以下几方面的问题。

1. 算法复杂度

电子标签具有快速读取的特性，并且电子标签内部的时钟都是千赫兹级别的，因此，要求加密算法不能占用过多的计算周期。高强度的加密算法不仅要使用更多的计算周期，也比较占用系统存储资源，特别是对于存储资源最为缺乏的 RFID 电子标签而言更是如此。无源 EPC C1G2 电子标签的内部最多有 2000 个逻辑门，而通常的 DES 算法需要 2000

多个逻辑门，即使是轻量级的 AES 算法，也大约需要 3500 个逻辑门[7]，表 3-1 为几种传统安全算法使用的逻辑门数[8]。

表 3-1 几种传统安全算法使用的逻辑门

算 法	门 数
Universal Hash	1700
MD5	16000
Fast SHA-1	20000
Fast SHA-256	23000
DES	23000
AES-128	3400
Trivium	2599
HIGHT	3048

2. 认证流程

在不同应用系统中，读写器对电子标签的读取方式不同，有些应用是一次读取一个标签，如接入控制的门禁管理；有些应用是一次读取多个电子标签，如物流管理。对于一次读取一个标签的应用来说，认证流程占用的时间可以稍长；而对于一次读取多个标签的应用来说，认证时间必须严格控制，不然导致单个电子标签的识别时间加长，在固定时间内可能导致系统对电子标签读取不全。

3. 密钥管理

在 RFID 应用系统中，无论是接入控制，还是物流管理，电子标签的数目都是以百来计算的。如果每个电子标签都具有唯一的密钥，那么密钥的数量将变得十分庞大。如图 3-3 所示，商场内每个商品上电子标签具有唯一的密钥。

▶ 图 3-3 商场中具有单一密钥的电子标签示意图

如何对这些庞大的单一密钥进行管理，将是一个十分棘手的问题。如果所有同类的商品具有相同密钥，一旦这类商品中的一个密钥被破解，那么所有同类商品将受到安全威胁。

除了要考虑以上这几个方面之外，还要考虑如何对传感器、电子标签、读写器等感知设备进行物理保护，以及是否要对不用的应用使用不同的安全等级等。

3.2.3 RFID 安全技术有关研究成果

现在提出的 RFID 安全技术研究成果主要包括访问控制、身份认证和数据加密。其中身份认证和数据加密有可能被组合运用，其特点是需要一定的密码学算法配合，因此为了叙述方便，本书对采用了身份认证或数据加密机制的方案称为密码学机制。需要注意的是，访问控制方案在有些资料上被称为物理安全机制，但根据其工作原理，似乎采用访问控制的用语更为妥当。

1. 访问控制

访问控制机制主要用于防止隐私泄露，使得RFID标签中的信息不能被随意读取，包括标签失效、法拉第笼、阻塞标签、天线能量分析等措施。这些措施的优点是比较简单，也容易实施；缺点是普适性比较欠缺，必须根据不同的物品进行选择。

（1）标签失效及类似机制。消费者购买商品后可以采用移除或毁坏标签的方法防止隐私泄露。对于内置在商品中不便于移除的标签则可采用“Kill”命令使其失效。接收到这个命令之后，标签便终止其功能，无法再发射和接收数据，这是一个不可逆操作。为防止标签被非法杀死，一般都需要进行口令认证。如果标签没有“Kill”命令，还可用高强度的电场，在标签中形成高强度电流烧毁芯片或烧断天线。

但是，商品出售后一般还有反向物流的问题，比如遇到退货、维修、召回问题时，由于标签已经被杀死，就不能再利用RFID系统的优势。对此，IBM 公司开发出一种新型可裁剪标签。消费者能够将RFID天线扯掉或者刮除，缩小标签的可阅读范围，使标签不能被随意读取。使用该标签，尽管天线不能再用，阅读器仍然能够近距离读取标签，当消费者需要退货时，可以从RFID 标签中读出信息。

对于有些商品，消费者希望在保持隐私的前提下还能在特定的场合读取标签。例如，食品上的电子标签未失效，则安装有阅读器的冰箱可自动显示食品的种类、数量、有效期等信息，如果某种食品已过期或即将用完，还可提请用户注意。对此可采用一种休眠/激活命令。休眠后的标签将不再响应读取命令；但如果收到激活命令并且口令正确，可再次激活投入使用。

以上方法成本低廉，容易实施，可以很好地解决隐私问题。但是对于某些物品，需要随身携带，且对于随时需要被读取的标签来说不能使用，如护照、公交卡这类应用尚需考虑其他方案。

（2）阻塞标签。阻塞标签在收到阅读器的查询命令时，将违背防冲突协议回应阅读器。这样就可以干扰在同一个阅读器范围内的其他合法标签的回应。该方法的优点是RFID标签基本不需要修改，也不必执行密码运算，减少了投入成本，并且阻塞标签本身非常便宜，与普通标签价格相差不大，这使阻塞标签可作为一种有效的隐私保护工具。但阻塞标签也可能被滥用于进行恶意攻击，干扰正常的 RFID 应用。因此如果阻塞标签得到推广，作为一个便宜且容易获取的工具，必然会大量出现针对RFID系统的有意或无意的攻击。

（3）法拉第笼。如果将射频标签置于由金属网或金属薄片制成的容器（通常称为

Faraday Cage）中屏蔽起来，就可以防止无线电信号穿透，使非法阅读器无法探测射频标签。该方法比较简单、灵活，在很多场合用起来并不困难，例如，美国电子护照的征求意见稿在收到许多反对意见后，最终决定的封面、封底和侧面均包含金属屏蔽层，以防止被非法探测。如果商场提供的袋子包含屏蔽层，那么对于许多不需要随身使用的商品，如食物、家用电器等也是非常适合的。但该方案对某些需要随身携带的物品并不适合，如衣服和手表等；而对另外一些物品，如图书等，要求使用人要时刻提防，避免因疏忽而造成隐私泄露。

（4）天线能量分析。Kenneth Fishkin 和 Sumit Roy 提出了一个保护隐私的系统，该系统的前提是合法阅读器可能会相当接近标签（如一个收款台），而恶意阅读器可能离标签很远。由于信号的信噪比随距离的增加迅速降低，所以阅读器离标签越远，标签接收到的噪声信号越强。加上一些附加电路，一个 RFID 标签就能粗略估计一个阅读器的距离，并以此为依据改变它的动作行为。例如，标签只会给一个远处的阅读器很少的信息，却告诉近处的阅读器自己唯一的 ID 信息等。该机制的缺点是攻击者的距离虽然可能比较远，但其发射的功率不见得小，其天线的增益也不见得小。而且无线电波对环境的敏感性可能使标签收到合法阅读器的功率产生巨大的变化。况且该方案还需要添加检测和控制电路，增加了标签成本，因此并不实用。

2．密码相关技术

密码相关技术除了可实现隐私保护，还可以保护 RFID 系统的机密性、真实性和完整性，并且密码相关技术具有广谱性，在任何标签上均可实施。但完善的密码学机制一般需要较强的计算能力，对标签的功耗和成本是一个较大的挑战。迄今为止各种论文提出的 RFID 密码相关技术种类繁多，有些方法差异很大，而有些方法则仅有细微的区别，其能够满足的安全需求和性能也有所不同。

1）各种密码相关技术方案

（1）基于 Hash 函数的安全通信协议。

① Hash 锁协议。Hash 锁协议是 Sarma 等人提出的。在初始化阶段，每个标签有一个 ID 值，并指定一个随机的 Key 值，计算 metaID=Hash(Key)，把 ID 和 metaID 存储在标签中。后端数据库存储每一个标签的密钥 Key、metaID、ID。认证过程如图 3-4 所示。

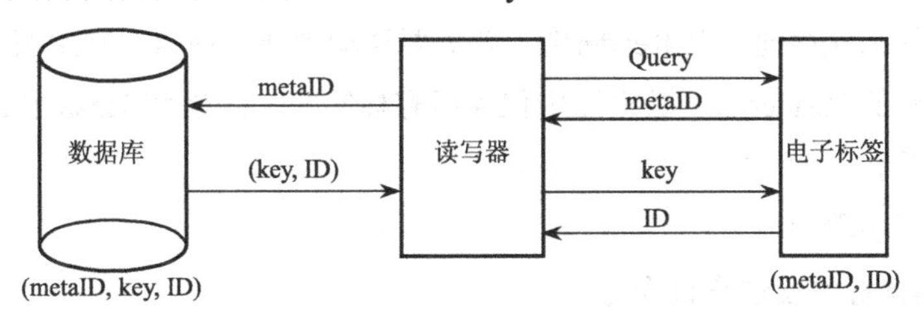

▶ 图 3-4　Hash 锁协议认证过程

由图 3-4 可知，其认证过程是：阅读器查询标签，然后标签响应 metaID，接着从数据库中找出相同 metaID 对应的 Key 和 ID，并将 Key 发给标签，最后标签把 ID 发给阅读器。

该方案的优点是标签运算量小，数据库查询快，并且实现了标签对阅读器的认证，但其漏洞很多：空中数据不变，并以明文传输，因此标签可被跟踪、窃听和克隆；另外，重放攻击、中间人攻击、拒绝服务攻击均可奏效。由于存在这些漏洞，因此标签对阅读器进行认证没有任何意义。

② 随机 Hash-Lock 协议。随机 Hash-Lock 协议由 Weis 等人提出，它采用了基于随机数的询问-应答机制。标签中除 Hash 函数外，还嵌入了伪随机数发生器，后端数据库存储所有标签的 ID，认证过程如图 3-5 所示。

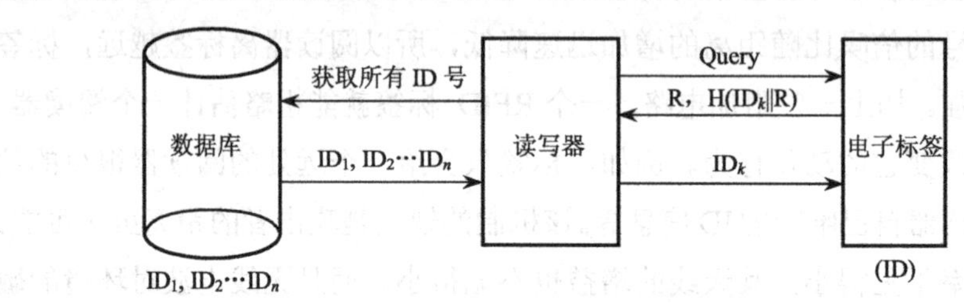

▶ 图 3-5　随机 Hash-Lock 协议认证过程

由图 3-5 可知，阅读器首先查询标签，标签返回一个随机数 R 和 H(IDk||R)。阅读器对数据库中的所有标签计算 H(ID||R)，直到找到相同的 Hash 值为止。

该协议利用随机数，使标签响应每次都会变化，解决了标签的隐私问题，实现了阅读器对标签的认证，同时也没有密钥管理的麻烦。但标签需要增加 Hash 函数和随机数模块，增加了功耗和成本。再者，它需针对所有标签计算 Hash，对于标签数量较多的应用，计算量太大。更进一步，该协议对重放攻击没有抵御能力。最后，阅读器把 IDk 返回给标签，试图让标签认证阅读器，但却泄露了标签的数据，若去掉这一步，协议安全性可得到提高。

③ Xingxin(Grace) Gao 等提出的用于供应链的 RFID 安全和隐私方案。Xingxin(Grace) Gao 等在论文“AN APPROACH TO SECURITY AND PRIVACY OF RFID SYSTEM FOR SUPPLY CHAIN”中提出该协议。协议规定标签内置一个 Hash 函数，保存 Hash (TagID) 和 ReaderID。其中 ReaderID 表示合法阅读器的 ID，用于认证阅读器。该协议假设在一个地点的所有标签都保存同一个 ReaderID，若需要移动到新的地点，则用旧的 ReaderID 或保护后更新为新的 ReaderID。数据库中保存所有标签的 TagID 和 Hash (TagID)。其协议流程如图 3-6 所示。

其协议执行步骤为：

a．阅读器向标签发送查询命令；

b．标签生成随机数 *k* 并通过阅读器转发给数据库；

c．数据库计算 $a(k)$= Hash (ReaderID||k)并通过阅读器转发给标签；

d．标签同样计算 $a(k)$，以认证阅读器，若认证通过则将 Hash (TagID)通过阅读器转发给数据库；

e．数据库通过 Hash (TagID)查找出 TagID 并发给阅读器。

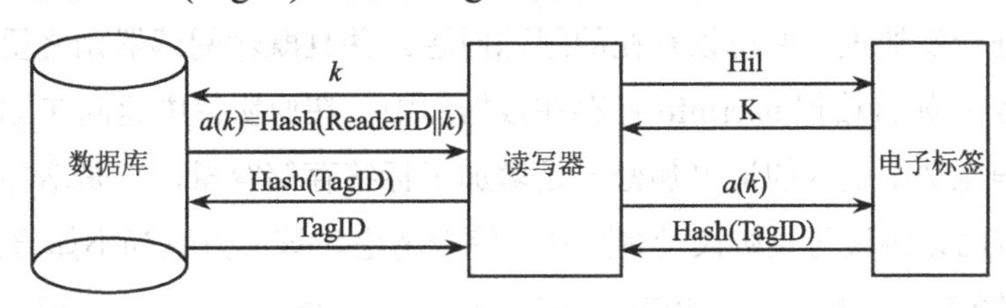

▶ 图 3-6　供应链 RFID 协议流程

该协议基本解决了机密性、真实性和隐私性问题。其优点主要是简单明了，数据库查询速度快。缺点一是需要一个 Hash 函数，增加了标签的成本、功耗和运行时间；二是攻击者可重放数据欺骗阅读器；三是非法阅读器可安装在合法阅读器附近，通过监听 Hash (TagID)跟踪标签；四是一个地点的所有标签共享同一个 ReaderID 安全性不佳；五是阅读器和标签中的 ReaderID 的管理难度较大。

④ 欧阳麒等提出一种基于相互认证的安全 RFID 系统。该协议是对上述 Xingxin(Grace) Gao 等提出协议的改进。其改进主要是在 Gao 协议之后增加了阅读器对标签的认证和加密信息的获取两个步骤。其中标签增加了加密信息 E(userinfo)。其协议流程如图 3-7 所示。

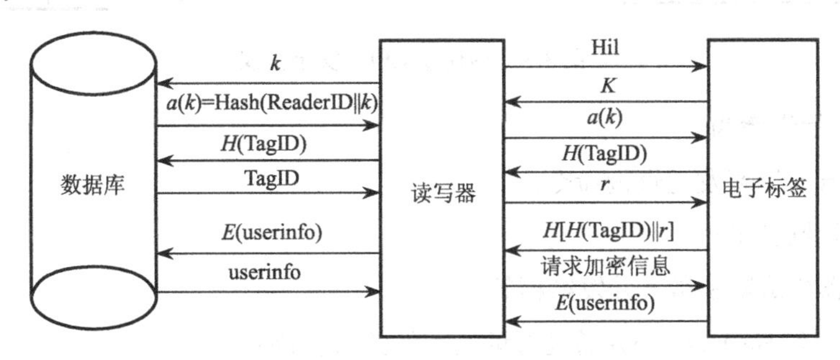

▶ 图 3-7　相互认证 RFID 安全系统

图 3-7 中粗线条表示该文在原协议之后增加的步骤。增加的步骤为：

a．阅读器向标签发送随机数 r；

b．标签计算并返回其 $H[H(\text{TagID})||r]$；

c．阅读器同样计算并对比 $H[H(\text{TagID})||r]$，若相等则认为标签通过认证；

d．阅读器请求标签中的加密信息；

e．标签返回加密信息 E(userinfo)，并通过阅读器转发给数据库；

f. 数据库查找标签加密证书，解密信息后将明文 userinfo 返回给阅读器。

该协议声称阅读器用随机数 r 挑战标签可认证标签，从而防止假冒标签。但是假冒标签可通过窃听得到 H(TagID)，因此假冒标签也可生成 $H[H(\text{TagID})||r]$。因此实际上达不到目的。当然，若将认证数改为 $H(\text{TagID}||r)$，则可达到该目的。另一个问题是 E(userinfo)是不变的，进一步加重了原协议存在的跟踪问题。并且既然阅读器始终要从服务器取得 userinfo，其实不如直接把 userinfo 保存在数据库中，在原协议中返回 TagID 时直接返回更为简捷。毕竟文中引入的证书加密一是增加了标签存储容量，二是增加了证书管理的困难。其他方面该协议与原协议没有区别。综合考虑，该文方案尚不如原方案实用。

⑤ 王新锋等提出的移动型 RFID 安全协议。王新锋等人在论文“移动型 RFID 安全协议及其 GNY 逻辑分析”中提出该协议。协议要求标签内嵌一个 Hash 函数，保存 ID 和一个秘密值 s，并与数据库共享。其协议流程如图 3-8 所示。

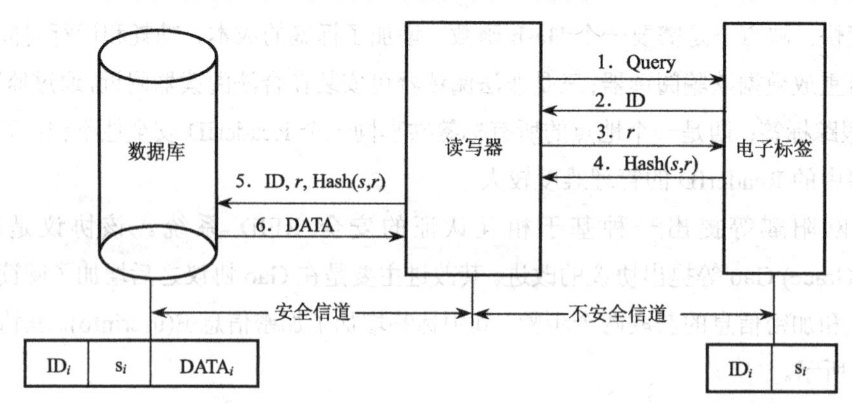

▶ 图 3-8 移动型 RFID 安全协议

该协议执行步骤为：

a. 阅读器向标签发送查询命令；

b. 标签返回其 ID；

c. 阅读器生成随机数 r 并发给标签；

d. 标签计算 Hash (s，r)并通过阅读器转发给数据库；

e. 数据库针对所有标签匹配计算，如找到相同值则把标签数据发给阅读器。

该协议基本解决了机密性、真实性和隐私性问题。优点主要是简单明了。缺点一是需要一个 Hash 函数，增加了标签的成本、功耗和运行时间；二是攻击者可重放数据欺骗阅读器；三是 ID 不变攻击者可跟踪标签；四是密钥管理难度大。

⑥ 陈雁飞等提出的安全协议。陈雁飞等在论文“基于 RFID 系统的 Reader-Tag 安全协议的设计及分析”中提出该协议。该协议要求标签具有两个函数 H 和 S，并存储标志符 ID 和别名 Key。数据库存储所有标签的 H(Key)、ID 和 Key。每次认证成功后别名按照公式 Key=S(Key)进行更新。为使失步状态可以恢复，数据库为每个标签存储两条记录，

分别对应数据变化前后的数据。这两条记录通过字段 Pointer 可相互引用。其流程如图 3-9 所示。

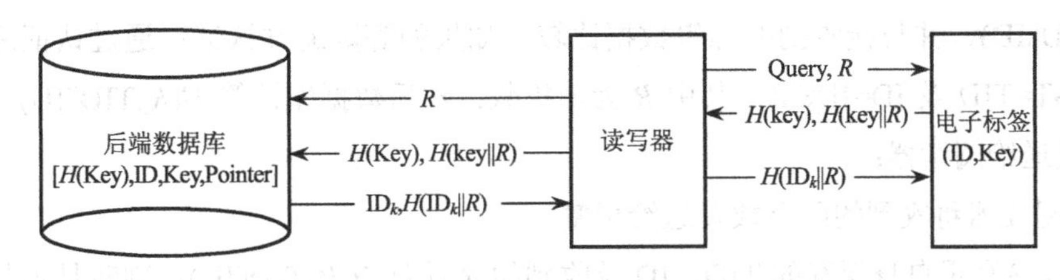

▶ 图 3-9　Reader-Tag 安全协议流程

其执行步骤为：

a．阅读器用随机数 R 询问标签；

b．标签计算 H(Key)和 H(Key||R)并通过阅读器转发给数据库；

c．数据库利用 H(Key)进行搜索，找到记录计算并比较 H(Key||R)，若相等则认证通过，更新 Key=S(Key)，然后计算 H(ID||R)并通过阅读器转发给标签；

d．标签通过计算 H(ID||R)认证阅读器，若通过则更新 Key=S(Key)。

该协议基本解决了 RFID 系统的隐私性、真实性和机密性问题。其优点是数据库搜索速度快，并可从失步中恢复同步。其缺点：一是标签需要两个 Hash 函数，进行 4 次 Hash 运算，成本、功耗和运行时间都会增加较多；二是攻击者用相同的 R 查询标签，虽然通不过认证，但标签的 Key 不会变化，因此每次都会返回相同的 H(Key)，这样标签仍然能被跟踪；三是标签存在数据更新，识别距离减半。

⑦ 基于 Hash 的 ID 变化协议。基于 Hash 的 ID 变化协议与 Hash 链协议类似，在每一次认证过程中都改变了与阅读器交换的信息。在初始状态，标签中存储 ID、TID（上次发送序号）、LST（最后一次发送序号），且 TID=LST；后端数据库中存储 H(ID)、ID、TID、LST、AE。认证过程如图 3-10 所示。

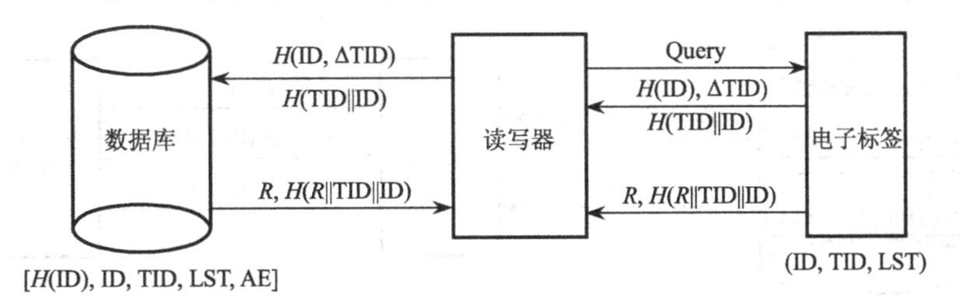

▶ 图 3-10　ID 变化协议认证过程

如图 3-10 中所示，协议运行过程如下：

a．阅读器向标签发送查询命令；

b．标签将自身 TID 加 1 并保存，计算 H(ID)，ΔTID=TID−LST，H(TID||ID)，然后将这 3 个值发送给阅读器；

c．阅读器将收到的 3 个数转发给数据库；

d．数据库根据 H(ID)搜索标签，找到后利用 TID=LST+ΔTID 计算出 TID，然后计算 H(TID||ID)，并与接收到的标签数据比较，如果相等则通过认证；通过认证后，更新 TID、LST=TID 及 ID=ID⊕R，其中 R 为随机数；然后数据库计算 H(R||TID||ID)，并连同 R 一起发送给阅读器；

e．阅读器将收到的两个数发送给标签；

f．标签利用自身保存的 TID、ID 及收到的 R 计算 H(R||TID||ID)，判断是否与数据库发送的数值相等，若相等则通过认证；通过认证后标签更新自身 LST=TID，ID=ID⊕R；

该协议比较复杂，其核心是每次会话 TID 都会加 1，TID 加 1 导致 Hash 值每次都不同，以此避免跟踪。TID 在数据库与标签中未必相等，但 LST 只在成功认证后才刷新为 TID 的值，因此正常情况下在数据库与标签中是相等的，并且仅传输 TID 与 LST 的差值，以此保证 LST 的机密性。最后，如果双方认证通过，还要刷新 ID 的值，以避免攻击者通过 H(ID)跟踪标签。

该协议虽然复杂，但其安全性仍然存在问题：一是由于环境变化，可能造成标签不能成功收到阅读器发来的认证数据，而此时数据库已经更新，标签尚未更新，此后该标签将不能再被识别；二是攻击者可查询标签，把获得的三个数据记录下来，然后重放给阅读器，从而使数据库刷新其数据，也能造成数据不同步；三是攻击者可在阅读器向标签发送认证数据时，施放干扰，阻断标签更新数据，同样也能造成数据不同步；四是攻击者查询标签，标签即把 H(ID)发送给了攻击者，而该数据在两次合法识别之间是不变的，因此在此期间攻击者仍然能够跟踪标签；五是标签需更新数据，与前面分析相同，只适合可写标签，并且识别距离缩短一半左右。

⑧ LCAP 协议。LCAP 协议每次成功的会话都要动态刷新标签 ID，标签需要一个 Hash 函数，其协议流程如图 3-11 所示。

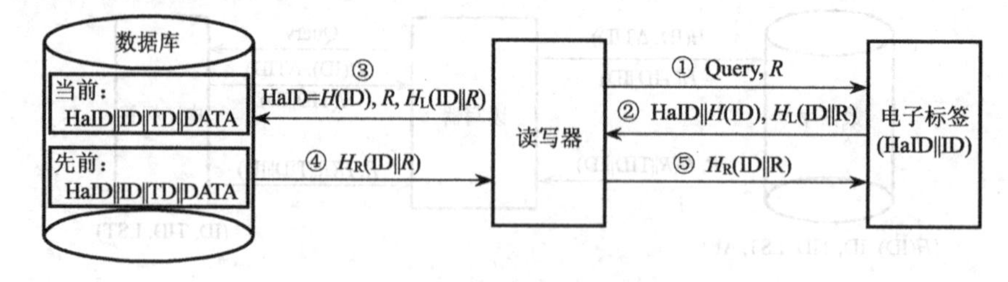

▶ 图 3-11 LCAP 协议流程

由图 3-11 可知，LCAP 协议运行步骤如下：

a．读写器生成随机数 R 并发送给标签；

b．标签计算 Hash 值 H(ID)和 HL(ID||R)，并把这两个值一起通过读写器转发给后端数据库，其中 HL 表示 Hash 值的左半部分；

c．后端数据库查询预先计算好的 Hash 值 H(ID)，如果找到则认证通过，更新数据库中的 ID=ID⊕R，相应地更新其 Hash 值，以备下次查询；然后用旧的 ID 计算 HR(ID||R)，并通过阅读器转发给标签；

d．标签首先验证 HR(ID||R)的正确性，若验证通过，则更新其 ID=ID⊕R 。

该协议基本解决了隐私性、真实性和机密性问题，并且数据库可预计算 H(ID)，查询速度很快。其缺点：一是标签需 Hash 函数增加了成本和功耗；二是在两次成功识别之间 H(ID)不变，仍然可以跟踪标签；三是标签不能抵御重放攻击；四是标签需更新数据，造成识别距离减半；五是很容易由于攻击或干扰造成数据库与标签数据不同步，标签不能再被识别；六是标签 ID 更新后，可能与其他标签的 ID 重复。

⑨ 孙麟等对 LCAP 的改进协议。孙麟等人提出一种增强型基于低成本的 RFID 安全性认证协议，该协议实际上上对 LCAP 的一种改进，其流程如图 3-12 所示。

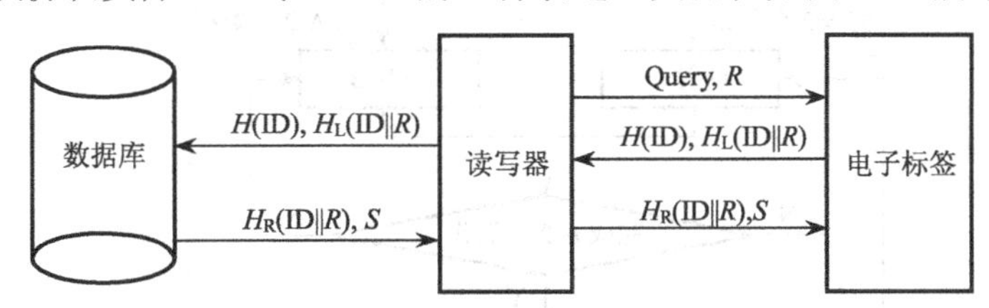

▶ 图 3-12　LCAP 改进协议流程

由图可知该协议与前述 LCAP 协议相似，唯一区别在于标签 ID 的更新方法：LCAP 中 ID=ID⊕R，而本协议中 ID=ID⊕S，其中 S 由数据库选取，可使新 ID 能够保证唯一性，而 LCAP 协议中则不能保证唯一性。但该协议 S 以明文方式传输，极易被篡改，尤其是如果 s 被改为 0，则 ID 异或后并未发生变化，将更便于跟踪，同时也将造成数据库与标签更容易失步。

⑩ 薛佳楣等提出的一种 RFID 系统反跟踪安全通信协议。该协议作者称该协议为 UNTRACE。协议规定标签和数据库共享密钥 K，K 同时作为标签的标志。标签将存储一个可更新的时间戳 Tt，并实现一个带密钥的 Hash 函数 Hk。数据库保存一个时间戳 Tr。Tr 每隔一定周期变化一次，当其变化时数据库预先计算并保存所有标签的 Hash 值 Hk(Tr)。其认证步骤如下：

a．读写器发送当前时间戳 Tr 到标签；

b．标签比较时间戳 Tr 与 Tt，若 Tr 大于 Tt，则阅读器合法，用 Tr 更新 Tt，计算并返回 Hk(Tr)；

c．后端数据库搜索标签返回值，若有效则认证通过。此处 Tr 作为时间戳。

该协议基本解决了隐私性、真实性和机密性问题。其优点：一是提出了通过时间戳的自然变化防止标签跟踪；二是数据库可预先计算，搜索速度很快。其缺点：一是由于 Tr 并不具有机密性，攻击者很容易伪造较大的时间戳通过标签的认证，此后该标签将不能被合法阅读器识别；二是在服务器的时间戳增加之前，标签不能被多次识别；三是若服务器时间戳变化太快则数据库刷新过于频繁，计算量太大；四是 Hash 函数增加了标签成本、功耗和响应时间；五是标签需更新数据，造成识别距离减半；六是需要引入密钥管理。

⑪ 杨骅等提出的适用于 UHF RFID 认证协议的 Hash 函数构造算法。该算法共选取 4 个混沌映射，分别为帐篷映射、立方映射、锯齿映射和虫口映射。将每两个映射作为一组，共可以组成 6 组。映射组合的选择由读写器通过命令参数传递给标签。算法的目标是从初值中计算得到一个 16 位的数作为 Hash 值。其流程如图 3-13 所示。

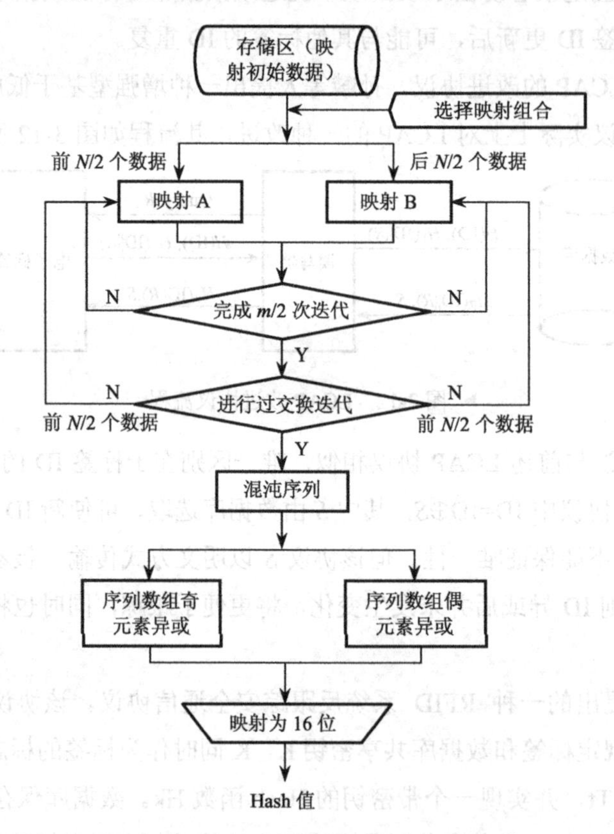

▶ 图 3-13　Hash 函数构造算法流程

该算法设计较为复杂，但混沌映射的安全性未经证明，难以在实际系统中应用，且缺乏对其时空复杂度是否适合电子标签的论述。

（2）基于随机数机制的安全通信协议。

① Namje Park 等提出的用于移动电话的 UHF RFID 隐私增强保护方案。该方案主要基于移动电话集成 RFID 阅读器的前提。其设想是用户购买商品后马上把标签的原 ID 结合随机数加密后生成新的 ID 写入到标签中。当需要根据 ID 查询商品信息时，再用手机解密，并且再次生成并写入新的随机密文。其协议流程如图 3-14 所示。

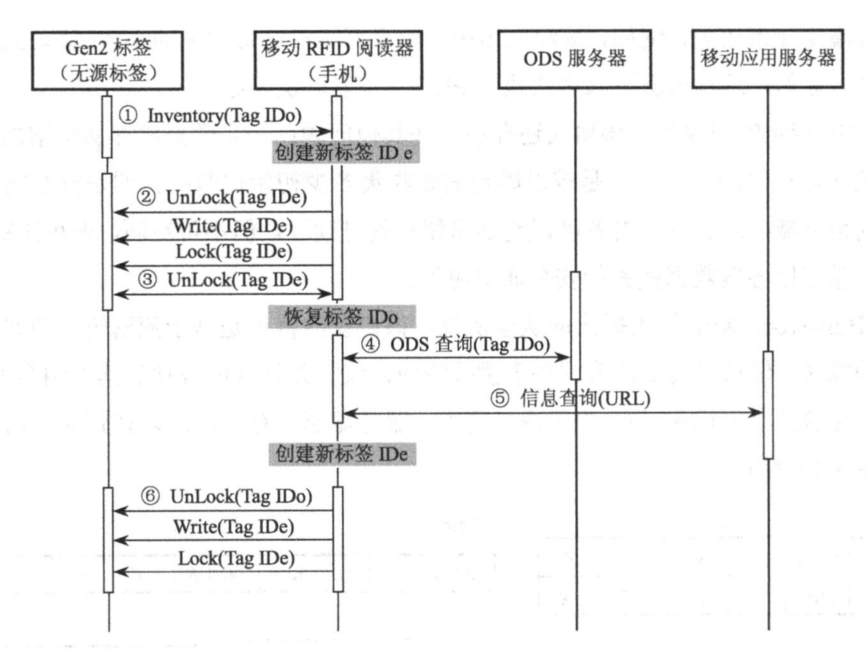

▶ 图 3-14　UHF RFID 隐私增强保护方案

图中 ODS 表示对象目录服务，IDO 表示原 ID，IDe 表示临时 ID。

该方案的优点是：简单，标签不需要增加任何功能。其缺点为：一是用户的手机需要集成阅读器；二是用户需要不时对标签加密，当商品数量比较多时尤其困难；三是密钥管理困难，密钥的分配和更新难度非常大；四是未考虑相互认证，攻击者向标签写入任何数据；五是在两次更新之间，攻击者可以跟踪标签。

② Leonid Bolotnyy 等提出的基于 PUF 的安全和隐私方案。PUF(Physically Unclonable Function)函数实际上是一种随机数发生器。其输出依赖于电路的线路延时和门延时在不同芯片之间的固有差异。这种延时实际上是由一些不可预测的因素引起的，如制造差异、量子波动、热梯度、电子迁移效应、寄生效应以及噪声等。因此难以模拟、预测或复制一个优秀的 PUF 电路。PUF 对于相同的输入，即使完全相同的电路都将产生不同的输出。PUF 需要的芯片面积很小，作者估计一个产生 64b 输出的 PUF 大约需要 545 个门。由于物理攻击需要改变芯片的状态，会对 PUF 产生影响，因此 PUF 具有很好的抗物理攻击性能。

作者提出的认证协议非常简单：假设标签具有一个 PUF 函数 p，一个 ID，则每次阅读器查询标签时，标签返回 ID，并更新 ID=p(ID)。由于 PUF 的不可预测性，数据库必须在初始化阶段，在一个安全的环境中把这些 ID 序列从标签中收集并保存起来。

PUF 函数本身受到两个问题的制约：一个是对于相同输入，两个 PUF 产生相同输出的概率；另一个是对于相同输入，同一个 PUF 产生不同输出的概率。第一个问题是要求不同的 PUF 之间要有足够的区分度，第二个问题是要求同一个 PUF 要有足够的稳定度。对于稳定度问题，作者建议 PUF 执行多次，然后取概率最大的输出。但是即使如此，标签工作环境变化也较大，例如，物流应用中，标签可能从热带地区的30°，移动到寒带地区的−30°。显然，这种情况下靠多次执行PUF并不能解决问题。

除PUF特定的问题外，该协议还存在一些其他问题：一是数据库存储量增加过大；二是初始化过程时间过长；三是难以确定需要收集多少初始化数据；四是标签需更新数据，识别距离减半；五是攻击者可调整功率使标签可读取，但不可更新，即可跟踪标签。

（3）基于服务器数据搜索的安全通信协议。

① Hun-Wook Kim等人提出的认证协议。该协议的特点是基于流密码，但并未指出采用何种算法，仅指出其协议流程基于挑战响应协议。并且认证成功后其密钥会被更新。服务器与标签共享密钥和ID。为了恢复同步，服务器端保存上次成功密钥和当前密钥。具体如图3-15所示。

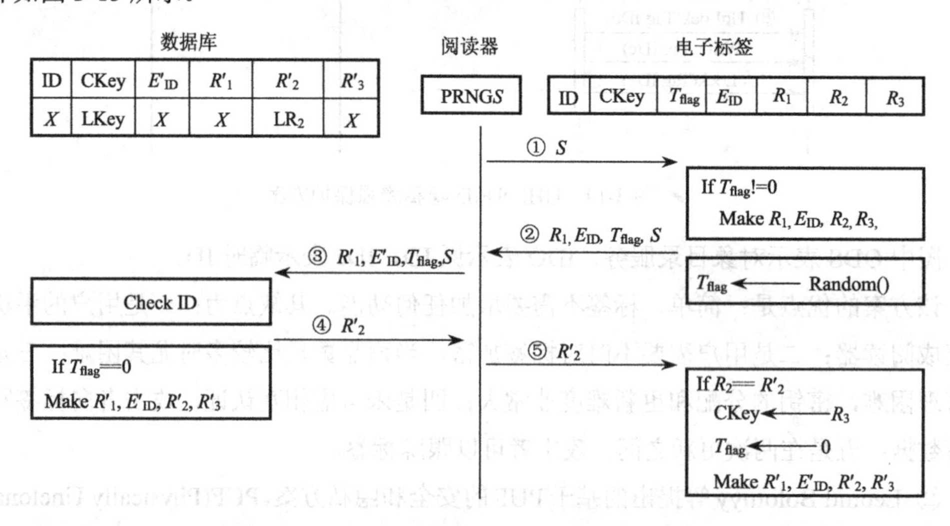

▶ 图3-15 Hun-Wook Kim认证协议流程

如图3-15所示，Ckey表示当前密钥；Lkey表示最后一次成功的密钥；T_{flag}表示上次认证标签是否成功更新密钥，上次成功则T_{flag}=0，否则为随机数；E_{ID}表示加密后的ID；R_1、R_2、R_3表示流密码模块生成的密钥流中的前三个字。

协议执行时数据库针对所有标签数据生成密钥流并与R_1进行比较，若相等则认证通过，然后R_2把密钥流发到标签；标签与R_2进行比较，若相等则认证通过。双方在认证通过时，将把当前密钥更新为R_3。

该协议的特点是当T_{flag}标志表明密钥同步时用f(ID||Key)生成密钥流，其中没有随机性，数据库可以预先计算存储密文，从而大大加快搜索速度。而当发现密钥不同步时，则用$f(\mathrm{ID}\oplus T_{flag}||\mathrm{Key}\oplus S)$生成密钥流，其中包含随机性，又避免了跟踪问题。

该协议基本解决了隐私性、真实性和机密性问题，其优点：一是提出用流密码实现，比分组密码复杂度低；二是利用密钥更新增大了破解难度；三是当密钥同步时，数据库搜索很快。其缺点：一是当密钥不同步时，数据库需要针对所有标签进行加密运算，不适合较大的系统；二是攻击者给阅读器发送任意数据，将引起数据库执行全库计算，非常容易产生拒绝服务；三是标签需要更新数据，造成识别距离减半。

② 裴友林等提出的基于密钥矩阵的 RFID 安全协议。该协议的特点是以矩阵作为密钥。加密时明文与密钥矩阵相乘得到密文。解密时与其逆矩阵相乘得到明文。该协议涉及 3 个数据：秘值 S，密钥矩阵 $\boldsymbol{K}_1$ 和 $\boldsymbol{K}_2$。标签具备矩阵运算能力，其中保存 S、$\boldsymbol{K}_1$ 和 $\boldsymbol{K}_2^{-1}$。数据库中保存 X、S、$\boldsymbol{K}_1^{-1}$ 和 $\boldsymbol{K}_2$，其中 $X=\boldsymbol{K}_1^{-1}S$。每次成功认证后 S 会用随机值更新，X 的值也对应更新。其协议流程如图 3-16 所示。

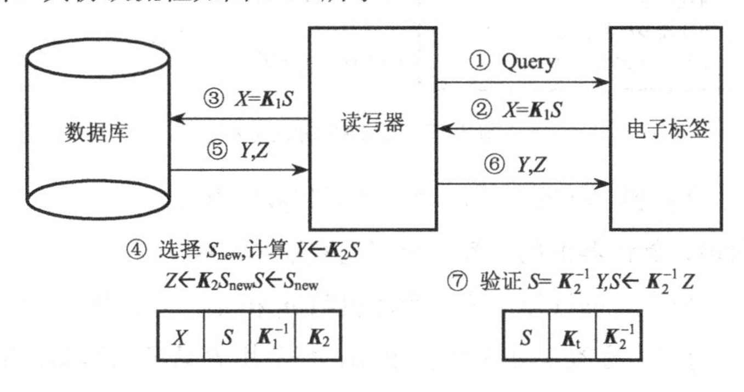

▶ 图 3-16　密钥矩阵 RFID 安全协议

其执行步骤为：

a．读写器询问标签；

b．标签计算 $X=\boldsymbol{K}_1S$，并将其通过阅读器转发给数据库；

c．后端数据库查找 X，计算 $\boldsymbol{K}_1^{-1}X$ 并与数据库中的 S 比较，若相等则认证通过；然后计算 $Y=\boldsymbol{K}_2S$；选取 S_{new}，计算 $Z=\boldsymbol{K}_2S_{new}$，$X_{new}=\boldsymbol{K}_1S_{new}$；用 S_{new} 和 X_{new} 更新数据库字段；把 Y、Z 通过阅读器转发给标签；

d．标签用 Y 计算出 S 认证阅读器，若认证通过，则用 Z 计算出 S_{new} 更新原 S。

由于数据库中的 X 本身是用 S 计算出来的，如果数据库查到 X 即可表明认证通过。因此协议用 X 计算出 S 再与数据库的 S 比较进行认证是多余的，实际上数据库中只保存 S 或 X 之一即可。

该协议基本解决了隐私性、真实性和机密性问题。其优点：一是数据库搜索速度很快；二是引入密钥矩阵加密，运算量不大。其缺点：一是矩阵乘法加密的安全性堪忧，只要一个明文和密文对即可破解密钥；二是如果用低阶矩阵，甚至难以对抗唯密文攻击，高阶矩阵则存储容量很大，而且矩阵阶数难以确定；三是在两次成功认证之间仍然可以跟踪标签；四是很容易由于干扰或攻击造成失步，一旦失步，标签不能再被合法阅读器识别，同时可一直被非法阅读器跟踪；五是标签需更新数据，造成识别距离减半；六是需要引入密钥管理。

（4）基于逻辑算法的安全通信协议。Pedro Peris-Lopez 等提出的 LMAP 协议，该协议中标签存储其 ID，一个别名为 IDS，4 个密钥 K_1、K_2、K_3、K_4，并能执行按位“与∧”、“或∨”、“异或⊕”及“模 2m 加+”4 种运算（编者注：其实后续协议并未用到“与”运算）。其协议流程如图 3-17 所示。

标签识别 阅读器→标签：hello 标签→阅读器：IDS	$A=IDS_{tag(i)}^{(n)} \oplus K_{1tag(i)}^{(n)} \oplus n_1$ ① $B=IDS_{tag(i)}^{(n)} \vee K_{2tag(i)}^{(n)} + n_1$ ②
相互认证 阅读器→标签：$A \parallel B \parallel C$ 标签→阅读器：D	$C=IDS_{tag(i)}^{(n)} + K_{3tag(i)}^{(n)} + n_2$ ③ $D=[IDS_{tag(i)}^{(n)} + ID_{tag(i)}] \oplus n_1 + n_2$ ④

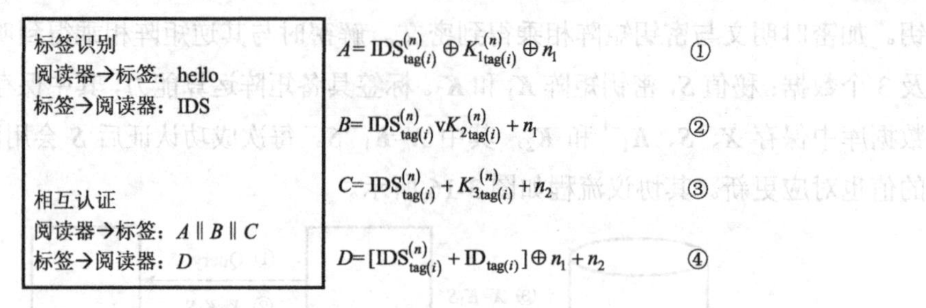

▶ 图 3-17　LMAP 协议流程

其协议分成 3 个步骤：标签识别，相互认证和数据更新。

① 在识别阶段，阅读器询问标签，标签返回别名 IDS。

② 在相互认证阶段，阅读器生成两个随机数 n_1 和 n_2，并计算 A、B、C 3 个数，然后把这 3 个数发给标签。标签从 A 中计算出 n_1，然后用 B 认证阅读器，用 C 得到 n_2，然后计算 D 并发给阅读器，阅读器用 D 认证标签。A、B、C、D 的计算公式如图 3-17 所示。

③ 认证通过后双方更新 IDS、K_1、K_2、K_3、K_4，其更新公式如图 3-18 所示。

$$IDS_{tag(i)}^{n+1} = \left[IDS_{tag(i)}^{(n)} + [n_2 \oplus K_{4tag(i)}^{(n)}]\right] \oplus ID_{tag(i)} \quad ①$$
$$K_{1tag(i)}^{(n+1)} = K_{1tag(i)}^{(n)} \oplus n_2 \oplus [K_{3tag(i)}^{(n)} + ID_{tag(i)}] \quad ②$$
$$K_{2tag(i)}^{(n+1)} = K_{2tag(i)}^{(n)} \oplus n_2 \oplus [K_{4tag(i)}^{(n)} + ID_{tag(i)}] \quad ③$$
$$K_{3tag(i)}^{(n+1)} = [K_{3tag(i)}^{(n)} \oplus n_1] + [K_{1tag(i)}^{(n)} \oplus ID_{tag(i)}] \quad ④$$
$$K_{4tag(i)}^{(n+1)} = [K_{4tag(i)}^{(n)} \oplus n_1] + [K_{2tag(i)}^{(n)} \oplus ID_{tag(i)}] \quad ⑤$$

▶ 图 3-18　LMAP 协议更新公式

该协议基本解决了隐私性、真实性和机密性问题，其优点：一是对标签的计算能力要求不高；二是数据库搜索速度快。其缺点：一是采用的算法非常简单，安全性存疑；二是在两次认证之间可以跟踪标签；三是很容易由于干扰或攻击失去数据同步；四是失去同步后，攻击者可跟踪标签或用重放数据哄骗阅读器和标签；五是标签需更新数据，造成识别距离减半。

为了解决数据同步问题，编者进一步提出了 LAMP+，其改进在于每个标签保存更多的别名，以备失步时使用。这种改进增大了标签和数据库容量，且效果有限。

（5）基于重加密机制的安全通信协议。给标签重命名可以缓解隐私问题。一类重命名方案需要在线数据库，在数据库中建立别名与 ID 的对应关系。重加密机制是一种不需要在线数据库的重命名方法。

重加密方法使用公钥加密机制，但仅依靠读写器完成运算，而标签不参与运算，只存储相关数据。

Juels 等人提出的用于欧元钞票上的建议给出了一种基于椭圆曲线体制的实现方案。该方案在钞票中嵌入 RFID 芯片，除认证中心以外，任何机构都不能够识别标签 ID（钞票的唯一序列号）。重加密时，重加密读写器以光学扫描方式获得钞票上印刷的序列号，然后用认证中心的公钥对序列号及随机数加密后重新写入芯片。由于每次加密结果不同，因此防止了跟踪，其示意如图 3-19 所示。

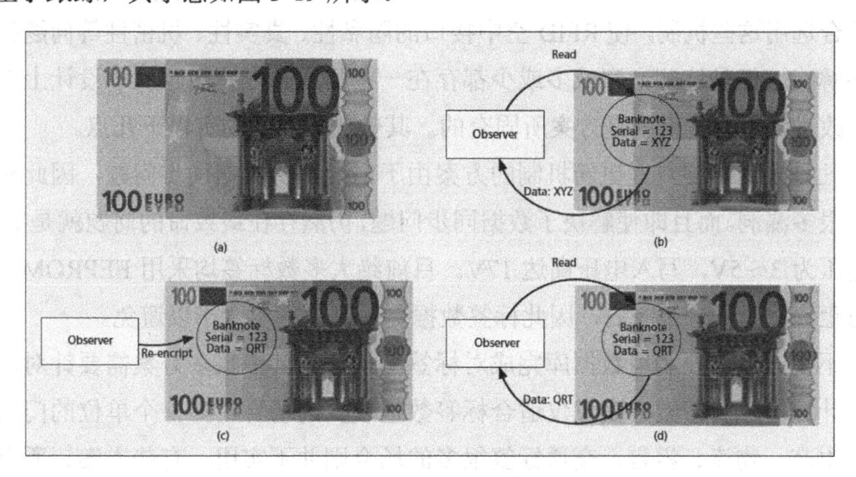

▶ 图 3-19　重加密机制示意图

G.Avoine 等指出 A.Juels 等人的方案存在缺陷。例如，重加密时，重加密读写器首先要获得明文（钞票序列号），于是重加密读写器可以跟踪和识别钞票，这侵犯了用户隐私。P.Golle 等人提出了通用重加密方案。该方案使用 ElGamal 算法的同态性实现了无需明文直接对密文进行加密的特性，同时还做到了公钥保密。但是 Saito J 等指出通用重加密方案易受“取消重加密攻击”和“公钥替换攻击”。其中“取消重加密攻击”手段可以采取简单措施防范，但“公钥替换攻击”尚无良好解决方案。Saito J 等提出的两个解决方案一个需要在标签内实现公钥解密；另一个需要读写器在线。李章林等提出了“抗置换”、“检测置换”和“防置换跟踪”三种解决方案，但他同时指出了第一种方案要求标签有较强计算能力；第二种方案要求阅读器检测时知道标签私钥；第三种方案则仍然留有漏洞。在另一篇论文中李章林等又提出了另一个方案，但仅限于 3000 左右个逻辑单元和 1120b 的存储区。

重加密方法的优点是对标签要求低，但仍然存在一些缺点：一是需要比较多的重加密读写器，造成系统成本较高；二是需要引入复杂密钥管理机制；三是在两次重加密间隔内，标签别名不变，易受跟踪；四是易受“公钥替换攻击”；五是标签可写且无认证，非常容易被篡改；六是读写器易受到重放和哄骗攻击；七是系统实用性不强，无论是由商人，还是由用户对每张钞票施行重加密都缺乏可行性，而如果由银行实施，则钞票被重加密的间隔时间太长，防跟踪意义不大。

2）密码相关技术小结

由上述可以看出有众多的专家学者提出各种名目繁多、花样翻新的方案。这些方案采用的密码学机制主要有Hash函数，随机数生成器，标签数据更新，服务器数据搜索，CRC，“异或”、“与”、“或”、“加”、“乘”、“校验和”、“比特选取”等算术逻辑运算，挑战响应协议，对称加密，公钥加密，混沌加密，别名机制，挑战响应协议，PUF等。这些方案综合选用这些机制，使RFID空中接口的隐私性、真实性、机密性等问题得到了部分或全部解决。但是这些方案或多或少都存在一些问题。有些问题属于设计上的疏忽，可以加以改进，但有些问题是方案所固有的。其中值得注意的有以下几点。

（1）凡是采用标签数据更新机制的方案由于需要解决数据同步问题，因此稍有疏忽就会留下很多漏洞。而且即使解决了数据同步问题，仍然存在最致命的问题就是EEPROM的读出电压为3～5V，写入电压高达17V。目前绝大多数标签均采用EEPROM，实践发现其读出距离将降低一半左右，因此标签数据更新机制应尽量予以避免。

（2）不少方案需要利用数据库完成对标签的认证。其中很多方案需要针对所有标签进行暴力计算。暴力搜索方案仅仅适合标签数量较少的场合，如一个单位的门禁系统，但是对于生产、物流、零售、交通标签很多的场合则并不实用。有些方案让所有标签共享相同的密钥以避免暴力搜索，这种方案存在的问题则是一旦一个标签的密钥被破解，则整个系统就会面临危险。另一个问题是，数据库搜索方案一般都需要数据库实时在线，对于有些应用系统来说很难实现。还有一些方案则对每个标签保存了很多条记录，大大增加了数据量，也是不利于实际实现的。

（3）不少方案都利用了秘密值、密码、别名或密钥等概念。这里存在的问题是，如果所有标签共享相同的秘密值，则系统安全性面临较大威胁。如果每个标签的秘密值不同，则它们的管理难度较大。系统不仅要处理秘密值的生成，写入标签，更难的是它们的更新。在同一个地点要确定合适的更新周期，移动到新的地点则要处理后台密钥的传输。

（4）有些方案采用了一些非常简单的运算作为加密函数或Hash函数，如CRC和一些自行设计的简单变换。对于这种方案即使其协议设计完善，但由于其算法未经验证，难以在实践中采用。

（5）很多采用别名的方案存在别名数量难以确定的问题。增加别名数量有利于安全性的提高，但却需要增加标签容量。如果采用EPC码96位作为一个别名，则1KB的标签仅能存储10多个标签，对于很多应用来说是远不能达到需求。

（6）有些方案对标签要求太高，基本不能使用，如需要进行3次以上的Hash运算，还有的需要存储数百千比特的公钥。

（7）有些方案（如PUF方案）目前尚不成熟，难以实际采用。当然也有些方案设计比较完善，几乎没有漏洞，也有较佳的实用性，这种方案一般都基于传统的挑战响应协议和经典的密码算法。另外，基于公钥的算法密钥管理简单，如果运算速度较快，密钥较短的算法也应优先采用。

3. 几种高频 RFID 安全方案

对于 13.56MHz 频率的 RFID 标签，目前已经有几种可行的方案，以下介绍 3 种方案。

（1）恩智浦 MIFARE I 芯片。恩智浦公司的 MIFARE 系列是符合 ISO-14443 Type A 标准的标签。其中采用的认证协议符合国际标准 ISO 9798—2 “三通相互认证”，采用 CTYPT01 流密码数据算法加密。

相互认证的过程如下：

① 阅读器发送查询标签；

② 标签产生一个随机数 R_A，并回送给阅读器；

③ 阅读器则产生另一个随机数 R_B，并使用共同的密钥 K 和共同的密码算法 EK，算出一个加密数据 T_1=EK($R_A||R_B$)，并将 T_1 发送给标签；

④ 标签解密 T_1，核对 R_A 是否正确，若正确则阅读器通过认证，然后再生成一个随机数 R_C，并计算 T_2=EK($R_B||R_C$)，最后将 T_2 发送给阅读器；

⑤ 阅读器解密 T_2，核对 R_B 的正确性，若正确则标签通过认证。

MIFARE 系列的 CTYPT01 流密码加密算法密钥为 48 位。其算法是非公开的，但 2008 年德国研究员亨里克·普洛茨和美国弗吉尼亚大学计算机科学在读博士卡尔斯滕·诺尔利用计算机技术成功破解了其算法。这样攻击者只需破解其 48 位密钥即可将其安全措施解除，由于其密钥长度太短，对于随机数以时间为种子等问题，现在有关其破解的报道较多，已经出现了专门的 ghost 仿真破译机，可随心所欲地伪造 mifare 卡。

（2）中电华大 C11A0128M-B。北京中电华大公司最新推出的电子标签芯片 C11A0128M-B 也支持 ISO-14443 Type A 协议。与 Mifare 卡一样采用三通认证机制。其区别主要在于算法是用国产的 SM7 分组算法。由于该算法采用 128 位的密钥，因此安全性要比 Mifare 高得多。

3.3 传感器网络安全

随着无线网络技术和微电机（MEMS）技术的发展，形成了一种新的科学领域——分布式（无线）传感器网络。这些可编程的、小型的自组织传感器网络被广泛应用于军事、医疗、设备维护和安防领域。该传感器网络能量低、带宽有限、存储有限，同时具有不同的数据通信模型。传统的移动网络通信模式是多对多的自组织网络，而传感器网络的通信模型除了具有多对多的特性，还有多对一的特性。传感器节点通常都不具备计算能力，一旦需要进行数据计算，传感器节点将把要计算的任务交给具有计算能力的中心节点进行。传感器网络的安全威胁有别于传统的移动网络。当前使用于移动网络的安全解决方案不适合资源有限的传感器网络。随着传感器网络的广泛应用，传感器网络的认证和可靠机制及相应的安全网络控制协议一定能得到妥善的解决。

3.3.1 传感器网络技术特点

1. 传感器网络基本结构

传感器网络[10][11][12][13][14][15]是由大量具有感知能力、计算能力和通信能力的微型传感器节点构成的自组织、分布式网络系统。传感器网络中，搭载各类集成化微型传感器的传感器节点协同实时监测、感知和采集各种环境或监测对象的信息，并对其进行处理，最终通过自组织无线网络以多跳中继方式将所感知的信息结果传输到用户手中。

传感器节点主要由传感、数据处理、通信和电源4部件构成。根据具体应用的不同，还可能会有定位系统以确定传感节点的位置，有移动单元使得传感器可以在待监测地域中移动，或具有供电装置以从环境中获得必要的能源。此外，还必须有一些应用相关部分，例如，某些传感器节点有可能在深海或者海底，也有可能出现在化学污染或生物污染的地方，这就需要在传感器节点的设计上采用一些特殊的防护措施。

由于在传感器网络中需要大规模配置传感器，为了降低成本，传感器一般都是资源十分受限的系统，典型的传感器节点通常只有几兆赫兹或十几兆赫兹的处理能力及十几千字节的存储空间，通信速度、带宽也十分有限。同时，由于大多数应用环境中传感器节点无法重新充电，体积微小，其本身所能携带的电量也十分有限。

在传感器网络中，节点散落在被监测区域内，节点以自组织形式构成网络，通过多跳中继方式将监测数据传到基站节点或者基站，最终借助长距离或临时建立的基站节点链路将整个区域内的数据传输到远程中心进行集中处理。无线传感器网络的结构如图3-20所示。

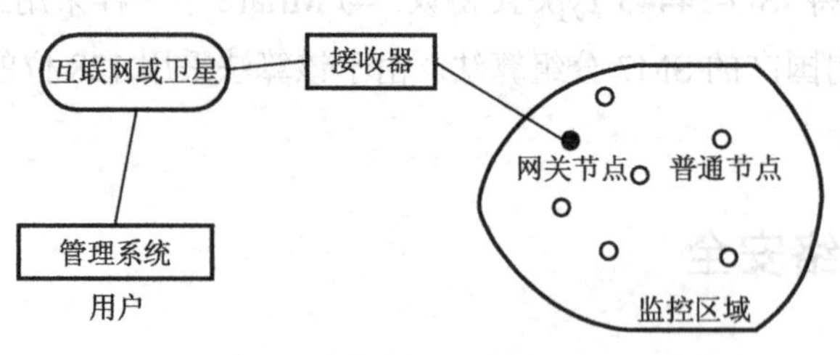

▶ 图3-20 传感器网络结构

从传感器网络结构中可以看出，节点对监控区域进行数据采集，并与网络内节点进行信息交互，连接网关节点，最终通过网关节点连接到互联网，把数据传输到后端的管理系统，管理系统根据采集到的数据对节点进行管理和控制。

2. 资源特性

传感器通常不具备计算能力，通常使用电池供电，使用无线通信方式。表3-2为三种无线传感器的技术规格，分别是crossbow公司的MICA2、Imote和CSIRO公司的FLECK。

表 3-2　三种不同类型传感器的技术规格

项　目	MICA2	FLECK	Imote
处理器	8MHz，Atmel ATMegal28L	4MHz，Atmel ATMegal28L	13～416MHz，Intel PXA271 Xscale
内存	128KB 可编程 Flash 4KB RAM	512KB 可编程 Flash 4KB RAM	256KB SRAM 32MB SDRAM
外部存储	512KB 串行 Flash	1MB（Fleck3）	32MB Flash
默认电源	2.7～3.3V	1.3～5.3V 带有太阳能充电电路	3.2～4.5V 3 x AAA
睡眠模式	<15mA	230mA	390mA
频段	916MHz	433MHz	2400MHz
LED 指示	3 只 LED 指示灯	3 只 LED 指示灯	—
尺寸	58mm×38mm	60mm×60mm	36mm×48mm×9 mm
范围	300m	500m	30m（集成天线）
系统	TinyOS	TinyOS	TinyOS

由表 3-2 可以看出，感知设备的资源特性有如下几种。

（1）存储有限。绝大多数的传感器都是比较小型化的设备，具有相对较小的存储容量。例如，MICA2 只有 4KB 的 RAM 和 128KB 的 flash。这意味着安全加密协议的代码量及占用存储资源不能够大于传感器的有限存储。

（2）能量有限。多数传感器使用电池供电，或者使用电磁感应的方式获取能量。例如，Imote 使用 3 节 AAA 电池供电，即使在睡眠模式下也难以维持较长的工作时间。对于部署无人环境下的传感器而言，应当尽量降低功耗，延长设备的使用寿命。但是，安全机制的实现，将大大消耗传感器的电能，包括数据加解密、密钥存储、管理、发送等。

3. 网络特性

作为感知设备的各种传感器，为了部署于各种环境中同时能对其数据进行采集，传感器的数量、位置对于不同的环境、应用系统而言都是不固定的。单个传感器的能量有限，监测和通信的范围都有限，这就要求应用系统在监测环境中具有多个传感器相互协作，以完成对环境数据的采集，以及把数据传输到远在千里之外的应用系统中。

（1）自组织网络和动态路由。为了满足应用系统多个传感器相互协作的需要，传感器能够实现自组织网络及动态路由。

所谓的自组织网络就是应用系统的传感器能够发现邻近的其他传感器，并进行通信。例如，原先应用系统只有传感器 A，在系统中部署传感器 B 后，只要 B 在 A 的通信范围内，或者 A 在 B 的通信范围内，通过彼此自动寻找，很快就可以形成一个互连互通的网络；当系统中部署传感器 C 后，只要 C 在 A 或 B 中的任何一个传感器的通信范围内，那么 C 也可以被 A 或 B 连接，从而与系统的 A、B 形成可以通信的网络。

所谓的动态路由就是传感器与后台应用系统的通信路径是动态的，不是固定的。传感器能够自适应地寻找最合适的路径把数据发送给后台系统。例如，原先系统中只有A、B 两个传感器，通信路径为“A→B→后台系统”，当 C 传感器加入网络后，A 传感器发现通过 C 传感器转发给后台系统的通信速度最为理想，那么通信路径变为“A→C→后台系统”。通过动态路由技术，可以保证传感网络数据能够以最为合适的方式到达后台系统。

单个传感器的传输范围有限，因此单个传感器的数据通过多个传感器的中转才能到达目的地。为了减轻整个传感器网络的负担，降低传感器网络中通信的冲突和延迟，减少通信中的冗余数据，对整个传感器网络进行划分为不同的区域，即以簇进行管理，每个簇有一个主要负责簇内数据接收、处理的基站。基站负责本簇内数据的过滤、转发，以及与其他簇基站的通信，从而使本簇节点和其他簇节点能够实现通信。而从整个网络来说，基站也是网络中的一个节点，也具有自组织和动态路由特性。

（2）不可靠的通信。多数传感器使用无线的通信方式。无线通信方式固有的不可靠性会导致数据丢失及易受到干扰。

（3）冲突和延迟。在一个应用系统中，可能有成百上千的传感器进行协同工作，而同时可以有几十个或者上百个传感器发送数据包，那么将导致数据通信冲突和延迟。

4．物理特性

传感器常部署在公共场合或者恶劣的环境中。而为了适应商业低成本的要求，传感器设备的外壳等材质并不能防止外界对设备的损坏。

（1）无人值守环境。传感器常部署于无人值守环境，难免会受到人为破坏，也不可避免地受到恶劣天气或者自然灾害（如台风、地震等）的影响。

（2）远程监控。坐在监控室里的管理人员通过有线或无线方式对远在千里之外的成百上千个传感器进行监控，难以发现传感器的物理损坏，也不能够及时给传感器更换电池。

3.3.2　传感器网络安全威胁分析

传感器的资源有限，并且网络运行在恶劣的环境中，因此，很容易受到恶意攻击。传感器网络面临的安全威胁与传统移动网络相似。传感器网络的安全威胁主要有以下 4 种类型。

（1）干扰。干扰就是使正常的通信信息丢失或者不可用。传感器大多使用无线通信方式，只要在通信范围之内，便可以使用干扰设备对通信信号进行干扰。也可以在传感器节点中注入病毒（恶意代码或指令），这有可能使整个传感网络瘫痪（所有通信信息都变得无效，或者多个传感器频繁、同时发送数据，使整个网络设施无法支撑这样的通信数据量，导致整个网络通信停滞）。如果是有线通信，那么干扰手段就更为简单了，把线缆剪断就可以了。

（2）截取。截取就是攻击人员使用专用设备获取传感器节点或者簇中的基站、网关、后台系统等重要信息。

（3）篡改。篡改就是非授权人没有获得操作传感器节点的能力，但是可以对传感器通信的正常数据进行修改，或者使用非法设备发送大量假的数据包到通信系统中，把正常数据淹没在这种假数据“洪水”中，使本来数据处理能力就不高的感知设备节点无法为正常数据提供服务。

（4）假冒。假冒就是使用非法设备假冒正常设备，进入到传感器网络中，参与正常通信，获取信息。或者使用假冒的数据包参与网络通信，使正常通信延迟，或诱导正常数据，获得敏感信息。

对于这些安全威胁，主要的攻击手段有如下几种。

（1）窃听。窃听是一种被动的信息收集方式。攻击者隐藏在感知网络通信范围内，使用专用设备收集来自感知设备的信息，不论这些信息是否加密。

（2）伪造。攻击者使用窃听到的信息，仿制具有相同信号的传感器节点，并使用伪造的传感器节点设备在系统网络中使用。

（3）重放。重放也称为回放攻击，攻击者用特定装置截获合法数据，然后使用非法设备把该数据加入重发，使非法设备合法化，或者诱导其他设备进行特定数据传输，获取敏感数据。

（4）拒绝服务攻击。攻击者在感知网络中注入大量的伪造数据包，占用数据带宽，淹没真实数据，浪费网络中感知设备有限的数据能力，从而使真正的数据得不到服务。

（5）通信数据流分析攻击。攻击者使用特殊设备分析系统网络中的通信数据流，对信息收集节点进行攻击，使节点瘫痪，从而导致网络局部或者整个网络瘫痪。

（6）物理攻击。传感器设备大多部署在无人值守环境，并且为适应低成本需要，这些感知设备的外部机壳材料等都没有太高的防护性，容易受到拆卸、损坏等物理方面的攻击。

除以上这些主要攻击手段之外，还有发射攻击、预言攻击、交叉攻击、代数攻击等。并且随着这些感知设备的推广普及，攻击者的攻击能力不断增强，攻击手段也越来越多。

目前传感器网络安全面临如下挑战。

（1）技术标准不统一。IEEE 802.15.4、IEEE 802.15.4C、Zigbee 及 IEEE 1451 等相关标准的发布，无疑加速了无线传感器网络（Wireless Sensor Network，WSN）的发展，但目前并没有形成统一的 WSN 标准。标准的不统一带来了产品的互操作性问题和易用性问题，使得部分用户对于 WSN 的应用一直持观望态度，这限制了 WSN 在军方的发展。

（2）技术不成熟。WSN 综合了传感器、嵌入式计算、网络及无线通信、分布式系统等多个领域的技术。现有的路由协议、传感器节点行为管理、密钥管理等技术还不实用，无法保证 WSN 大规模使用，同时成本和能量也制约了 WSN 的应用推广。

3.3.3　传感器网络安全防护主要手段

传感器网络由多个传感器节点、节点网关、可以充当通信基站的设备（如个人计算机）及后台系统组成。通信链路存在于传感器与传感器之间、传感器与网关节点之间和网关节点与后台系统（或通信基站）之间。对于攻击者来说，这些设备和通信链路都有可能成为攻击的对象。图 3-21 为传感器网络的攻击模型。

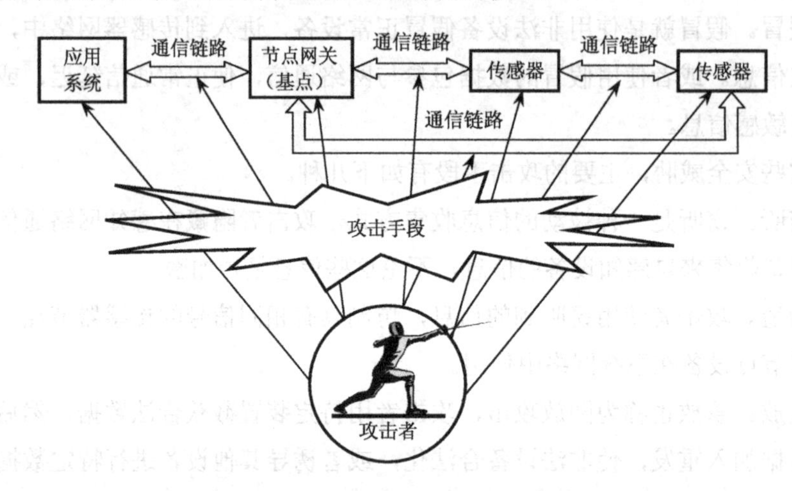

▶ 图 3-21　传感器网络的攻击模型

为实现传感器网络安全特性的 4 个方面，并针对传感器网络存在的攻击手段，需要不同的防护手段[10][11][12][13][14][15]。

1．信息加密

对通信信息进行加密，即对传感器网络中节点与节点之间的通信链路上的通信数据进行加密，不以明文数据进行传输，即使攻击者窃听或截取到数据，也不会得到真实信息。

2．数据校验

数据接收端对接收到的数据进行校验，检测接收到的数据包是否在传输过程中被篡改或丢失，确保数据的完整性。优秀的校验算法不仅能确保数据的完整性，也能够确保攻击者的重放攻击，从假数据包中找到真实数据包，防御“拒绝服务”攻击。

3．身份认证

为确保通信一方或双方的真实性，要对数据的发起者或接收者进行认证。这就好比阿里巴巴的咒语，只有知道咒语的人，门才能打开。认证能够确保每个数据包来源的真实性，防止伪造，拒绝为来自伪造节点的信息服务，防御对数据接收端的“拒绝服务”攻击等。

4．扩频与跳频

固定无线信道的带宽总是有限的，当网络中多个节点同时进行数据传输时，将导致很大的延迟及冲突，就像单车道一样，每次只能通过一辆车，如果车流量增大，相互抢道，那么将导致堵车；同时其信道是固定的，即使用固定的频率进行数据的发送和接收，很容易被攻击者发现通信的信道，并进行窃听、截取通信信息。在无线通信中使用扩频或跳频，虽然两个节点通信时还是使用单一的频率，但是每次通信的频率都不相同，而别的节点就可以使用不同的频率进行通信，即增加了通信信道，可以容纳更多的节点进行同时通信，减少冲突和延迟，也可以防御攻击者对通信链路的窃听和截取。在扩频或跳频技术中，使用“说前先听[Listen Before Talk(LBT)]”的机制，即要发送数据之前，对准备使用的频率进行监听，确认没有别的节点在使用该频率后，才在这个信道（频率）上发送数据，不然就监听下个频率，依次类推。LBT 机制不仅减少了对网络中正在进行数据传输的干扰，合理利用通信信道，更为有效地传输数据，还能够防止攻击者对无线通信的干扰，降低通信数据流分析攻击的风险。

5．安全路由

传统网络的路由技术主要考虑路由的效率、节能需求，但是很少考虑路由的安全需求。在传感器网络中，节点和节点通信、节点和基站通信、基站和基站通信、基站和网关（后台系统）通信都涉及路由技术。在传感器网络中要充分考虑路由安全，防止节点数据、基站数据泄露，同时不给恶意节点、基站发送数据，防止恶意数据入侵。

6．入侵检测

简单的安全技术能够识别外来节点的入侵而无法识别那些被捕获节点的入侵。因为这些被捕获的节点和正常的节点一样，具有相同的加/解密、认证、路由机制。安全防护技术要能够实现传感器网络的入侵检测，防止出现由于一个节点的暴露而导致整个网络瘫痪的危险。

3.3.4　传感器网络典型安全技术

1．传感器网络安全协议增强技术

无线传感器网络协议栈[16]如图 3-22 所示，包括物理层、数据链路层、网络层、传输层和应用层，与互联网协议栈的五层协议相对应。无线传感器网络协议栈还包括能量管理平台、移动管理平台和任务管理平台。这些管理平台使得传感器节点能够按照能源高效的方式协同工作，在节点移动的无线传感器网络中转发数据，并支持多任务和资源共享。

设计并实现通信安全一体化的传感器网络协议栈，是实现安全传感器的关键。安全一体化网络协议栈能够整体上应对传感器网络面临的各种安全威胁，达到“1+1>2”的效

果。该协议栈通过整体设计、优化考虑将传感器网络的各类安全问题统一解决，包括认证鉴权、密钥管理、安全路由等，协议栈设计如图 3-23 所示。

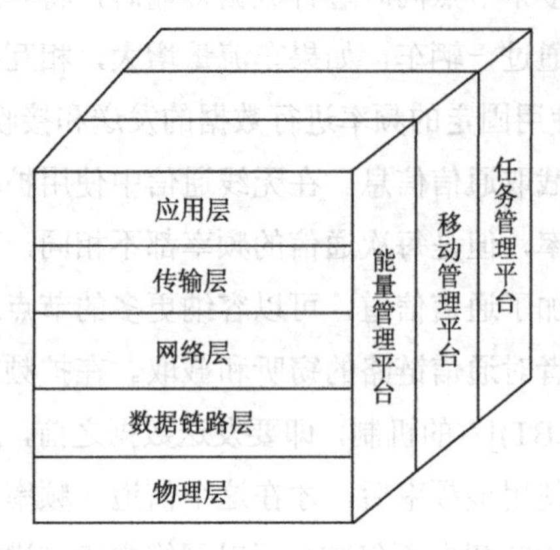

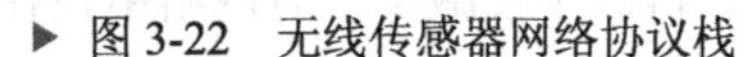
▶ 图 3-22　无线传感器网络协议栈

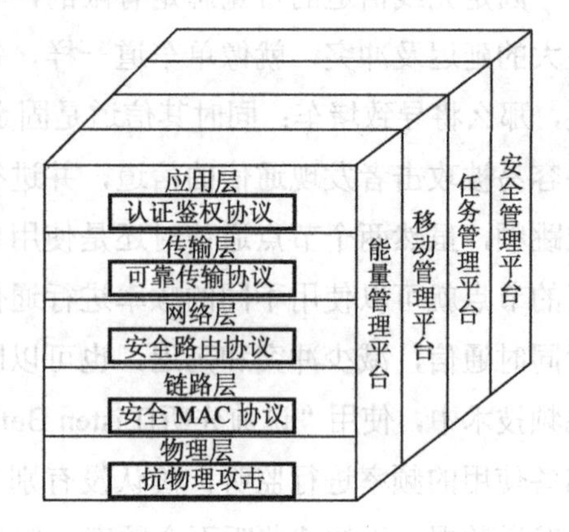

▶ 图 3-23　传感器网络通信安全一体化协议栈

1）物理层安全设计

物理层主要指传感器节点电路和天线部分。在已有节点的基本功能基础上分析其电路组成，测试已有节点的功耗及各个器件的功耗比例。综合各种节点的优点，设计一种廉价、低功耗、稳定工作、多传感器的节点，可以安装加速度传感器、温度传感器、声音传感器、湿度传感器、有害气体传感器、应变传感器等。分析各种传感器节点的天线架构，测试它们的性能并进行性价比分析，设计一种低功耗、抗干扰、通信质量好的天线。

为了保证节点的物理层安全，就要解决节点的身份问题和通信问题。研究使用天线来解决节点间的通信问题，保证各个节点间及基站和节点间可以有效地互相通信。研究多信道问题，防范针对物理层的攻击。

(1) 节点设计。安全 WSN 节点主要由数据采集单元、数据处理单元及数据传输单元三部分组成，如图 3-24 所示。工作时，每个节点首先通过数据采集单元，将周围环境的特定信号转换成电信号，然后将得到的电信号传输到调整滤波电路和 A/D 转换电路，进入数据处理单元进行数据处理，最后由数据传输单元将从数据处理单元中得到的有用信号以无线通信的方式传输出去。

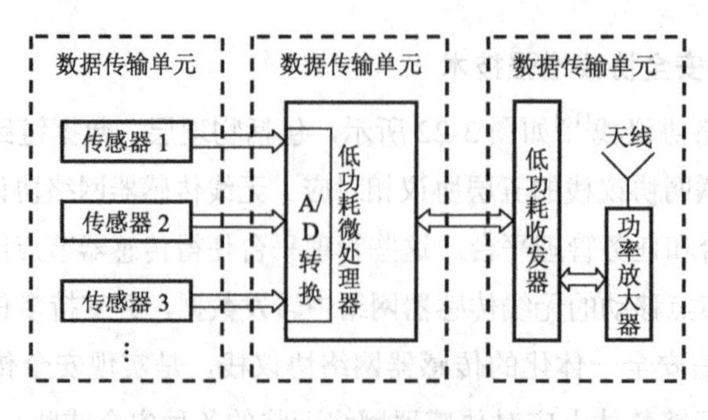

▶ 图 3-24　无线传感器节点结构

● 安全WSN节点硬件结构设计

安全WSN节点具有体积小、空间分布广、节点数量大、动态性强的特点，通常采用电池对节点提供能量。然而电池的能量有限，一旦某个节点的电能耗尽，该节点将退出整个网络。如果大量的节点退出网络，该网络将失去作用。在硬件结构设计中，低功耗是一个重要的设计准则之一。在软件方面，可以关闭数据采集单元和数据传输单元，并将数据处理单元转入休眠状态；在硬件方面，可以采用太阳能等可以补充能源的方式提供能量，以及使用低功耗的微处理器和射频芯片。

● 微处理器和射频芯片的选择

对比目前国际上安全WSN节点使用的几款微处理器（Freescale的MC9S08GT60、TI的MSP430F1611及Atmel的ATmega128），对它们的性能进行分析，涉及的参数有总线位数、供电电压、活动状态电流、休眠状态电流（保留RAM）、定时器、ADC、DAC、SCI（UART）总线个数、SPI总线个数、IIC总线个数、键盘中断引脚个数、PWM信号个数。对比后根据总体设计选择出最适合的微处理器。

对比现在节点上常用的几款射频芯片并分析其性能：Freescale的MC13203 、Chipcon的CC2420及Ember的EM250。涉及的参数有供电电压、调制方式、工作频率范围、接收灵敏度、最大发送功率、接收时电流、发送功率、空闲状态、深度休眠。对比后根据节点的总体设计需求，选择出最适合的节点射频芯片。

● 微处理器与射频芯片之间的连接

设计微处理器和射频芯片的连接电路，实现微处理器与射频芯片之间的低功耗全双工高速通信。

● 射频电路的设计

节点在信号发送和接收时功耗最大，低功耗的射频电路直接影响到节点电路的性能和节点的存活期。将信号有效、无损处理后传输给射频芯片，是设计的目标。通过合适的电路设计，还可以增大节点的通信距离，增强传感器网络的功能。

● 数据采集单元的设计

数据采集单元包括各种参数传感器，传感器的选择应以低功耗为原则，同时要求传感器的体积尽量小（尽量选用集成传感器），信号的输出形式为数字量，转换精度能够满足需求。目标是设计一种通用的接口，可以根据需要连接不同的传感器，如加速度传感器、温度传感器、湿度传感器等。

（2）天线设计。由于WSN的设备大多要求体积小、功耗低，因此在设计该类无线通信系统时大多采用微带天线。微带天线具有体积小、质量小、电性能多样化、易集成、能与有源电路集成为统一的组件等众多优点，同时，受其结构和体积限制，存在频带窄、损耗较大、增益较低、大多数微带天线只向半空间辐射、功率容量较低等缺陷。

设计一种适用于 IEEE 802.15.4 标准的倒 F 天线。IEEE 802.15.4 标准是针对低速无线个人区域网络制定的标准。该标准把低能量消耗、低速率传输、低成本作为重点目标，为个人或者家庭范围内不同设备之间低速互连提供统一标准。它定义了两个物理层，即 2.4GHz 频段和 868/915MHz 频段物理层。虽然一些小型的偶极子天线已经被应用到这种无线通信网络中，但是这些天线不能很好地满足无线传感器网络良好的通信距离、高适应性、稳定性等要求，尤其是低功耗和小尺寸的紧凑结构。设计的倒 F 天线满足结构紧凑、价格低廉、易于加工、通信效果良好的无线传感器网络节点的典型要求。

2）链路层安全协议

媒体访问控制协议（ Media Access Control，MAC）处于传感器网络协议的底层，对传感器网络的性能有较大的影响，是保证无线传感器网络高效通信的关键网络协议之一。无线传感器网络的 MAC 协议由最初的对 CSMA 和 TDMA 的算法改进开始，到提出新的协议，或者在已有协议的基础上有所改进，如 SMACS/EAR、S-MAC（Sensor MAC）、T-MAC、DMAC。其中有些协议引入了休眠机制减少能量的消耗，减少串音和冲突碰撞等，但是其中最为重要的就是 MAC 层通信的安全问题，需要有效的方案解决 MAC 层协议的安全问题。

S-MAC 协议是在 802.11 MAC 协议基础上针对传感器网络的节省能量需求而提出的传感器网络 MAC 协议。针对 S-MAC 协议存在的安全缺陷，提出了基于 NTRUsign 数字签名算法的 SSMAC（Secure Sensor MAC）协议，实现了数据完整性、来源真实性和抵御重放攻击的安全目标。NTRU 公钥体制是由 Hoffstein、Pipher 和 Silverman 于 1996 年首先提出的，由于该公钥体制只使用简单的模乘法和模求逆运算，因此它的加/解密速度很快，密钥生成速度也很快。SSMAC 协议[17]设计如下。

（1）帧格式设计。MAC 层帧结构设计的目标是用最低复杂度实现 S-MAC 的可靠传输，帧结构设计的好坏直接影响整个协议的性能。每个 MAC 子层的帧都由帧头、负载和帧尾三部分构成。

● 数据帧格式的设计

数据帧用来传输上层发到 MAC 子层的数据，它的负载字段包含了上层需要传输的数据。数据负载传输到 MAC 子层时，被称为 MAC 服务数据单元。它的首尾被分别附加了帧头信息和帧尾信息后，就构成了 MAC 帧。由于 S-MAC 协议是建立在 802.11 协议的基础上，对照 802.11 的 MAC 数据帧格式，新的 SSMAC 数据帧格式如图 3-25 所示。

图中 Frame-ctrl 表示帧控制域；Duration 表示持续时间；Address 表示地址域；Seq 表示帧序列号；Data 表示数据域；Check 表示校验域；M 表示{Seq，Address，Frame-ctrl}；Hash（M）表示 M 用 SHA-1 算法进行 Hash 得到的消息摘要；Signature[Hash（M）]表示对生成的消息摘要 Hash（M）用签名算法进行数字签名。

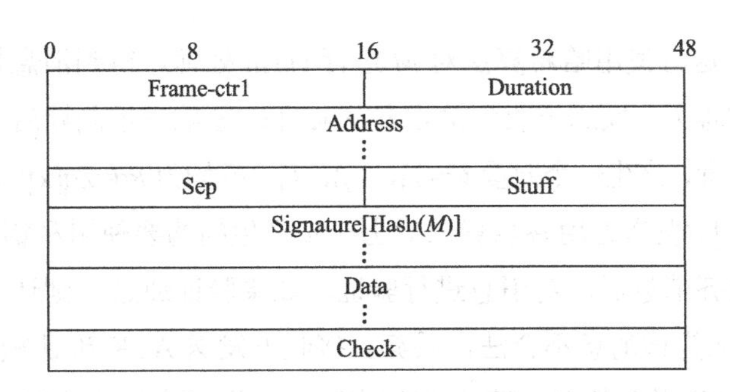

▶ 图 3-25　SSMAC 数据帧格式

● ACK 帧格式的设计

ACK 帧是接收端接收到正确的数据帧后发送的确认帧。它的帧类型值为 oxEE，帧序号为正确接收的数据帧序号。为确保传输质量，ACK 确认帧要尽可能短，此时它的 MAC 负载为空。新的 ACK 确认帧格式如图 3-26 所示。

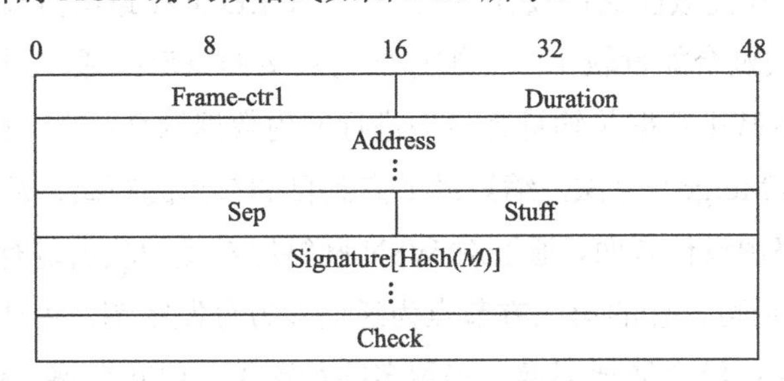

▶ 图 3-26　ACK 确认帧格式

图中 Frame-ctrl 表示帧控制域；ACKID 表示序列号：Address 表示地址域；Check 表示校验域；*M* 表示{ACKID，Address，Frame-ctrl}；Hash（*M*)表示对 *M* 用哈希算法进行 Hash 得到的消息摘要；Signature[Hash（*M*）]表示对生成的 20 字节的消息摘要 Hash(*M*) 用签名算法进行数字签名。

（2）协议流程。针对碰撞重传、串音、空闲侦听和控制消息等可能造成传感器网络消耗更多能量的主要因素，S-MAC 协议采用以下机制：采用周期性侦听/睡眠的低占空比工作方式，控制节点尽可能处于睡眠状态来降低节点能量的消耗；邻居节点通过协商的一致性睡眠调度机制形成虚拟簇，减少节点的空闲侦听时间；通过流量自适应的侦听机制，减少消息在网络中的传输延迟；采用带内信令来减少重传和避免监听不必要的数据等。

SSMAC 协议流程描述为：假设 A 为发送节点，B 为目的节点；当 A 要发送消息 Msg 时，要选择对 Msg 帧头中的 Seq 字段、Frame-ctrl 字段和 Address 字段进行数字签名，*M*={Seq，Address，Frame-ctrl}。

具体过程如下：

A→B:RTS;//发送方发送 RTS 控制帧给 B

B→A:CTS;//接收方发送 CTS 响应控制帧给 A

A:H（M）;//发送方使用哈希算法对 M 进行 Hash 处理，得到消息摘要；本步骤具体

//过程为：发送方收到接收方发来的 CTS 响应控制帧后，对 M 进行 Hash

//处理，产生一个向量 $V=(V_1, V_2)$，V_1、V_2 均为 $Rq=Zq[x]/(x_N-1)$ 上的多项式

A:Esk[H（M）];//发送方用签名算法对上一步产生的摘要使用私钥 SK 签名；

目的节点 B 收齐消息后，对消息进行验证。如果验证通过，则认为该信息合法；如果验证通不过，则认为该消息不合法，丢弃。接收方发送 ACK 确认帧及其签名给 A。B 向 A 发送确认帧 ACK 及其签名。若 A 在规定时间内没有收到确认帧 ACK，就必须重传消息，直到收到确认帧为止，或者经过若干次的重传失败后放弃发送。

3）网络层安全路由协议

针对已有的 WSN 路由协议进行研究分析，并着重分析各类路由协议中运用的分簇机制、数据融合机制、多跳路由机制、密钥机制和多路径路由机制，在此基础上提出高效安全路由协议算法。在高效能路由设计方面，通过在 LEACH 路由协议的基础上引入节点剩余能量因子，降低剩余能量较小节点被选取为簇头的概率；通过引入“数据特征码”的概念，以最大限度减少数据传输量为目的进行网内数据融合；在多跳机制中利用 ECM（Energy-Considering Merge）算法，缩短源节点到目的节点的距离，从而进一步减少数据传递能耗。在安全路由设计方面，通过对 WSN 网络层易受的攻击进行分析，在认证机制上通过改进 SNEP，用可信任的第三方节点为通信双方分发密钥，并且采用基于单向随机序号的消息认证机制；综合能耗因素，采用多路径路由，用冗余路由保证可靠传输[18]。

（1）总体框架。该项目提出的 SEC-Tree（Security and Energy Considering Tree）路由机制是一个高效率、高安全和高可靠的 WSN 路由协议，它通过改进的分簇机制、数据融合机制、多路径路由机制实现 SEC-Tree 路由协议的高效能，通过密钥机制和多路径机制实现安全可靠的路由协议，其设计框架如图 3-27 所示。

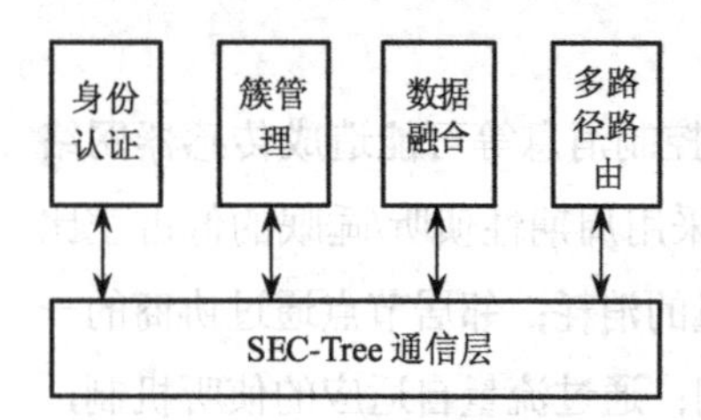

▶ 图 3-27　SEC-Tree 协议设计框架

身份认证模块实现了改进的 SNEP（传感器网络加密协议），为簇管理、多跳路由、多路径路由、数据信息的传递与融合提供安全机制；簇管理模块内置 SEC-Tree 簇形成算法 ECM，实现基于剩余能量机制的簇头选择，周期性维护基于簇拓扑的结构；多跳路由机制实现基于 SEC-Tree 的层次化路由算法，选择最短路径路由，自适应更改路由表，能够提高网络传播效率；多路径路由在路由的建立和维护阶段，建立冗余的数据通道，提高路由的安全性，包括容错自适应策略、时延能耗自适应策略和安全自适应策略三个策略子块；数据融合模块内置基于数据特征码的高效数据融合算法，提供在簇头节点进行数据融合的处理方法。

（2）运行逻辑。SEC-Tree 协议包括拓扑建立和拓扑维护两个阶段，数据传输阶段包含在拓扑维护阶段内。SEC-Tree 的簇管理、多跳路由、多路径路由、认证、数据融合等

各个模块在路由建立和路由维护阶段协同作用，实现了以最小化传感器网络能量损耗为目的的安全路由。

（3）路由建立运行逻辑。节点初始化时，由簇管理模块进行簇头选择。簇管理内置 SEC-Tree 改进的 LEACH 路由算法，引入了剩余能量因子。通过随机选取簇头，进入簇形成阶段。该阶段由簇头广播请求信号，其余节点通过判断收到的信号强度决定自己所加入的簇。在簇形成阶段调用身份认证模块，实现非簇头节点对簇头节点的信息认证。一旦簇形成，根据 ECM 算法建立簇内 SEC-Tree 拓扑和簇间 SEC-Tree 拓扑，至此初始化路由表工作完成。路由建立阶段处理流程如图 3-28 所示。

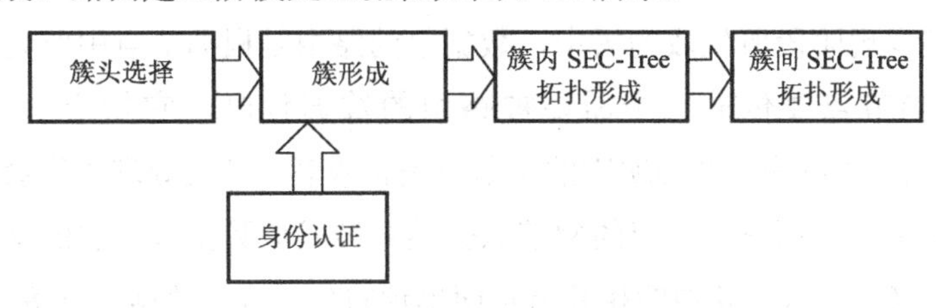

▶ 图 3-28　路由建立阶段处理流程

针对目前路由协议存在这么多的安全问题，考虑利用 ARRIVE 路由协议的思想，对 Tree-based 路由算法进行安全扩充，提出了基于 SEC-Tree 的安全路由协议算法和基于优化 BP 神经网络的系统安全评价模型，从而保证路由的健壮性和可靠性，如图 3-29 所示。

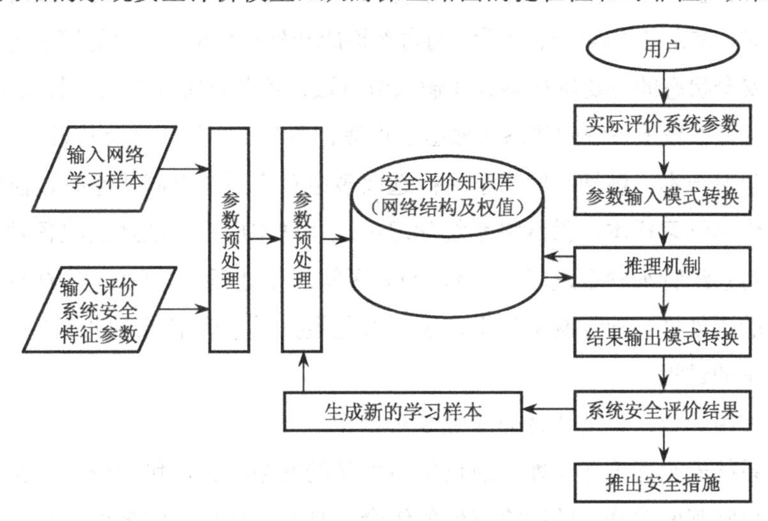

▶ 图 3-29　基于优化 BP 神经网络的系统安全评价模型

Tree-based 路由算法是以 Sink Node 为树根使用动态网络发现算法构造出覆盖网络所有节点的树状网络拓扑结构。首先在路由发现阶段，需要初始化无线传感器网络中的所有节点的层次结构，这里采用通用的动态路由发现算法。动态路由发现可以由任意一个节点发起，但通常是由网关节点（Sink Node）发起。网关节点通常提供了到传统网络的一个连接。每个根节点周期性地向它的邻居节点发送一个带有自身 ID 和距离（初始值为

0）的消息，消息处理程序检查这个消息源节点是否为到目前为止所侦听到的距离最近的节点。如果是，则记录下该源节点的ID作为它的多转发路由的父节点，并增加距离，然后将它自己的ID作为源节点的ID重新发送这个消息，以此就可以构造出一棵自组织的生成树。

动态网络发现以分布的形式构造了一棵以原始节点为根的宽度优先的生成树。每个节点仅记录固定数量的信息。这棵树的具体形状是由网络传输特性决定的，而不是提前规定的层次，因此网络是自组织的。当可以有多个并发的根节点时，就可以形成一个生成森林。

在动态网络发现阶段所生成的树中，数据包的路由是根据节点中所记录的路由信息直接转发的。当节点要传输一个需要被路由的数据包时，它指定了一个多转发点（Multi-hop）转发处理程序，并指明它的父节点是接收者。转发处理程序会将数据包发送给它的每个邻居节点。而只有节点的父节点会继续转发该数据包给它的父节点，通过使用消息缓冲区交换的方式。其他的相邻节点简单地将包丢弃。数据经过多个转发点之后，最终路由到达根节点。

其实现过程如下：

- 确定网络的拓扑结构，包括中间隐层的层数及输入层、输出层和隐层的节点数
- 确定被评价系统的指标体系，包括特征参数和状态参数；运用神经网络进行安全评价时，首先必须确定评价系统的内部构成和外部环境，确定能够正确反映被评价对象安全状态的主要特征参数（输入节点数、各节点实际含义及其表达形式等），以及这些参数下系统的状态（输出节点数、各节点实际含义及其表达方式等）
- 选择学习样本，供神经网络学习；选取多组对应系统不同状态参数值时的特征参数值作为学习样本，供网络系统学习；这些样本应尽可能地反映各种安全状态。其中对系统特征参数进行（$-\infty$，∞）区间的预处理，对系统参数应进行（0，1）区间的预处理。神经网络的学习过程即是根据样本确定网络的连接权值和误差反复修正的过程
- 确定作用函数，通常选择非线性S形函数
- 建立系统安全评价知识库。通过学习确认的网络结构，包括输入、输出和隐节点数及反映其间关联度的网络权值的组合；具有推理机制的被评价系统的安全评价知识库

进行实际系统的安全评价。经过训练的神经网络将实际评价系统的特征值转换后输入到已具有推理功能的神经网络中，运用系统安全评价知识库处理后得到评价实际系统的安全状态的评价结果。实际系统的评价结果又作为新的学习样本输入神经网络，使系统安全评价知识库进一步充实。

4）*传输层可靠传输协议*

可靠传输模块的功能是：① 在网络受到攻击时，运行于网络层上层的传输层协议能够将数据安全、可靠地送达目的地；② 能够抵御针对传输层的攻击。传统的有线网络为实现数据的可靠传输采用的是端到端的思想，依靠智能化的终端执行复杂算法来保证其可靠性，尽量简化网络核心的操作以降低其负担，以此提高网络整体性能。和有线网络不同，无线传感器网络可靠通信不能采用传统的 TCP 协议。在实现传感器网络的可靠通信时，要考虑以下因素的影响。

（1）无线通信。传感器网络通信能力低，无线链路具有极大的不可靠性，非对称链路、隐藏终端和暴露终端、信号干扰、障碍物等因素会导致信道质量急剧恶化，难以实现可靠通信。

（2）资源有限。传统的无线网络传输层协议主要集中于差错和拥塞控制上，而传感器网络中，由于能量、内存、计算能力、通信能力等的影响，在传感器网络上实现复杂的或内存开销大的算法来提高可靠性是不现实的，为增强可靠性而产生的通信开销应尽量小以延长网络的生存期。

（3）下层路由协议。传统的有线和无线网络传输层都是在不可靠的 IP 层基础上为应用层提供一个可靠的端到端传输服务，与此不同，无线传感器网络是基于事件驱动的网络模型，该系统对某一事件的可靠传输依靠的是若干传感器节点的集体努力，会聚节点对某一事件的可靠发现是基于多个源节点提供的信息而不是单个节点的报告。因此，传统的端到端可靠传输定义不再适用于无线传感器网络中。

（4）恶意节点。可靠传输模块应当有一定的容忍入侵能力，在网络受到攻击时，及时调整传输策略，将数据安全可靠地送达。

5）*应用层认证鉴权协议*

针对资源受限于环境和无线通信的特点，基于 SPINS 进行改进设计最优化协议栈。SPINS[11]有两个安全模块：SNEP 和 uTESLA。SNEP 提供了重要的基本安全准则：数据机密性、双方数据鉴别、数据的新鲜度和点到点的认证。uTESLA 提供一种在严格的资源受限的情况下的广播认证。SNEP 是为无线传感器网络量身打造的低开销安全协议，实现数据机密性、数据认证、完整性保护、新鲜度并设计了无线传感器网络简单高效的安全通信协议，它采用基于共享主密钥的安全引导模型，其各种安全机制通过信任基站完成。SNEP 具有以下特性：① 数据认证，要是 MAC 校验正确，消息接收者就可以确定消息发送者的身份；② 重放保护，MAC 值计数阻止了重放信息；③ 低的通信开销，计算器的状态保存在每一个端点上，不需要在每个信息中发送。

虽然 SPINS 安全协议在数据机密性、完整性、新鲜性、可认证等方面都进行了充分的考虑，但是仍存在以下两个主要问题：① SPINS 是一个共享主密钥方案，虽然能够通过 SNEP 协议有效解决节点之间消息的安全通信，但不能有效解决密钥管理问题，从而影响方案的实用性；② μTESLA 是一个流广播认证协议，传感器节点能够有效地对基站广播数据流进行认证，但是μTESLA 协议不能有效解决传感器节点身份认证和数据源认证，从而不能对传感器节点实现有效的访问控制。

密钥管理会专门阐述针对节点访问控制问题，提出基于 Merkle 哈希树的访问控制方式。

在基于多密钥链的访问控制中，每个传感器节点均需要保存所有密钥链的链头密钥。在使用的密钥链较多的情况下，传感器节点存储开销较大。为了减少存储开销，引入 Merkle 哈希树，以所有密钥链的链头密钥的 Hash 值作为叶子节点构造 Merkle 树。这样每个传感器节点仅存储 Merkle 树的根信息就能够分配密钥链的链头密钥和认证用户的请求信息。

基于 Merkle 树的访问控制方式[39]使用 Merkle 哈希树以认证的方式分配使用的链头密钥，如图 3-30 所示。中心服务器产生 m 个密钥链，每个密钥链都被分配唯一的 ID，ID $\in[1, m]$。中心服务器计算为

$$K_i = H(C_i) \tag{3-1}$$

式中，$i \in \{1, \cdots, m\}$，C_i 为第 i 个密钥链的链头信息。使用$\{K_1, \cdots, K_m\}$作为叶子节点构造 Merkle 哈希树（完全二叉树），每个非叶子节点为其两个孩子节点串连的 Hash 值。构造的 Merkle 哈希树被称为参数为$\{C_1, \cdots, C_m\}$的密钥链头分配树。图 3-30 中显示了使用 8 个密钥链的 Merkle 哈希树构造过程，其中

$$K_1 = H(C_1) \tag{3-2}$$

$$K_{12} = H(K_1 \| K_2) \tag{3-3}$$

$$K_{14} = H(K_{12} \| K_{34}) \tag{3-4}$$

$$K_{18} = H(K_{14} \| K_{58}) \tag{3-5}$$

式中，H 为消息认证码生成函数。

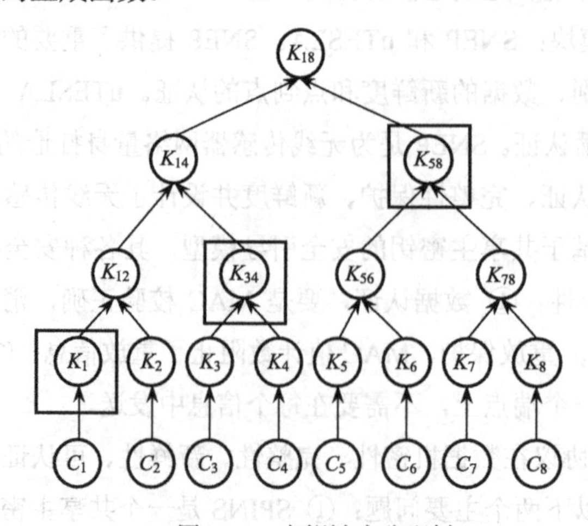

▶ 图 3-30 密钥链头分配树

6）分布式传感器网络密钥管理协议

传感器网络的密钥管理主流是采用基于随机密钥预分配模型的密钥管理机制[35]，但是这类密钥管理机制仍未能解决好网络的连通性和安全性的矛盾。即便是改进的基于位置的密钥管理，也由于需要预知传感器节点的部署位置或需要仿篡改的分布的配置服务器辅助建立密钥等问题，而降低了网络部署的灵活性和密钥管理机制的实用性。为了解决这些问题，考虑采用一种基于环区域和随机密钥预分配的无线传感器密钥管理机制。在该机制中，部署后的传感器节点根据自身位置得到由基站以不同功率广播的随机数密钥子集，结合传感器节点预保存的原始密钥子集，通过单向 Hash 函数派生密钥，并在本地区域的节点间通过安全途径发现共享派生密钥，建立安全链路。此外，该基于环区域的密钥管理机制还探讨了网络的可扩展性、新旧节点建立对密钥及网络节点密钥撤销的方便性等问题。通过分析和实验验证，该机制在网络的安全性（如抗捕获性）、连通性方面均优于以 q-composite 随机密钥预分配模型为代表的密钥管理机制；相比于基于位置的密钥管理机制，该机制既无需预知传感器节点的部署知识，也无需防篡改的配置服务器辅助建立密钥，而且其在网络的可扩展性、密钥分发与更新及密钥撤销的方便性等方面具有一定的优势。

7）协议栈实现及仿真

（1）用 TinyOS 实现。通信安全一体化协议栈拟采用 TinyOS 平台实现。TinyOS 是由 UCBerkeley 开发的一种基于组件的开源嵌入式操作系统，其应用领域是无线传感器网络。TOSSIM 是 TinyOS 的仿真器（Simulator）。由于 TinyOS 具有基于组件的特性，运行在 TOSSIM 上的节点机程序除接上模拟外部接口的软件部分外，其他代码不变，允许实际节点机相同的代码在普通计算机上的大规模节点仿真，TOSSIM 能够捕获成千上万个 TinyOS 节点的网络行为和相互作用。

（2）用 NS/2 仿真。采用 NS/2 进行大规模传感器网络仿真。在构建无线传感器网络安全评估模型过程中，运用定性分析法等数学方法，将不易定量分析的安全值定性分析。具体而言是运用归纳、演绎、分析、综合、抽象与概括等方法，在对无线传感器网络特点、安全威胁和相应的安全需求进行分析研究的基础上，去粗取精、去伪存真，提取能反应其本质的指标体系。

搭建基于 NS/2 的无线传感器网络路由协议仿真系统平台，在模拟环境中观察、测定、记录，确定不同条件下的无线传感器网络数据交付率等情况，通过试验反映 SEC-Tree 路由算法和其他路由算法对比效果。

2. 传感器网络的恶意节点入侵检测技术

无线传感器网络面临的威胁不单单是外部攻击者对网络发起的攻击，网络内部节点也有可能发起内部攻击，另外，节点出于节省自身能源的目的也会产生一系列自私行为。相对于外部攻击而言，内部攻击对网络造成的威胁更大，更加难以防御，这是由于密钥安全机制完全失效造成的。因此，如何让合法节点评测、识别并剔除内部行为不端节点是无线传感器网络亟待解决的安全问题。

与入侵检测是针对外部行为进行检测不同，行为监管是对传感器网络内部节点的行为进行监管，如传感器节点是否越权访问数据、是否误用权限、违规操作和节点移动等。行为监管通过建立行为信任模型，利用行为监测和行为管理机制对节点行为进行监管。

这里提出一种基于信任管理的无线传感器网络可信管理模型，该模型的核心思想是：将信任管理引入无线传感器网络的管理体系，整个网络以节点信任度作为基础来组建，并以信任度作为网络各种行为的依据；克服现有的基于密码认证管理体系无法解决来自网络内部的攻击、恶意节点的恶意行为及自私节点和低竞争力节点容易“失效”等缺点；并以较少的资源消耗对网络的资源配置、性能、故障、安全和通信进行统一的管理和维护，保证网络正常有效地运行。

基于信任管理的无线传感器网络可信模型的总体框架[19]如图 3-31 所示。在模型中，处于底层的信任度计算是信任管理的基础，主要的功能是根据当前的上下文信息和节点之间的历史合作数据，采用简单、有效的计算模型，得到节点的信任度。信任度管理是 TWSN 模型的核心，位于模型的中央，它的主要功能是管理各相邻节点的信任度，识别恶意节点同时根据当前节点的状态调整节点的行为等。位于模型上层的是模型各种应用，这些应用都是基于信任度管理这一基础。

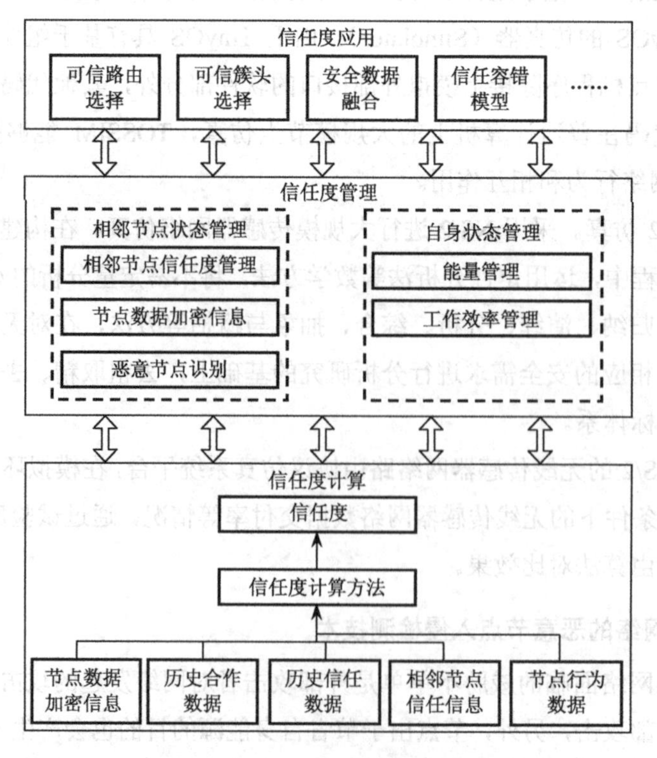

▶ 图 3-31 信任管理模型的总体框架

在信任管理模型中，通过信任计算模型得到的信任度能否真实反映当时相邻节点的状况，影响着模型管理性能的优劣。信任度是节点相互之间的主观判断，因此网络中各节点各自维护着一个相邻节点的信任关系表，用来记录某节点所有相邻节点的各种信任参数。表3-3是简化后的信任关系表。影响节点信任度的因素主要包括节点是否拥有网络密钥、节点之间的历史信任信息、节点之间的历史合作信息、节点历史行为信息、节点之间相互合作的频率、其他相邻节点所保存的节点信息及鼓励因子等。

表3-3 简化的信任关系表

节点区域标志	是否拥有密钥	历史信任信息	历史合作信息	历史行为信息	合作频率	鼓励因子

节点区域标志即节点的ID。在无线传感器网络中由于节点的数目众多，所以节点在部署前不可能将节点的ID唯一化，节点需要在部署完成后通过协商生成节点的区域ID，在同一网络中在不同的区域可以存在相同的ID。节点的区域ID将会作为节点的唯一标志。TWSN信任管理模型是对基于密码体系的一个重要补充，所以是否拥有密钥也是用来判断节点是否为外来节点的一个最直观的判断。历史信任信息记录的是上一次计算节点信任度时所得到的信任度。历史合作信息记录的是两节点之间合作的次数及成功合作的次数。历史行为信息记录的是节点窜改传输数据的历史次数。合作频率为相邻节点发起合作的频率。计算相邻节点的合作频率能很方便地识别恶意节点的Hello泛洪攻击及DOS攻击。鼓励因子则是一个与历史信任信息及合作频率相关的值，当信任度越高且合作频率也越高时，鼓励因子就会比较低，即降低两者的合作频率，主要用来实现TWSN模型中的激励与惩罚机制。节点在计算相邻节点的信任度时，首先通过自身监测和保存的各种信任影响因素信息，计算当前的信任度。节点完全依靠自身信息对另外的节点信任度进行判断，可能会因恶意节点的欺骗而导致判断出现误差，所以节点需要从其他节点处得到相关节点的信息来修正节点的信任信息。但是在网络系统中，节点之间信任信息过多的传递，会导致网络中节点资源的大量消耗，影响网络的整体性能，因此采用定期更新的方法来满足两方面的需求。即信任度计算模型分两种：内部计算模型和修正计算模型。通常，节点主要以自身保存各种信任信息作为信任度的计算依据。经过一段时间或者一定次数的合作，当满足信任度修正阈值时，节点发起更新信任度的请求，通过从其他节点得到的间接信任度，按照相关的规则更新和修正自己所保存的信任度。信任度计算流程如图3-32所示。

在TWSN模型中，信任管理包含两方面的内容：相邻节点状态管理和自身状态管理。相邻节点状态管理是针对节点外部网络环境进行考虑的，主要是记录和分析相邻节点的行为及识别网络中的恶意节点。其目的是：快速组建网络，并提供安全保障机制来保证网络安全、稳定、有效地运行。在模型中，节点并不拥有自己的信任信息，也不具备对自身信任度进行直接评价的能力，节点只保存和它相邻节点的信任信息和其他相关信息。

为防止网络中恶意节点获得自身的信任信息，在网络中不采用广播的方式来通知网络中的其他节点这个恶意节点的相关信息。因为如果恶意节点知道了自身的信任度已经降到很低的水平，那么它可能会采取一些手段，例如，主动的参与网络中的某些行为，来提高自身的信任度。而且采用广播的方式来传播恶意节点的相关信息也会对非恶意节点有限的资源造成一定程度的浪费。再者，在 TWSN 信任管理模型中，所有的信任度都是区域性的，没有全局信任度，节点本身只需要维护和自身相邻节点的信任信息，而不需要了解全局的信任信息。并且无线传感器网络本身就是一个自适应、自组织的分布式系统，因此也就没有必要设定节点全局信任度信息。

自身状态管理是从节点本身的资源的角度去管理节点是否参与网络中的各种行为，将节点的能量和节点参与网络合作的频率作为主要的参考依据。其目的是：避免信任度高的节点因资源的快速消耗而退出网络系统，使网络拥有更好的负载平衡，提高网络的生命周期。即当节点监听到另一节点发出的合作请求后，首先在信任表中查询当前自身保存的节点信任度和合作频率，同时查询自身的资源状态，然后根据当前的资源状况和合作信息，判断是否参与网络行为合作。如果节点认定自身在其他节点中具有比较高的信任度，则可选择不参与合作，来减少资源消耗。图 3-33 是节点自身状态管理流程图。

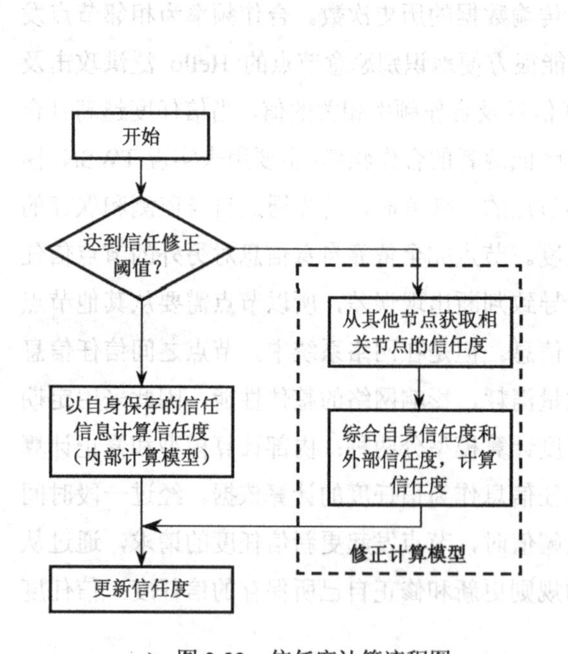

▶ 图 3-32　信任度计算流程图

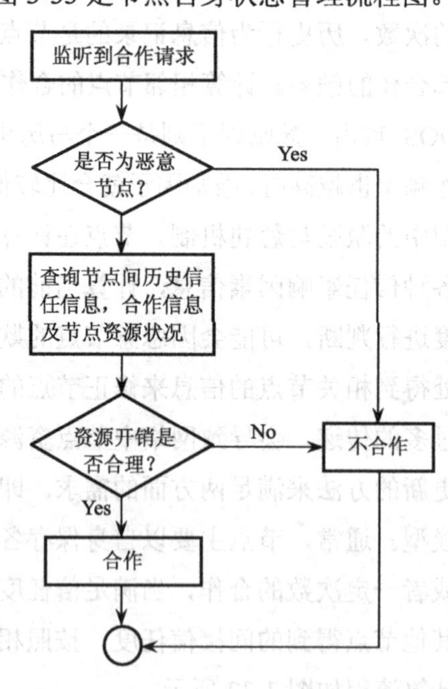

▶ 图 3-33　节点自身状态管理流程图

信任度应用以信任管理作为基础，是体现信任管理系统价值的部分，并与信任管理系统的目标紧密相连，它涵盖了现有无线传感器网络的各种典型应用，其中包括可信路由选择、可信簇头选择、安全数据融合及信任容错等。例如，可信路由选择原理如图 3-34 所示。在示例中，假定节点 M 为恶意节点，采用的攻击手段为拒绝服务（Denial of Service,

DoS）攻击。节点 A 希望将数据传输到节点 S，请求和节点 M 合作，节点 M 并不回应，那么节点 A 则会修改节点 M 的信任度，一段时间后，节点 M 的信任度将会下降到节点 A 不能接受的信任度范围，则节点 A 确定节点 M 为恶意节点，并将节点 M 记录在自身维护的信任黑名单中，在之后对合作节点的选择中，将不会选择节点 M 作为合作对象，而选择当前可信度更高的另一相邻节点 B 作为合作节点。

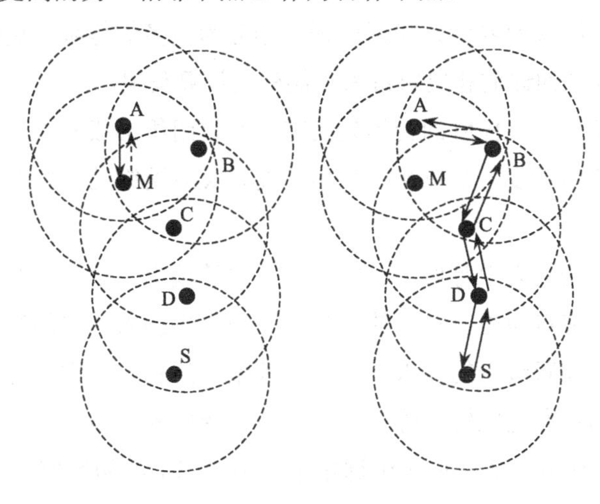

▶ 图 3-34　可信路由选择路由

信任度是节点通过一段时间的观察和历史经验信息对另一节点的诚实性、安全性和可靠性的一种主观度量。信任度具有以下的一些性质。

- 主观性：信任度是一个节点对另一节点做出的主观度量，不同的节点对某同一节点的信任评价可以是不同的
- 时间相关性：信任度是时间相关的，它建立在一定的时间的基础上的。信任度会随着时间的变化而变化，具有很强的动态性
- 上下文相关性：信任度是和具体的上下文信息有着直接的关系，离开了具体的上下文信息，信任度便失去了意义
- 弱传递性：一般认为信任度是不可以传递的，即节点 A 对节点 B 的信任度为 W_1，节点 B 对节点 C 的信任度为 W_2，不能简单地断定节点 A 对节点 C 的信任度为 W_1W_2
- 不对称性：信任度是不对称的，节点 A 对节点 B 的信任度为 W_1，但并不意味着节点 B 对节点 A 的信任度也为 W_1

信任度计算包括信任度定义、信任度初始化、信任度计算模型等步骤。由于在无线传感器网络中节点的计算能力、资源等方面的限制，使得在信任管理系统中不适于用比较复杂的计算模型，而采用比较简单的计算方法。

（1）信任度定义。信任度定义是定义信任度的表示方式，即信任度的衡量方式。一

般采用离散式信任等级的和连续式的信任值区间来表示。离散式的信任等级一般定义对称的正、负区间，例如，信任度区间定义为[−2，−1，0，1，2]，则节点的信任度由区间内的 5 个数来表示。其中，−2 表示节点不可信，−1 表示节点可能不可信，0 表示节点的可信度还无法判断，1 表示节点可能可信，2 表示节点是可信的。同样，连续式的信任区间也采用对称的正负区间来表示，例如，$-1< x <1$，x 为节点的信任度，x 可为区间内的任意值。信任度连续式的表示方式把信任度划分为更多的等级，更能反映真实情况，但同时也给对节点信任的评估和更新带来了额外的计算负担。

（2）信任度初始化。信任度的初始化指节点在自组织形成网络时节点可能具有的信任度，即节点的初始信任度。节点初始的信任度定义对网络的组建及新节点加入产生很大的影响。

一般信任度的初始值为中等偏下、中间值、中等偏上。采用中等偏下或者中间值的初始值可以防止恶意节点为更新自己的信任记录而重新加入网络的行为的出现，但是这样也不利于网络组建和新节点的加入。采用中等偏上的初始值则正好相反。为保证无线传感器网络对网络拓扑变化比较敏感，而且在基于密码的无线传感器网络中节点的加入是需要进行认证的，所以在实际应用中通常采用中等偏上的初始值。

（3）信任度计算模型。信任度计算模型即信任度的合成方法，是信任度计算的核心。可以形象地将信任度的更新模型表示为函数 $f(x_1, x_2, \cdots, x_n)$，其中的参数 x_1，x_2，…，x_n 是影响信任行为的各种因素。信任度计算模型随信任管理模型的不同而各异。但总体而言，信任度计算的主要依据为两节点之间的历史合作数据、其他节点所保存的节点合作数据和维护的信任度（第二手信息）及节点当前保存的各类信任因素数据。

在现有的无线传感器网络信任管理模型中，为保证节点所维护的信任信息能反映真实的情况，大多数模型都采用两种或两种以上的数据来源作为节点信任度计算的依据。

通过计算节点的数学期望来求节点的信任度，使用当前节点保存的各类信任因素数据和其他节点所保存的节点合作数据及维护的信任度这两种信息。模型中每个节点 i 维护着一个信任表 RT_i，表中记录着和节点 i 所有相邻节点的信任度 R_{ij}，即 $\mathrm{RT}_i=\{R_{ij}\}$。

看门狗机制是模型中一种专门监测目标节点是否合作的一种机制。通过看门狗机制能够得到当前节点之间的合作情况 D_{ij}。从而利用贝叶斯公式计算当前的信任度 R_{ij}。

$$R_{ij}=f(D_{ij},R_{ij})=\frac{P(D_{ij}/R_{ij})\cdot R_{ij}}{\sum p(D_{ij}/R_{ij})\cdot R_{ij}} \tag{3-6}$$

当节点需要选择和它相邻的某一节点 j 作为下一跳节点时，则会查询所有相邻节点中保存的节点 j 的信任度的信息 R_{kj}，其中 k 为相邻节点的编号。节点 i 通过自身维护的信任表中的信任信息 R_{ik}，转化为信任权重 ω_k。则节点 i 对节点 j 的信任度计算模式为

$$T_{ij}=E[R_{ij}]=R_{ij}\cdot\omega+\sum R_{ik}\cdot\omega_k \tag{3-7}$$

信任模型中信任度的更新和节点是否拥有相同的密钥（C）、节点之前合作成功的概率（A）、发出请求后也收到回复的概率（P）及鼓励因子（β）有关。即采用两节点之间的历史合作数据和当前保存的各类信任因素数据作为节点信任度计算的依据。

其中，节点之前合作成功的概率 A 的表达式为

$$A_i = \frac{\sum_{j=1}^{n} \mathrm{QA}_j}{n} \tag{3-8}$$

QA ={0，1}表示第 j 次是否合作成功。发出请求后也收到回复的概率 P 的表达式为

$$P_i = \frac{\sum_{j=1}^{n} \mathrm{QP}_j}{m} \tag{3-9}$$

QP={0，1}表示第 j 次回复是否收到回复。则信任度的更新函数表示为

$$T_i = f(i,C,A,\beta,P) = C_i \cdot A_i \cdot \beta \cdot P \tag{3-10}$$

式中，i 为节点所保存的相邻节点的编号；T_i 表示第 i 个相邻节点的信任度；C_i=0 或 1（当 C_i=1 时表示节点拥有密钥）。

3. 传感器网络的访问控制技术

访问控制是传感器网络中具有挑战性的安全问题之一。传感器网络作为服务提供者向合法用户提供环境监测数据请求服务，仅仅具有合法身份和访问权限的用户发送的请求在通过验证后才能够得到网络服务的响应。传统的基于公钥的访问控制方式开销较大，不适合于传感器网络。目前涉及的传感器网络访问控制机制在开销和安全性方面仍存在较大问题，难以抵抗节点捕获、DoS 和信息重放等攻击。本节提出了基于单向 Hash 链的访问控制方式。为了增加用户数量、提高访问能力的可扩展性及抵抗用户捕获攻击，提出了基于 Merkle 哈希树的访问控制方式和用户访问能力撤销方式。经过分析、评估和比较，与现有的传感器网络访问控制方式相比，这些方式计算、存储和通信开销较小，能够抵抗节点捕获、请求信息重放和 DoS 攻击[20]。

（1）基于非对称密码体制的访问控制机制。传统的访问控制多是基于非对称密码体制的。资源的访问者持有身份证书和职属证书，在通过身份认证后，根据职属证书的属性和预先设定的访问控制策略（如 BLP 模型及基于角色的访问控制策略）判断是否具有相应的访问控制权限。使用非对称密码体制的访问控制机制需要相应的网络安全基础设施，使用公钥密码算法计算开销大，难以应用在传感器网络中。

目前在传感器网络访问控制方面的研究还处于起步阶段，传统的使用公钥机制的访问控制方式因开销大而难以直接使用。许多研究者正尝试着在传感器节点上实现公钥运算。Zinaida Benenson 等人[21]推荐一个鲁棒性的传感器网络访问控制框架，提出 t 鲁棒的

传感器网络，即可以容忍 t 个传感器节点被捕获。此框架由三部分组成：t 鲁棒存储，n 认证和 n 授权（n 个传感器节点共同对用户进行认证和授权）。Zinaida Benenson 等人[22]实现鲁棒性的用户认证，其基本思想是让处在用户通信范围内的传感器节点作为用户的非对称密钥领域和传感器网络的对称密钥领域的网关。用户使用公钥机制与其通信范围内的传感器节点通信，这些传感器节点使用对称密钥方式同网络的其他节点通信。Zinaida Benenson 等人[23]还提倡使用传感器网络用户请求泛洪认证。

（2）基于对称密码体制的访问控制机制。基于对称密码体制的访问控制机制需要密钥管理的支撑，适合于能量受限的网络，特别是无线网络。由于传感器网络能量严格受限，所使用的多为对称密码体制。

基于对称密钥机制的传感器网络访问控制方式的研究刚刚开始。在 blundoet 等人[24]倡导的对密钥预分配模式的基础上，satyajit banerjee 等人[25]提出基于对称密钥的传感器网络用户请求认证方式。此方式没有引入额外开销，但是需要密钥预分配技术的支撑。基于最小权限原则，Wensheng Zhang 等人[26]给出的几个有效的传感器网络权限限制的方式，仅仅允许用户执行分配给他的操作；他们同时给出了几个撤销用户权限的方法，以至于在用户被敌人捕获的情况下，尽可能将损失降到最小。

（3）现有访问控制存在的问题。传感器网络访问控制方式的研究还处于初级阶段，目前提出的访问控制方式存在的主要缺点有如下几种。

- 计算开销比较大，特别是使用公钥密码方式
- 通信开销比较大，往往需要多轮交互
- 需要密钥管理的支撑，特别是使用对称密钥方式
- 难以抵抗 DoS、信息重放和节点捕获攻击

利用单向密钥链和 Merkle 哈希树，本节推荐了几种有效的传感器网络访问控制方式和用户访问能力撤销方式。与现有的传感器网络访问控制方式相比，这些方式的计算、存储和通信开销较小，能够抵抗节点捕获、请求信息重放和 DoS 攻击。

密钥管理会专门阐述了针对节点访问控制问题，提出基于 Merkle 哈希树的访问控制方式。

在基于多密钥链的访问控制中，每个传感器节点均需要保存所有密钥链的链头密钥。在使用的密钥链较多的情况下，传感器节点存储开销较大。为了减少存储开销，引入 Merkle 哈希树，以所有密钥链的链头密钥的 Hash 值作为叶子节点构造 Merkle 树。这样每个传感器节点仅仅存储 Merkle 树的根信息就能够分配密钥链的链头密钥和认证用户的请求信息。基于 Merkle 树的访问控制方式使用 Merkle 哈希树以认证的方式分配使用的链头密钥，如图 3-30 所示。

4. 传感器网络的安全管理技术

密钥管理的核心就是安全参数及密钥的分发。Ronald Watro 等人提出了基于 PKI 技术的加密协议 TinyPk。但是由于采用公开密钥的管理机制计算和通信开销比较大，并不适合一些资源紧张的传感器网络使用。公开密钥管理是无线传感器网络安全研究中的一个方向，但目前尚未形成主流。

对称密钥由于具有加密处理简单、加/解密速度快、密钥较短等特点，比较适合资源受限的传感器网络部署。尽管存在这些问题，对称密钥管理机制依旧是目前传感器网络密钥管理的主要研究方向。而目前预分配密钥方案中，最主要机制就是基于随机密钥预分配模型的机制。该类机制的优点为：① 部署前已完成大多数密钥管理的基础工作，网络部署后只需运行简单的密钥协商协议即可，对节点资源要求比较低；② 兼顾了网络的资源消耗、连通性、安全性等性能。

密钥预分配模型在系统部署之前完成大部分安全基础的建立，对于系统运行后的协商工作只需要简单的协议过程，适合传感器网络。主流的密钥预分配模型分为共享密钥引导模型、基本随机密钥预分配模型、q-Composite 随机密钥预分配模型和随机密钥对模型。

这里提出基于环区域和随机密钥预分配的传感器网络密钥管理机制，引入安全连通性的概念：通信连通度是指在无线通信各个节点与网络之间的数据互通性；安全连通性是指网络建立在安全通道上的连通性。在通信连接的基础上，节点之间进行安全连接初始化建立，即各个节点根据预共享密钥建立安全通道。

无线传感器网络的密钥管理主流是采用基于随机密钥预分配模型的密钥管理机制，但是这类密钥管理机制仍未能解决好网络的连通性和安全性的矛盾。即便是改进的基于位置的密钥管理，也由于需要预知传感器节点的部署位置或需要仿篡改的分布的配置服务器辅助建立密钥等问题，而降低了网络部署的灵活性和密钥管理机制的实用性。为了解决这些问题，采用一种基于环区域和随机密钥预分配的无线传感器密钥管理机制。在该机制中，部署后的传感器节点根据自身位置得到由基站以不同功率广播的随机数密钥子集，结合传感器节点预保存的原始密钥子集，通过单向 Hash 函数派生密钥，并在本地区域的节点间通过安全途径发现共享派生密钥，建立安全链路。此外，该基于环区域的密钥管理机制还探讨了网络的可扩展性、新旧节点建立对密钥及网络节点密钥撤销的方便性等问题。通过分析和实验验证，该机制在网络的安全性（如抗捕获性）、连通性方面均优于以 q-Composite 随机密钥预分配模型为代表的密钥管理机制；相比于基于位置的密钥管理机制，该机制既无需预知传感器节点的部署知识，也无需防篡改的配置服务器辅助建立密钥，而且其在网络的可扩展性、密钥分发和更新方面具备很强的优势。

这里采用一种基于环区域和随机密钥预分配的传感器网络密钥管理机制 RBRKP[27]（Ring Based Random Key Pre-distribution）。该机制预分配给各个传感器节点一个从初始密钥池随机抽取密钥而形成的密钥子集；部署后，节点再结合自身环区域位置，由基站广播的部分随机数密钥和预分发的原始密钥 Hash 生成派生密钥子集；最后利用两节点派生密钥子集中的相同密钥，建立节点间保证链路安全的对密钥。通过基于随机密钥预分配模型和基于位置的密钥管理机制的比较分析可知，RBRKP 不但具有较好的安全连通性、抗节点捕获能力和网络可扩展性，而且无需预知传感器节点的部署位置。同时，RBRKP 也支持节点随时加入传感器网络，密钥撤销和更新也比较方便。

首先假设部署后传感器节点是静态的或移动区域比较小，新节点可能在任何时刻加入网络。攻击模型是攻击者有很强的攻击能力，捕获节点后能获得该节点的所有密钥信息。攻击者也能窃听所有链路传输的加密信息，窃听的成功与否取决于攻击者是否已破获传感器节点间的通信密钥。对攻击者仅仅的限制是节点在部署后的初始间隙 T 内，攻击者即使捕获节点，也不能在 T 时间内破获节点的密钥，此假设在许多基于随机密钥预分配的模型中均有出现。此外，我们假设基站是安全的，并且能调节发射功率，从而控制基站广播信号能覆盖不同半径的区域，实际应用中，这种假设很容易实现，因为基站安全对大多数传感器网络应用来说必须被保证，否则传感器网络收集的会聚信息可能全部泄露；对于调节发射功率，甚至传感器节点（如 MICAZ）配置适当的软件也有类似的功能。基于这些假设，我们考虑一个有 N 个节点的传感器网络在预部署阶段、初始化阶段和通信阶段的密钥管理 RBRKP。

（1）预部署阶段的密钥预分配。在预部署阶段，基站作为权威信任中心拥有 P 个原始密钥 K_0^i (i=1，2…P)的密钥池，利用随机数 Rnd_M 和单向 Hash 函数生成 M 个随机数密钥 Rnd_j（j=1，2…M），其中 Rnd_j=Hash（Rnd_j）。然后，各个传感器节点从密钥池中随机抽取 R 个密钥($R \leqslant P$)，形成传感器节点的原始密钥环。最后，给每个节点分配一个相同的单向 Hash 计算函数 H。

（2）初始阶段的密钥分配。在传感器节点被随机部署后，基站依次根据不同级别的发射功率广播随机数密钥 Rnd_1、Rnd_2、…、Rnd_k($k \leqslant m$，发射功率可根据公式进行调节)。由于每次广播随机数密钥 Rnd 的覆盖范围不同，属于不同区域的传感器节点收到的随机数密钥数量也不同，靠近基站的传感器节点会收到较多的随机数密钥。这样如果节点保存所有随机数密钥，可能会影响传感器内存的合理使用。

RBRKP 机制根据实际传感器节点的内存限制，保存最初收到的 r+1 个密钥($r<K$)，如 Rnd_j、Rnd_{j+1}、Rnd_{j+2}、…，Rnd_{j+r}，然后根据节点预分配的 Hash 计算函数 H，计算验证广播的密钥。通过验证后，删除 Rnd_{j+r}，仅保存最先收到的 r 个密钥 Rnd_j、Rnd_{j+1}、Rnd_{j+2}、…、Rnd_{j+r-1}。

$$P_{\text{out}} = P_{\max} / LP \qquad (3\text{-}11)$$

式中，L 是基站能调节发射功率的级数；P=1，2，…，L；$P_{\max}$ 是基站能发送的最大功率。

在基站广播完随机数密钥后，传感器节点根据预分配的原始密钥环中各 K_0^i 和广播收到的随机数密钥 Rnd_j、Rnd_{j+1}、Rnd_{j+2}、…、Rnd_{j+r-1}，结合 Hash 计算函数 H 生成派生密钥。从而形成新的派生密钥环，可以计算出，节点派生密钥环的密钥数量是节点保存的随机数密钥数量 r 和原始密钥数量 R 的乘积，即 $r \cdot R$。值得注意的是，通常情况下这种派生密钥环密钥数量的扩充，在不用提高从密钥池中给每个传感器节点抽取原始密钥数量 R 值的基础上，提高了邻居节点间的相同密钥数量，从而提高 RBRKP 机制在通信阶段建立对密钥的概率，提高了网络安全连通率。

为了便于描述，这里以图 3-34 中传感器节点 S 为例进行介绍，基站以最小级功率（公式中 P=1）首先广播随机数密钥 Rnd_1，该广播信号的覆盖范围为图 3-35 的中心圈，因此只有中心圈内的传感器节点能收到随机数密钥 Rnd_1，传感器节点 S 因为在二环中，不能收到 Rnd_1。当基站第二次广播随机数密钥 Rnd_2 时，传感器节点 S 从基站收到第一个随机数密钥 Rnd_2。接下来基站依次广播 Rnd_3、Rnd_4、Rnd_5、…、Rnd_k，传感器节点 S 均能收到，假设由于传感器节点 S 内存限制原因，S 仅仅保存两个随机数密钥 Rnd_2 和 Rnd_3，即 r=2，用 Rnd_4 认证确认 Rnd_2 和 Rnd_3 为基站发的随机数密钥后，忽略后续的基站广播的其他随机数密钥。然后，S 根据原始密钥环上的各密钥 K_0^i 派生出两个新的派生密钥 K_d^i 和 K_d^{i-1}。这些派生的密钥重新组成派生密钥环。其他节点依此类推建立派生密钥环，对于区域边缘环内的传感器节点（如 V），可以通过基站额外发送 Rnd_5、Rnd_6 以便建立与其他节点相同密钥数量的派生密钥环，也为以后传感器节点部署范围扩充打下基础。该例中，由派生密钥的生成方法可知，对于一个含有 R 个原始密钥的传感器节点来说，RBRKP 机制在初始密钥分发阶段，节点的派生密钥环中密钥数量是 $2R$。

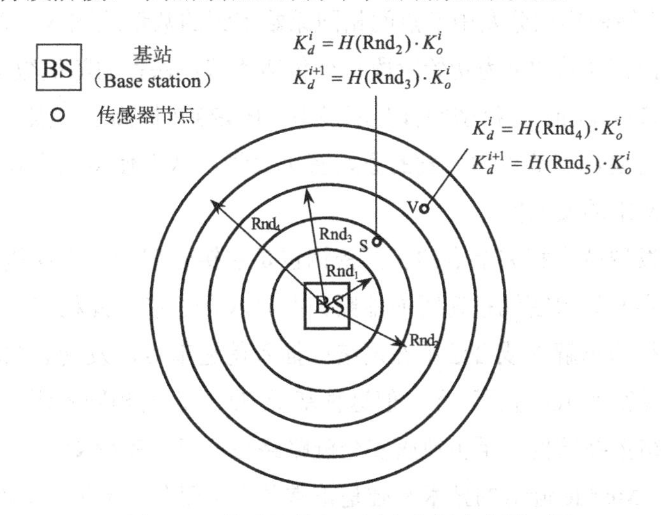

▶ 图 3-35　传感器节点 S 派生密钥生成原理图

在节点的派生密钥环生成以后，传感器节点删除原始密钥环（即预部署阶段分发的密钥环），删除广播收到的所有随机数密钥 Rnd_j、Rnd_{j+1}、Rnd_{j+2}、…、Rnd_{j+r-1}，保留派生密钥环。Hash 计算函数 H 在节点间的对密钥建立后也被删除。

在每个传感器密钥的派生密钥环生成过程中，由于有一定距离的不同环内的传感器节点收到的随机数密钥不同，而同一环内的节点收到的随机数密钥相同，因此传感器节点的派生密钥和传感器节点位置（即图 3-35 中的各环）有很强的依赖关系。例如，对于图 3-35 中节点 S 和 V，即使两个节点的原始密钥环完全相同，派生出的密钥环内的派生密钥也是完全不同的，这对于网络的抗捕获性很有好处。

上述 RBRKP 机制中，假设传感器节点都在基站的最大发射功率发射信号的覆盖范围内。实际应用中，即使基站信号不能覆盖整个传感器区域，处于边缘的传感器节点也可以通过中间传感器节点转发得到随机数密钥，然后生成派生密钥。这种方法的一个问题是恶意插入节点可能伪造转发的随机数密钥。一种简单的解决方法是传感器节点在预部署时和基站共享同一密钥 K，然后在转发过程中，用 K 加密随机数密钥进行认证，在密钥的初始阶段结束后，删除该密钥 K。

（3）通信阶段的安全链路。在密钥预分发和初始阶段的派生密钥环生成后，通信阶段的主要任务是根据这些派生密钥环建立安全链路。与 q-Composite 随机密钥预分配模型类似，在 RBRKP 机制中，两个邻居节点间拥有相同派生密钥的数量大于阈值 N_c 时，这两个节点才能建立安全通信链路。假设两个传感器节点的派生密钥环内含有 $N_{c'}$ 个相同密钥，$N_{c'} \geqslant N_c$，建立两个节点的一个共享对密钥。单向 Hash 函数 H 在节点生成共享对密钥后删除，以防止攻击者利用捕获的派生密钥集合生成对密钥，进而对网络安全构成威胁。

与 q-Composite 随机密钥预分配模型不同，节点间相同派生密钥数目阈值 N_c 并不要求原始密钥预分发中每对节点有 N_c 个以上的相同原始密钥。由 RBRKP 机制的派生密钥生成方法可知，原始密钥预分发中节点间相同原始密钥的数量达到 N_c/r 时，RBRKP 机制才能建立共享对密钥（其中 r 为初始阶段每个传感器节点保存的随机数密钥个数）。由此可见，相对于 q-Composite 随机密钥预分配模型，RBRKP 提高了节点间相同派生密钥的数量，但是并不需要提高节点预分发的原始密钥数量，从而使得攻击者难以构造优化的密钥池，提高了网络的安全性。

如何安全地发现两个相邻节点的相同密钥也是密钥管理的一个问题，密钥环中的密钥直接交换匹配容易导致密钥被窃听而泄露，并且攻击者能因此构造出优化的密钥环或密钥池，然后进行信息解密或合法地在网络中插入伪造节点，发动恶意攻击。一种发现方法是对节点广播密钥 ID 进行匹配，但这种基于 ID 交换的相同密钥发现方法，容易被攻击者分析出网络拓扑结构，至少泄露安全链路路径信息。RBRKP 用 Merkle 谜语发现相同的派生密钥。Merkle 谜语的技术基础是正常节点（拥有一定量的谜面和谜底的节点）之间解决谜语要比其他节点更容易。节点间的一问一答，很容易发现节点间的相同密钥。RBRKP 通过节点发送一个由 rR 个谜面组成的信息给邻居节点（派生密钥环中一个密钥对应一对谜面和谜底），邻居节点答复 rR 个谜底。在确认正确回答 $N_{c'}$ 个谜面后，节点间

$N_{c'}$个相同派生密钥发现完成，即相同密钥组为这 $N_{c'}$个谜面或谜底一一对应的派生密钥。RBRKP 的谜语中每个原始密钥对应一个谜语（包含谜面和谜底），每个随机数密钥也对应一个谜语。派生密钥的谜语则是一一对应原始密钥谜语和随机数密钥谜语的组合谜语。

RBRKP 的另一个特点是安全性较高且节点密钥环被破解后的影响是局部的，对其他区域内的传感器节点通信完全不能用这些破解的密钥进行窃听。例如，假设传感器节点保存随机数密钥为 k 个，那么间隔 k 个环的传感器节点间的派生密钥环内密钥完全不同；即使在相邻环内或同一环内，由于生成对密钥的 Hash 函数的原始密钥参数不同、数目不同和顺序不同，对密钥也不相同。因此 RBRKP 机制，基本将攻击限制在被捕获节点与邻居节点通信的链路上，对其他链路安全没有影响。

（4）新节点密钥分发和密钥的撤销。RBRKP 机制支持新节点加入网络建立安全链路，无需用带 GPS 的部署辅助装置帮助部署传感器节点的密钥。RBRKP 对新节点预先装入 R 个原始密钥，基站在新节点部署完成后，依次重新广播在网络初始部署时的随机数密钥，同网络初始部署相同，新节点在保存最初的 r 个随机数密钥后，生成派生密钥环，删除原始密钥。新节点的派生密钥集和它的邻居节点（新旧节点）派生密钥集相同，因此在通信阶段新节点很容易和网络原有的节点建立对密钥，从而形成新的安全通信链路，完成新节点加入和安全密钥分发。当然，如果新节点的加入预先知道部署区域（如某个环内），则基站可以根据新传感器节点的位置，用相应的随机数密钥直接生成派生密钥环，预分发给新传感器节点，避免对基站广播随机数密钥造成正常通信的干扰。

RBRKP 密钥的撤销与其他基于随机密钥预分发模型的机制类似，基站或分离控制器用它与每个传感器唯一共享的密钥加密撤销消息，通知传感器节点撤销节点的派生密钥环中被捕获的派生密钥。RBRKP 机制密钥撤销的优点是：由于派生密钥依赖传感器节点位置，撤销消息发送范围被限制在一定的区域内，而不是整个区域广播，因而能节省整个网络为撤销密钥的通信开销。对于一个区域内大规模的密钥更新，基站可以通过加密新的随机数密钥和 Hash 函数发送给该区域内的正常节点，正常节点根据已有的派生密钥和新的随机数密钥再次 Hash，形成新的派生密钥环，然后重新建立对密钥，同时基站记录日志，以便以后新节点再次加入时发送新、旧随机数密钥，协助新节点建立与该区域相同的派生密钥集。

需要注意的是，我们假设基站信号覆盖范围为圆，实际应用中，信号覆盖范围并非圆，基站也可能在传感器网络的边缘，但是这只是改变了环区域的形状和大小，不会影响 RBRKP 密钥管理。同样对于采用分簇路由的网络，RBRKP 密钥管理考虑了跨环间的节点安全链路建立，对于跨环的簇，RBRKP 密钥管理也同样适用。对于广播随机数密钥的可靠性，可以通过基站多次重复广播；节点 Hash 单向函数的推导得出相应随机数密钥；节点也可以通过邻居节点协商得到随机数密钥。

本章小结

本章首先对感知层进行概述，感知层在物联网的底层，承担各种信息的感知任务；然后对 RFID 的安全进行描述，分析 RFID 的安全威胁和安全需求，提出 RFID 安全需要重点解决的问题，同时对 RFID 安全技术的最新研究成果进行了介绍，包括访问控制技术、密码相关技术及高频 RFID 的解决方案，并举例说明了 RFID 的安全应用；最后介绍传感器网络的技术特点，分析传感器网络的安全威胁，列举了传感器网络的主要安全防护手段，并介绍了传感器网络的典型安全技术。

问题思考

与现有网络相比，物联网感知层最具特色。物联网感知层涉及众多的感知器件，这些感知器件的形态各异，能力也是千差万别。物联网感知层直接与世间万物联系，其安全问题十分重要。请读者思考，物联网感知层的安全威胁在什么地方，是否具有安全挑战，安全事故是否会造成严重后果？物联网感知层安全防护技术的主要特点是什么？

第4章 物联网网络层安全

内容提要

本章首先分析物联网网络层面临的安全威胁和安全需求，针对这些新挑战提出了物联网网络层安全框架，然后分别从核心网安全（包括下一代网络、下一代互联网安全及网络虚拟化安全）、移动通信接入安全及无线接入安全等方面对网络层安全进行阐述。

本章重点

- 物联网网络层安全威胁和安全需求
- 物联网核心网安全新措施
- 移动通信接入安全
- 无线接入安全

物联网通过网络层实现更加广泛的互连功能，通过各种网络接入设备与移动通信网络和互联网等广域网相连，能够把感知到的信息快速、可靠、安全地进行传输。传统互联网主要面向桌面计算机，目前的移动互联网面向个人随身携带的智能终端，而物联网所面向的不光是计算机、个人智能终端，而是面向世间万物，其连网设备的数量极其庞大。物联网的这种需求使得目前已有的固定网络和移动网络远远不能满足需要，网络的吞吐量、普适性等都将出现质的变化。因而，物联网的网络层虽然将主要以现有的移动通信网络和互联网为基础构建，但其广度和深度将大大超越。网络的规模和数据量的增加，将给网络安全带来新的挑战，网络将面临新的安全需求。

4.1　网络层安全需求

4.1.1　网络层概述

物联网是一种虚拟网络与现实世界实时交互的新型系统，物联网通过网络层实现更加广泛的互连功能，通过各种网络接入设备与移动通信网络和互联网等广域网相连，能够把感知到的信息快速、可靠、安全地进行传输。经过10余年的快速发展，移动通信、互联网等技术已比较成熟，物联网的网络层将主要建立在现有的移动通信网络和互联网基础上，基本能够满足物联网数据传输的需要。物联网的网络层主要用于把感知层收集到的信息安全可靠地传输到信息处理层，然后根据不同的应用需求进行信息处理、分类、聚合等，即网络层主要由网络基础设施和网络管理及处理系统组成，物联网的承载网络包括互联网、移动网、WLAN网络和一些专业网（如数字音/视频广播网、公共服务专用网）等，每种网络都有自己的核心网络。随着技术的发展，各种网络的核心网络将逐渐融合，最后形成由一个核心网络支持多种业务的局面。

物联网的网络层主要用于把感知层收集到的信息安全可靠地传输到信息处理层，然后根据不同的应用需求进行信息处理，实现对客观世界的有效感知及有效控制。其中连接终端感知网络与服务器的桥梁便是各类承载网络，物联网的承载网络包括核心网（NGN）、2G通信系统、3G通信系统和LTE/4G通信系统等移动通信网络，以及WLAN、蓝牙等无线接入系统，如图4-1所示。

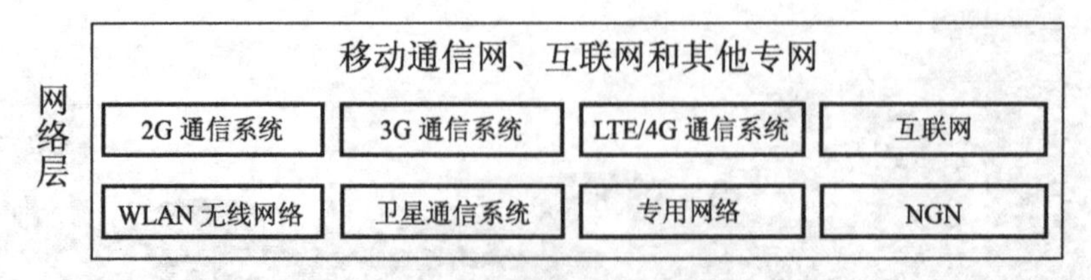

▶ 图4-1　物联网的网络层组成图

物联网是利用无所不在的网络技术（有线的、无线的）建立起来的，随着互联网和移动通信网络技术的高速发展，未来物联网的信息传输将主要由移动通信网络、互联网和 WLAN 无线网络承载。在网络应用环境日益复杂的背景下，各种网络实体间的信任关系、通信链路的安全、安全业务的不可否认性和网络安全体系的可扩展性将成为物联网网络安全主要研究内容。

目前，国内物联网处于应用的初级阶段，网络安全相关标准尚未出台，网络体系结构也没有成型，但网络融合的趋势是显而易见的。从图 4-1 中可以看出，未来的物联网网络体系结构将是一个集成无线蜂窝网络、卫星网络、无线局域网、广播电视网络、蓝牙等系统和固定的有线网络为一体的全 IP 的多网融合的网络结构（包括各种接入网和核心网），各种类型的网络通过网关接入系统都能够无缝地接入基于 IP 的核心网，形成一个公共的、灵活的、可扩展的网络平台。从前面对物联网网络体系结构的描述中可看出，物联网是信息通信网络的高级阶段，它是一个远比过去任何单一网络更加复杂的通信系统，它的实现需要依托于很多新兴技术。

4.1.2　网络层面临的安全问题

物联网不仅要面对移动通信网络和互联网所带来的传统网络安全问题，而且由于物联网是由大量的自动设备构成，缺少人对设备的有效管控，并且终端数量庞大，设备种类和应用场景复杂，这些因素都将对物联网网络安全造成新的威胁[28][29][30]。相对于传统的单一 TCP/IP 网络技术而言，所有的网络监控措施、防御技术不仅面临更复杂结构的网络数据，同时又有更高的实时性要求，在网络通信、网络融合、网络安全、网络管理、网络服务和其他相关学科领域面前都将是一个新的课题、新的挑战。物联网网络层的安全威胁主要来自以下几个方面。

（1）物联网终端自身安全。随着物联网业务终端的日益智能化，终端的计算和存储能力不断增强，物联网应用更加丰富，这些应用同时也增加了终端感染病毒、木马或恶意代码所入侵的渠道。一旦终端被入侵成功，之后通过网络传播就变得非常容易。病毒、木马或恶意代码在物联网内具有更大的传播性、更高的隐蔽性、更强的破坏性，相比单一的通信网络而言更加难以防范，带来安全威胁将更大。同时，网络终端自身系统平台缺乏完整性保护和验证机制，平台软/硬件模块容易被攻击者篡改，内部各个通信接口缺乏机密性和完整性保护，在此之上传递的信息容易被窃取或篡改。物联网终端丢失或被盗其中存储的私密信息也将面临泄露的风险。

（2）承载网络信息传输安全。物联网的承载网络是一个多网络叠加的开放性网络，随着网络融合加速及网络结构的日益复杂，物联网基于无线和有线链路进行数据传输面临的威胁更大。攻击者可随意窃取、篡改或删除链路上的数据，并伪装成网络实体截取业务数据及对网络流量进行主动与被动分析；对系统无线链路中传输的业务与信令、控制信息进行篡改，包括插入、修改、删除等；攻击者通过物理级和协议级干扰，伪装成合法网络实体，诱使特定的协议或者业务流程失效。

（3）核心网络安全。未来，全 IP 化的移动通信网络和互联网及下一代互联网将是物联网网络层的核心载体，大多数物联网业务信息要利用互联网传输。移动通信网络和互联网的核心网络具有相对完整的安全保护能力，但对于一个全 IP 化开放性网络，仍将面临传统的 DoS 攻击、DDoS 攻击、假冒攻击等网络安全威胁，且由于物联网中业务节点数量将大大超过以往任何服务网络，并以分布式集群方式存在，在大量数据传输时将使承载网络堵塞，产生拒绝服务攻击。

核心网络的网络接入和网络服务实体部件也将面临巨大的安全威胁，如移动通信系统中的 VRL（访问位置寄存器）和 HRL（归属位置寄存器），攻击者可以伪装成合法用户使用网络服务，在空中接口对合法用户进行非法跟踪而获取有效的用户信息，从而开展进一步的攻击。伪装成网络实体对系统数据存储实体非法访问，对非授权业务非法访问。同时，由于物联网应用的广泛性，不同架构体制的承载网络需要互连互通，跨网络架构的安全认证、访问控制和授权管理方面会面临更大安全挑战。

目前全球都在针对 IP 网络固有的安全缺陷寻找解决办法，名址分离、源地址认证等技术就是其中的典型，也有一些"推倒重来"的技术方案。总之，物联网核心网今后可能发展为与现有核心网差别很大的网络，到那时，目前存在的众多安全威胁将消失，同样又会产生新的安全需求。因而物联网核心网安全技术必须紧密关注核心网技术的发展。

4.1.3　网络层安全技术需求

1．网络层安全特点

物联网是一种虚拟网络与现实世界实时交互的新型系统，其核心和基础仍然是互联网。物联网的网络安全体系和技术博大精深，涉及网络安全接入、网络安全防护、嵌入式终端防护、自动控制、中间件等多种技术体系，需要我们长期研究和探索其中的理论和技术问题。同移动网络和互联网相同，物联网同样面临网络的可管、可控及服务质量等一系列问题，并且有过之而无不及，根据物联网自身的特点，物联网除面对移动通信网络等传统网络安全问题之外，还存在着一些与现有网络安全不同的特殊安全问题。这是由物联网是由大量的机器构成、缺少人对设备的有效监控、数量庞大、设备集群等相关特点造成的。物联网的网络安全区别于传统的 TCP/IP 网络具有以下的特点。

（1）物联网是在移动通信网络和互联网基础上的延伸和扩展的网络，但由于不同应用领域的物联网具有完全不同的网络安全和服务质量要求，使得它无法再复制互联网成功的技术模式，此外，现有通信网络的安全架构都是从人通信的角度设计的，并不适用于机器的通信。使用现有安全机制会割裂物联网机器间的逻辑关系。针对物联网不同应用领域的专用性，需要客观地设定物联网的网络安全机制，科学地设定网络层安全技术研究和开发的目标和内容。

（2）物联网的网络层将面临现有 TCP/IP 网络的所有安全问题，同时还因为物联网在感知层所采集的数据格式多样，来自各种各样感知节点的数据是海量的并且是多源异构数据，带来的网络安全问题将更加复杂。例如，M2M业务、电信网络的接入技术和网络架构都需要改进和优化，异构网络的融合技术和协同技术等相关网络安全技术必须符合物联网业务特征。

（3）物联网和互联网的关系是密不可分、相辅相成的。互联网基于优先级管理的典型特征使得其对于安全、可信、可控、可管都没有特殊要求，但是，物联网对于实时性、安全可信性、资源保证性等方面却有很高的要求，例如，在智能交通应用领域，物联网必须是稳定的，不能像现在的移动网或互联网一样，网络稳定性不高，稳定地提供交通指挥控制服务，不能有任何差错。有些物联网需要高可靠性的，例如，医疗卫生的物联网，必须要求具有很高的可靠性，保证不会因为由于物联网的误操作而威胁患者的生命。

（4）物联网需要严密的安全性和可控性，物联网的绝大多数应用都涉及个人隐私或企业内部秘密，物联网必须提供严密的安全性和可控性，具有保护个人隐私、防御网络攻击的能力。

2. 物联网的网络安全需求

从信息与网络安全的角度来看，物联网作为一个多网并存的异构融合网络，不仅存在与传感器网络、移动通信网络和互联网同样的安全问题，同时还有其特殊性，如隐私保护问题、异构网络的认证与访问控制问题、信息的存储与管理等。物联网的网络层主要用于实现物联网信息的双向传递和控制，网络通信适应物物通信需求的无线接入网络安全和核心网的安全，同时在物联网的网络层，异构网络的信息交换将成为安全性的脆弱点，特别在网络鉴权认证过程，避免不了网络攻击。这些攻击都需要有更高的安全防护措施。

物联网应用承载网络主要以互联网、移动通信网及其他专用IP网络为主，物联网网络层对安全的需求可以涵盖以下几方面。

（1）业务数据在承载网络中的传输安全。需要保证物联网业务数据在承载网络传输过程中数据内容不被泄露、不被非法篡改及数据流量信息不被非法获取。

（2）承载网络的安全防护。病毒、木马、DDoS攻击是网络中最常见的攻击现象，未来在物联网中将会更突出，物联网中需要解决的问题如何对脆弱传输节点或核心网络设备的非法攻击进行安全防护。

（3）终端及异构网络的鉴权认证。在网络层，为物联网终端提供轻量级鉴别认证和访问控制，实现对物联网终端接入认证、异构网络互连的身份认证、鉴权管理及对应用的细粒度访问控制是物联网网络层安全的核心需求之一。

（4）异构网络下终端安全接入。物联网应用业务承载包括互联网、移动通信网、WLAN网络等多种类型的承载网络，在异构网络环境下大规模网络融合应用需要对网络安全接入体系结构进行全面设计，针对物联网M2M的业务特征，对网络接入技术和网络架构都需要改进和优化，以满足物联网业务网络安全应用需求。其中包括网络对低移动性、低数据量、高可靠性、海量容量的优化，包括适应物联网业务模型的无线安全接入技术、核心网优化技术，包括终端寻址、安全路由、鉴权认证、网络边界管理、终端管理等技术，包括适用于传感器节点的短距离安全通信技术，以及异构网络的融合技术和协同技术等。

（5）物联网应用网络统一协议栈需求。物联网是互联网的延伸，在物联网核心网层面是基于 TCP/IP，但在网络接入层面，协议类别五花八门，有 GPRS/CDMA、短信、传感器、有线等多种通道，物联网需要一个统一的协议栈和相应的技术标准，以此杜绝通过篡改协议、协议漏洞等安全风险威胁网络应用安全。

（6）大规模终端分布式安全管控。物联网和互联网的关系是密不可分、相辅相成的。互联网基于优先级管理的典型特征使得其对于安全、可信、可控、可管都没有要求，但是，物联网对于实时性、安全可信性、资源保证性等方面却有很高的要求。物联网的网络安全技术框架、网络动态安全管控系统对通信平台、网络平台、系统平台和应用平台等提出安全要求。物联网应用终端的大规模部署，对网络安全管控体系、安全管控与应用服务统一部署、安全检测、应急联动、安全审计等方面提出了新的安全需求。

4.1.4　网络层安全框架

随着物联网的发展，建立端到端的全局物联网将成为趋势，现有互联网、移动通信网等通信网络将成为物联网的基础承载网络。由于通信网络在物联网架构中的缺位，使得早期的物联网应用往往在部署范围、应用领域、安全保护等诸多方面有所局限，终端之间及终端与后台软件之间都难以开展协同。物联网网络层安全体系结构如图 4-2 所示。

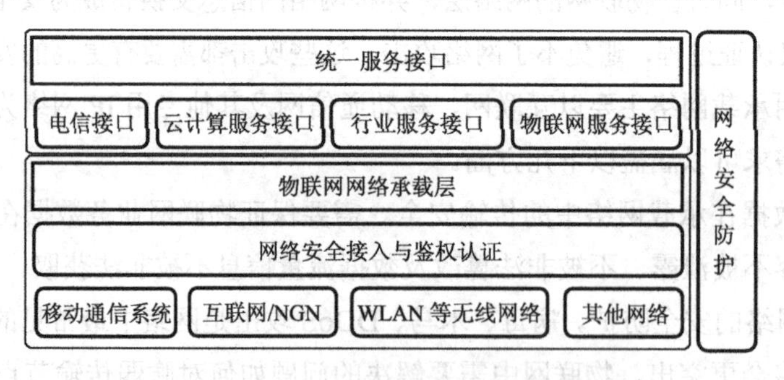

▶ 图 4-2　物联网网络层安全体系结构

传统的互联网、移动通信网络中，网络层的安全和业务层的安全是相互独立的。而物联网的特殊安全问题很大一部分是由于物联网是在现有通信网络基础上集成了感知网络和应用平台带来的。因此，网络中的大部分机制仍然可以适用于物联网并能够提供一定的安全性，如认证机制、加密机制等。但还是需要根据物联网的特征对安全机制进行调整和补充。

物联网的网络层可分为业务网、核心网、接入网三部分，网络层安全解决方案应包括以下几方面内容。

（1）构建物联网与互联网、移动通信网络相融合的网络安全体系结构，重点对网络体系架构、网络与信息安全、加密机制、密钥管理体制、安全分级管理机制、节点间通信、网络入侵检测、路由寻址、组网及鉴权认证和安全管控等进行全面设计。

（2）建设物联网网络安全统一防护平台，通过对核心网和终端进行全面的安全防护部署，建设物联网网络安全防护平台，完成对终端安全管控、安全授权、应用访问控制、协同处理、终端态势监控与分析等管理。

（3）提高物联网系统各应用层次之间的安全应用与保障措施，重点规划异构网络集成、功能集成、软/硬件操作界面集成及智能控制、系统级软件和安全中间件等技术应用。

（4）建立全面的物联网网络安全接入与应用访问控制机制，不同行业需求千差万别，面向实际应用需求，建立物联网网络安全接入和应用访问控制，满足物联网终端产品的多样化网络安全需求。

4.2　物联网核心网安全

4.2.1　现有核心网典型安全防护系统部署

目前的物联网核心网主要是运营商的核心网络，其安全防护系统组成包括安全通道管控设备、网络密码机、防火墙、入侵检测设备、漏洞扫描设备、防病毒服务器、补丁分发服务器、综合安全管理设备等。核心网安全防护系统可以为物联网终端设备提供本地和网络应用的身份认证、网络过滤、访问控制、授权管理等安全防护体系。核心网络安全防护系统网络拓扑结构如图 4-3 所示。

通过在核心网络中部署通道管控设备、应用访问控制设备、权限管理设备、防火墙、入侵检测系统、漏洞扫描设备、补丁分发系统等基础安全实施，为物联网终端的本地和网络应用的身份认证、访问控制、授权管理、传输加密提供安全应用支撑。

（1）综合安全管理设备。综合安全管理设备能够对全网安全态势进行统一监控，实时反映全网的安全态势，对安全设备进行统一的管理，能够构建全网安全管理体系，对专网各类安全设备实现统一管理；可以实现全网安全事件的上报、归并，全面掌握网络安全状况；实现网络各类安全系统和设备的联防联动。

综合安全管理设备对核心网络环境中的各类安全设备进行集中管理和配置，在统一的调度下完成对安全通道管控设备、防火墙、入侵检测设备、应用安全访问控制设备、补丁分发设备、防病毒服务器、漏洞扫描设备、安全管控系统的统一管理，能够对产生的安全态势数据进行会聚、过滤、标准化、优先级排序和关联分析处理，支持对安全事件的应急响应处置，能够对确切的安全事件自动生成安全响应策略，及时降低或阻断安全威胁。

在安全防护基础设施区域部署 1 台综合安全管理设备，对网络安全设备等资源进行统一管理，综合安全管理设备通过 10/100M/1000M 以太网接口与核心交换机连接。

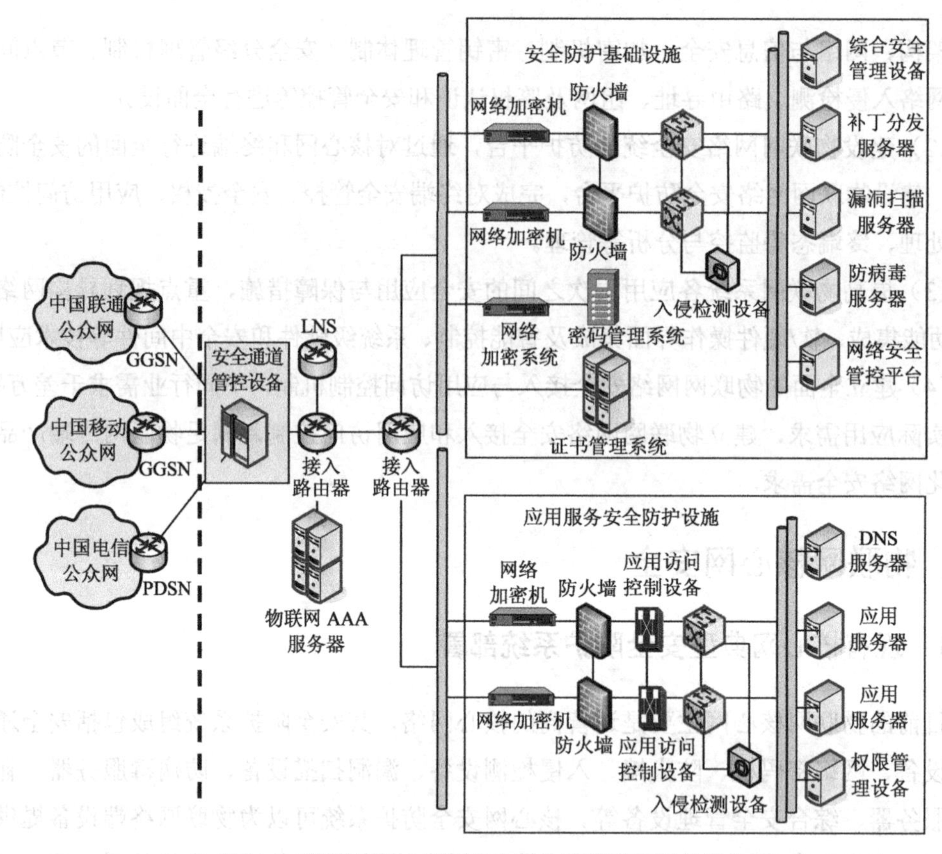

▶ 图 4-3　物联网核心网络安全防护系统网络拓扑结构图

（2）证书管理系统。证书管理系统签发和管理数字证书，由证书注册中心、证书签发中心及证书目录服务器组成。系统结构及相互关系如图 4-4 所示。

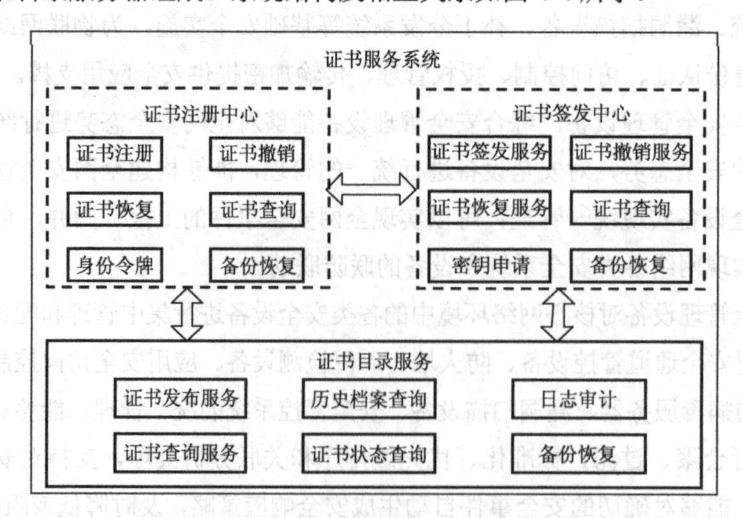

▶ 图 4-4　证书管理系统组成及关系示意图

● 证书注册：审核注册用户的合法性，代理用户向证书签发中心提出证书签发请求，并将用户证书和密钥写入身份令牌，完成证书签发（包括机构证书、系统证书和

用户证书）

- 证书撤销：当用户身份令牌丢失或用户状态改变时，向证书签发中心提出证书撤销请求，完成证书撤销列表的签发
- 证书恢复：当用户身份令牌损坏时，向证书签发中心提出证书恢复请求，完成用户证书的恢复
- 证书发布：负责将签发或恢复后的用户证书及证书撤销列表发布到证书目录服务器中
- 身份令牌：为证书签发、恢复等模块提供用户身份令牌的操作接口，包括用户临时密钥对的产生、私钥的解密写入、用户证书的写入及用户信息的读取等
- 证书签发服务：接收证书注册中心的证书签发请求，完成证书签发（包括机构证书、设备证书和用户证书）
- 证书撤销服务：接收证书注册中心的证书撤销请求，完成证书撤销列表的签发
- 证书恢复服务：接收证书注册中心的证书恢复请求，完成用户证书的恢复
- 密钥申请：向证书密钥管理系统申请密钥服务，为证书签发、撤销、恢复等模块提供密钥的发放、撤销和恢复接口
- 证书查询服务：为证书签发服务系统、证书注册服务系统和其他应用系统提供证书查询接口
- 证书发布服务：为证书签发服务系统、证书注册服务系统和其他应用系统提供证书和证书撤销列表发布接口
- 证书状态查询服务：提供证书当前状态的快速查询，以判断证书当前时刻是否有效
- 日志审计：记录系统操作管理员的证书管理操作，提供查询统计功能
- 备份恢复：提供数据库备份和恢复功能，保障用户证书等数据的安全

（3）应用安全访问控制设备。应用安全访问控制采用安全隧道技术，在应用的物联网终端和服务器之间建立一个安全隧道，并且隔离终端和服务器之间的直接连接，所有的访问都必须通过安全隧道，没有经过安全隧道的访问请求一律丢弃。应用访问控制设备收到终端设备从安全隧道发来的请求，首先通过验证终端设备的身份，并根据终端设备的身份查询该终端设备的权限，根据终端设备的权限决定是否允许终端设备的访问。

应用安全访问控制设备需实现的主要功能包括如下几种。

- 统一的安全保护机制：为网络中多台（套）应用服务器系统提供集中式、统一的身份认证、安全传输、访问控制等
- 身份认证：基于 USB KEY＋数字证书的身份认证机制，在应用层严格控制终端设备对应用系统的访问接入，可以完全避免终端设备身份假冒事件的发生
- 数据安全保护：终端设备与应用访问控制设备之间建立访问被保护服务器的专用安全通道，该安全通道为数据传输提供数据封装、完整性保护等安全保障

- 访问控制：结合授权管理系统，对 FTP、HTTP 应用系统能够实现目录一级的访问控制，在授权管理设备中没有授予任何访问权限的终端设备，将不允许登录应用访问控制设备
- 透明转发：支持根据用户策略的设置，实现多种协议的透明转发
- 日志审计：能够记录终端设备的访问日志，能够记录管理员的所有配置管理操作，可以查看历史日志
- 应用安全访问控制设备和授权管理设备共同实现对访问服务区域的终端设备的身份认证及访问权限控制，通过建立统一的身份认证体系，在终端部署认证机制，通过应用访问控制设备对访问应用服务安全域应用服务器的终端设备进行身份认证和授权访问控制

（4）安全通道管控设备。安全通道管控设备部署于物联网 LNS 服务器与运营商网关之间，用于抵御来自公网或终端设备的各种安全威胁。其主要特点体现在两个方面：透明，即对用户透明、对网络设备透明，满足电信级要求；管控，即根据需要对网络通信内容进行管理、监控。

（5）网络加密机。网络加密机部署在物联网应用的终端设备和物联网业务系统之间，通过建立一个安全隧道，并且隔离终端设备和中心服务器之间的直接连接，所有的访问都必须通过安全隧道网络加密机采用对称密码体制的分组密码算法，加密传输采用 IPSec 的 ESP 协议、通道模式进行封装。在公共移动通信网络上构建自主安全可控的物联网虚拟专用网（VPN），使物联网业务系统的各种应用业务数据安全、透明地通过公共通信环境，确保终端数据传输的安全保密。

（6）漏洞扫描系统。漏洞扫描系统可以对不同操作系统下的计算机（在可扫描 IP 范围内）进行漏洞检测，主要用于分析和指出安全保密分系统计算机网络的安全漏洞及被测系统的薄弱环节，给出详细的检测报告，并针对检测到的网络安全隐患给出相应的修补措施和安全建议，提高安全保密分系统安全防护性能和抗破坏能力，保障安全保密分系统运维安全。漏洞扫描系统主要功能有如下几种。

- 可以对各种主流操作系统的主机和智能网络设备进行扫描，发现安全隐患和漏洞，并提出修补建议
- 可以对单 IP、多 IP、网段扫描和定时扫描，扫描任务一经启动，无需人工干预
- 扫描结果可以生成不同类型的报告，提供修补漏洞的解决方法，在报告漏洞的同时，提供相关的技术站点和修补方法，方便管理员进行管理
- 漏洞分类：包括拒绝服务攻击、远程文件访问测试、一般测试、FTP 测试、CGI 攻击测试、远程获取根权限、毫无用处的服务、后门测试、NIS 测试、Windows 测试、Finger 攻击测试、防火墙测试，SMTP 问题测试、接口扫描、RPC 测试、SNMP 测试等

（7）防火墙。防火墙阻挡的是对内网非法访问和不安全数据的传递。通过防火墙，可以达到以下多方面的目的：过滤不安全的服务和非法用户。防火墙根据制定好的安全策略控制（允许、拒绝、监视、记录）不同安全域之间的访问行为，将内网和外网分开，并能根据系统的安全策略控制出入网络的信息流。

防火墙以 TCP/IP 和相关的应用协议为基础。防火墙分别在应用层、传输层、网络层与数据链路层对内外通信进行监控。应用层主要侧重于对连接所用的具体协议内容进行检测；在传输层和网络层主要实现对 IP、ICMP、TCP 和 UDP 协议的安全策略进行访问控制；在数据链路层实现 MAC 地址检查，防止 IP 欺骗。采用这样的体系结构，形成立体的防卫，防火墙能够最直接的保证安全。其基本功能如下。

● 状态检测包过滤

实现状态检测包过滤，通过规则表与连接状态表共同配合，实现安全性动态过滤；根据实际应用的需要，为合法的访问连接动态地打开所需的接口。

利用基于接口到接口的安全策略建立安全通道，对数据流的走向进行灵活严格的控制；支持第三方 IDS 联动。

● 地址转换

灵活多样的网络地址转换，提供对任意接口的地址转换。并且无论防火墙工作在何种模式（路由，透明，混合）下，都能实现 NAT 功能。

● 带宽管理

支持带宽管理，可按接口细分带宽资源，具有灵活的带宽使用控制。

● VPN

支持网关-网关的 IPSec 隧道。

● 日志和告警

完善的日志系统，独立的日志接收及报警装置，采用符合国际标准的日志格式（WELF）审计和报警功能，可提供所有的网络访问活动情况，同时具备对可疑的和有攻击性的访问情况向系统管理员告警的功能。

（8）入侵检测设备。入侵检测设备为终端子网提供异常数据检测，及时发现攻击行为，并在局域或全网预警。攻击行为的及时发现可以触发安全事件应急响应机制，防止安全事件的扩大和蔓延。入侵检测设备在对全网数据进行分析和检测的同时，还可以提供多种应用协议的审计，记录终端设备的应用访问行为。

入侵检测设备首先获取网络中的各种数据，然后对 IP 数据进行碎片重组。此后，入侵检测模块对协议数据进一步分拣，将 TCP、UDP 和 ICMP 数据分流。针对 TCP 数据，入侵检测模块进行 TCP 流重组。在此之后，入侵检测模块、安全审计模块和流量分析模块分别提取与其相关的协议数据进行分析。

入侵检测设备由控制中心软件和探测引擎组成，控制中心软件管理所有探测引擎，为管理员提供管理界面查看和分析监测数据，根据告警信息及时做出响应。探测引擎的采集接口部署在交换机的镜像接口，用于检测进出的网络行为。

（9）防病毒服务器。防病毒服务器用于保护网络中的主机和应用服务器，防止主机和服务器由于感染病毒导致系统异常、运行故障，甚至瘫痪、数据丢失等。

防病毒服务器由监控中心和客户端组成，客户端分服务器版和主机版，分别部署在服务器或者主机上，监控中心部署在安全保密基础设施子网中。

（10）补丁分发服务器。补丁分发服务器部署在安全防护系统内网，补丁分发系统采用 B/S 构架，可在网络的任何终端通过登录内网补丁分发服务器的管理页面进行管理和各种信息查询；所有的网络终端需要安装客户端程序以对其进行监控和管理；补丁分发系统同时需要在外网部署一台补丁下载服务器（部署于外网，与互联网相连），用来更新补丁信息（此服务器也可用来下载病毒库升级文件）。补丁分发系统将来可根据实际需要在客户端数量、管理层次和功能扩展上进行无缝平滑扩展。

4.2.2 下一代网络（NGN）安全

1. NGN 网络结构

下一代网络（Next Generation Network，NGN）基于 IP 技术，采用业务层和传输层相互分离、应用与业务控制相互分离、传输控制与传输相互分离的思想，能够支持现有的各种接入技术，提供话音、数据、视频、流媒体等业务，并且支持现有移动网络上的各种业务，实现固定网络和移动网络的融合，此外还能够根据用户的需要，保证用户业务的服务质量。NGN 的网络体系架构如图 4-5 所示，包括应用层、业务控制层、传输控制层、传输层、网络管理系统、用户网络和其他网络。

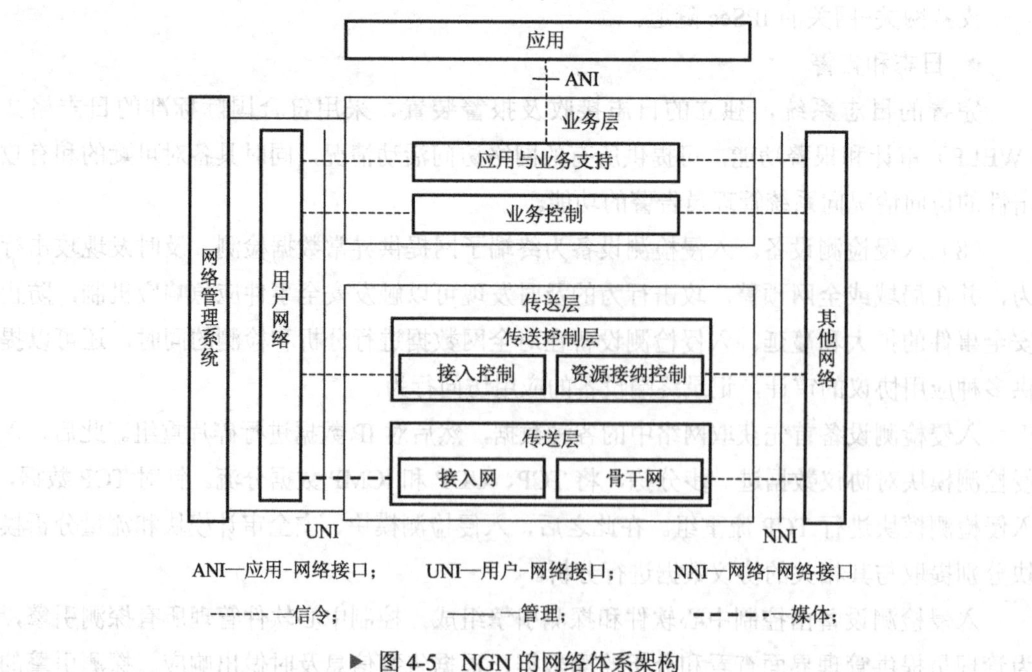

▶ 图 4-5 NGN 的网络体系架构

就目前通信网络现状而言，NGN 面临电磁安全、设备安全、链路安全、信令网安全等多种安全威胁。

2. NGN 的安全机制

网络安全需求将用户通信安全、网络运营商与业务提供商运营安全紧密地结合在一起。当 IP 技术作为互联网技术被应用到电信网络上取代电路交换之后，来自网络运营商、业务提供商和用户的安全需求就显得特别重要。为了给网络运营商、业务提供商和用户提供一个安全可信的网络环境，防止各种攻击，NGN 需要避免出现非授权用户访问网络设备上的资源、业务和用户数据的情况，需要限制网络拓扑结构的可见范围，需要保证网络上传输的控制信息、管理信息和用户信息的私密性和完整性，需要监督网络流量并对异常流量进行管理和上报。

在 X.805 标准的指导下，通过对 NGN 网络面临的安全威胁和弱点进行分析，NGN 安全需求大致可以分为安全策略，认证、授权、访问控制和审计，时间戳与时间源，资源可用性，系统完整性，操作、管理、维护和配置安全，身份和安全注册，通信和数据安全，隐私保证，密钥管理，NAT/防火墙互连，安全保证，安全机制增强等需求。

（1）安全策略需求。安全策略需求要求定义一套规则集，包括系统的合法用户和合法用户的访问权限，说明保护何种信息及为什么进行保护。在 NGN 环境下，存在着不同的用户实体、不同的设备商设备、不同的网络体系架构、不同的威胁模型、不均衡的安全功能开发等，没有可实施的安全策略是很难保证有正确的安全功能的。

（2）认证、授权、访问控制和审计需求。在 NGN 不同安全域之间和同一安全域内部，对资源和业务的访问必须进行认证授权服务，只有通过认证的实体才能使用被授权访问实体上的特定资源和业务。通过这一方法确保只有合法用户才可以访问资源、系统和业务，防止入侵者对资源、系统和业务进行非法访问，并主动上报与安全相关的所有事件，生成可管理的、具有访问控制权限的安全事件审计材料。

（3）时间戳与时间源需求。NGN 能够提供可信的时间源作为系统时钟和审计时间戳，以便在处理未授权事件时能够提供可信的时间凭证。

（4）资源可用性需求。NGN 能够限制分配给某业务请求的重要资源的数量，丢弃不符合安全策略的数据包，限制突发流量，降低突发流量对其他业务的影响，防止拒绝服务（DoS）攻击。

（5）系统完整性需求。NGN 设备能够基于安全策略，验证和审计其资源和系统，并且监控其设备配置与系统未经授权而发生的改变，防止蠕虫、木马等病毒的安装。为此，设备需要根据安全策略，定期扫描它的资源，发现问题时生成日志并产生告警。对设备的监控不能影响该设备上实时业务的时延变化或导致连接中断。

（6）操作、管理、维护和配置安全需求。NGN 需要支持对信任域、脆弱信任域和非信任域设备的管理，需要保证操作、管理、维护和配置（OAM P）信息的安全，防止设备被非法接管。

（7）身份和安全注册需求。NGN 需要防止用户身份被窃取，防止网络设备、终端和用户的伪装、欺骗及对资源、系统和业务的非法访问。

（8）通信和数据安全需求。NGN 需要保证通信与数据的安全，包括用户面数据、控制面数据和管理面数据。用户和逻辑网元的接口及不同运营商之间的接口都需要进行安全保护，信令需要逐跳保证私密性和完整性。

（9）隐私保证需求。保护运营商网络、业务提供商网络的隐私性及用户信息的隐私性。

（10）密钥管理需求。保证信任域与非信任域之间密钥交换的安全，密钥管理机制需要支持网络地址映射/网络地址接口转换（NAT/NAPT）设备的穿越。

（11）NAT/防火墙互连需求。支持 NGN 中 NAT/防火墙功能。防火墙可以是应用级网关（ALG）、代理、包过滤、NAT/NAPT 等设备，或者是上述的组合。

（12）安全保证需求。对 NGN 设备和系统进行评估和认证，对网络潜在的威胁和误用在威胁、脆弱性、风险和评估（TVRA）中有所体现。

（13）安全机制增强需求。对加密算法的定义和选择符合 ES 202 238 的指导。

（14）安全管理需求。安全管理技术对所有安全设备进行统一安全策略配置。

3. 现有 X.805 标准端到端安全体系架构

ITU-T 在 X.805 标准中全面地规定了信息网络端到端安全服务体系的架构模型。这一模型包括 3 层 3 面 8 个维度，即应用层、业务层和传输层，管理平面、控制平面和用户平面，认证、可用性、接入可控制、不可否认、保密性、数据完整性、私密性和通信安全，如图 4-6 所示[55]。

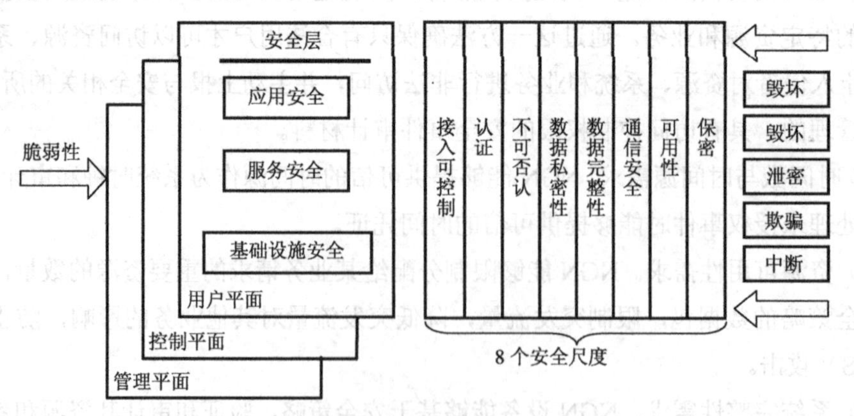

▶ 图 4-6　X.805 标准端到端安全体系架构

X.805 模型各个层（或面）上的安全相互独立，可以防止一个层（或面）的安全被攻破而波及其他层（或面）的安全。这个模型从理论上建立了一个抽象的网络安全模型，可以作为发展一个特定网络安全体系架构的依据，指导安全策略、安全事件处理和网络安全体系架构的综合制定和安全评估。因此，这个模型目前已经成为开展信息网络安全技术研究和应用的基础。互联网工程任务组（IETF）的安全域专门负责制定 Internet 安全方面的标准，涉及的安全内容十分广泛并注重实际应用，如 IP 安全（Ipsec）、基于 X.509 的公钥基础设施（PKIX）等。目前，IETF 制定了大量的与安全相关的征求意见稿（RFC），其他标准组织或网络架构都已经引用了这些成果。

本书提出的 NGN 安全体系架构就是在应用 X.805 安全体系架构基础上，结合 NGN 体系架构和 IETF 相关的安全协议而提出来的，如图 4-7 所示，这样可以有效地指导 NGN 安全解决方案的实现。

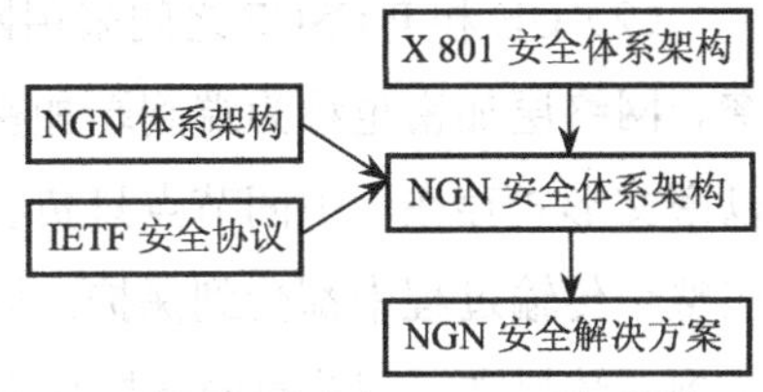

▶ 图 4-7　NGN 安全体系架构基础

4．NGN 安全框架

通过上面的介绍，我们可以根据电信网络的各种不同的安全域，结合具体的各项安全技术，来搭建一个完整的下一代网络的安全保障体系[28]。域之间使用安全网关，各个域内则采用不同的安全策略，共同提高整个体系的安全性，如图 4-8 所示。

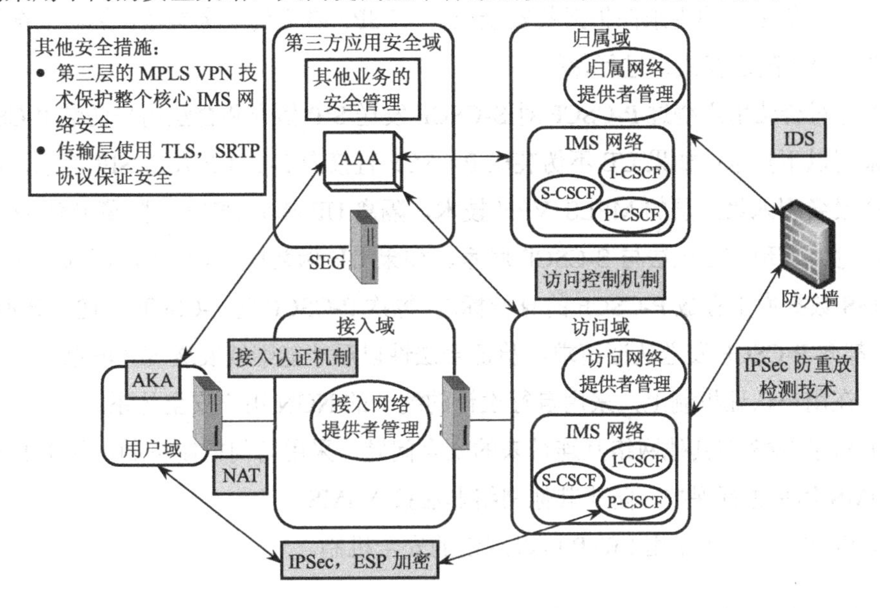

▶ 图 4-8　NGN 安全框架

用户域包括用户终端和一些归属网关（可能由用户/管理员拥有）；接入网络域由接入网络提供者管理；访问域网络提供者可以提供多媒体服务，并可能具有自己的用户，相应的，访问域提供者可能与第三方应用提供方 ASP 具有协议来提供服务，访问网络域包括多媒体子系统（IP-based Multimedia Subsystem，IPIMS）功能实体；归属网络提供者提供了多媒体服务，相应的，访问网络提供者可能与第三方应用提供者具有协议来提供服务，它具有 IMS 网络，归属域网关需要具有 ISIM，而 ISIM 具有 IMS 认证的证书。

第三方应用服务域由一些来自不同经营者的 ASP 负责，ASP 可能需要使用自己的 AAA 基础设施来分析来自访问或归属网络提供者的信息。

（1）归属网络（HN）和访问网络（VN）之间引入访问控制机制，可以由防火墙和IDS配合使用，再配合IPSec的防重播检测来防止合法用户的拒绝服务攻击。具体访问控制机制可以采用IPV4+NAT的模式，并采用一定的防火墙穿越技术（如STUN或TURN）。

（2）UE和P-CSCF之间采用网络层加密，使用IPsec的封装安全载荷（ESP）进行加密。网络层加密也称为端到端加密，它允许用户报文在从源点到终点的传输过程中始终以密文形式存在，中间节点只负责转发操作而不做任何解密处理，所以用户的信息内容在整个传输过程中都受到保护。同时，各报文均独立加密，单个报文的传输错误不会影响到后续报文。因此对网络层加密而言，只要保证源点和终点的安全即可。

（3）安全网关主要控制信息在NAT服务器和防火墙的出入，也可能会承担一些其他的安全功能，如数据包过滤等。此外，安全网关还具备以下功能：强化IMS域之间的安全策略，保护出入IMS域的控制平面信息，设置并维护IPSee安全关联（SA）。安全网关可以用SBC方案实现。在不同的网络域安全接口，使用密钥交换协议（IKE）来协商、建立和维护它们之间的用来保护封装安全载荷（ESP）隧道的安全参数，然后依据此参数使用IPSec ESP隧道模式来进行保护。

（4）针对合法用户绕过P-CSCF对S-CSCF发送SIP信令和合法用户伪装P-CSCF的问题，采用以下技术：如果UE不伪装成P-CSCF直接向S-CSCF发送SIP消息，可以对IMS核心设备引入第三层的MPLS VPN技术，隔离UE和P-CSCF，隐藏IMS核心网络的路由信息，实现UE无法与S-CSCF联系。如果UE伪装成P-CSCF，可以引入以下机制：在HSS数据库中存放P-CSCF的身份标志，每次P-CSCF向S-CSCF发送SIP消息时，S-CSCF都向P-CSCF发送认证请求，验证合法性以后才能继续发送SIP消息。

（5）在用户认证机制上，采用自行设计的统一的NGN用户安全体系。

（6）对于IMS与其他网络互连带来的安全问题，采用访问控制机制，使用IDS和防火墙对IMS体系进行保护，防止其他网络非法接入IMS。

（7）媒体流的保护采用SRTP协议规定的安全机制。

4.2.3　下一代互联网（NGI）的安全

面对互联网安全漏洞层出不穷，安全威胁有增无减，安全补丁越补越乱的严峻形势，传统的滞后响应与见招拆招式的安全防护技术显得苍白无力，学术界开始反思IP体制的互联网在体系结构上的安全缺陷，并意识到网络体系结构设计对通信网络安全的重要性，美国及欧洲的一些国家发起了“下一代网络体系结构”有关的重大研究计划，包括GENI（全球网络创新计划）、FIND（未来网络设计）、FIRE（未来互联网研究与试验），其中的一个重要研究内容就是抛弃现有互联网，“从零开始”设计安全的网络体系结构。目前该项工作还处于前期研究阶段，第一步工作是推动网络体系结构研究和创新的试验床建设工作，而网络虚拟化技术则是建设试验床使用的关键技术。

业界提出了一体化安全防护的思想。一体化安全防护采用与传统“叠加式”信息安全解决方案不同的思路和途径，从网络体系结构和基础协议入手，将安全融入网络体系结构的设计之中，对于这种类型的安全防护，业界还没有定论，下面是几种典型的一体化网络结构。

（1）名址分离的网络体系结构。在当前的互联网中，IP 地址既作为传输层和应用层的节点身份标志，又作为网络层的位置标志和路由器中的转发标志。IP 地址的身份标志（名）和位置标志（址）重叠带来了包括移动性管理和安全在内的诸多问题（如 IP 地址欺骗），解决问题的办法自然就是采用名址分离的网络体系结构。

在名址分离的网络体系结构中，节点的身份标志供传输层和应用层使用，而位置标志用于网络层拓扑中节点的定位。节点可以在不影响上层应用的情况下，任意改变所处的位置，因此可以支持移动性、多宿和安全关联。名址分离的体系结构应具有（不限于）以下特征：

- 身份标志独立于网络互连，使得节点的身份识别与定位技术可以独立地演进
- 使用不同类型的身份标志，一些公开，一些私有，可通过受保护的动态绑定系统将这些不同类型的身份标志关联
- 使用不同类型的位置标志，一些起全局作用，另一些起局部作用
- 通过受保护的动态绑定系统，一个身份标志可以在任何时间与多个位置标志绑定，或者多个身份标志共享一个位置标志
- 在网络的边缘部署身份标志与位置标志的绑定功能，使得因移动或多宿而造成的名/址关联变化能够立即体现在数据包转发上
- 在网络的核心使用基于全局标志的选路系统以保持网络的可扩展性

（2）以数据为中心的网络体系结构。在互联网发展之初，网络应用严格以主机为中心，基于 Host-to-Host 模型，网络体系结构也比较适合于静态的主机对，网络应用（如 FTP、Telnet）基于 Host-to-Host 模型而设计。随着互联网的发展，大部分网络应用主要涉及数据获取和数据发布，用户实际只关心数据或资源，而不关心其源于何处。由于数据可以被移动，因此传统的 DNS 域名解析方式存在弊端，例如，如果 Joe 的 Web 主页 www.berkeley.edu/~hippie 移动到 www.wallstreetstiffs.com/~yuppie，以前所有的旧链接全部中断。从安全角度而言，目前网络应用程序是围绕主机、地址和字节而建立（Socket API）。以主机为中心的网络体系结构使得主机对网络中的所有应用可见，使之常常成为攻击的目标，如扫描、DDoS 攻击、蠕虫蔓延都是以主机为目标，基于 Host to Host 模型的网络体系结构在一定程度上助长了恶意代码蔓延和 DDoS 攻击的发生。这是以数据为中心的网络体系结构提出的背景。

DONA[31]（Data Oriented Network Architecture）是一种以数据为中心的网络体系结构，用于解决数据的命名和定位问题。首先，DONA 针对数据的命名，DONA 设计了一套以数据为中心的命名机制；其次针对数据的定位，DONA 在网络的传输层和网络层之间增加了新的 DONA 协议层，用覆盖网的方式对数据的查询请求进行基于数据名的寻址。

以数据为中心的命名机制围绕主体（Principal）而组织，一个主体有一个公私钥对 *K*，数据与主体相联系名字的形式为 *P*:*L*，其中 *P* 为主体公钥的散列 *P*=Hash(*K*)，*L* 为 Principal 所选定的标签，由主体来保证 *L* 的唯一。这样名字具有自证明属性，因为数据以<data，*K*，Sigk-1(data)>的形式组织，能够证明自己确实是 *P* 所发出的真实数据，接收方通过检查 Hash(*K*)与 *P* 是否相等及验证 Sigk-1(data)来判断接收到的数据是否为 *P* 发出的真实数据。这样的名字具有扁平化的特征，不含任意位置信息，数据名不会因为移动而发生变化。

DONA 层主要功能是命名解析，由功能实体（称为 RH，解析处理器）完成，解析请求通过基于命名的寻址，实现命名到数据所在位置的解析。在这种方式下，客户端使用数据名而不是数据所在主机的 IP 地址来获取数据。DONA 层还设计容纳携带命名解析原语的数据包，包括：

- FIND（*P*:*L*），定位以 *P*:*L* 命名的数据
- REGISTER（*P*:*L*），向 RH 注册 *P*:*L* 命名的数据，设置 RH 有效路由 FIND 消息时所需的状态信息

围绕上述机制，以数据为中心的网络组成与接口如图 4-9 所示，图中只表示了实现网络“以数据为中心”所相关的实体。图中数据的两份 Copy 通过 Register 接口进行注册，在 RH 中形成对 Copy 的基于命名寻址的路由表，Client 通过 Find 接口找到最近的一份 Copy，然后进行数据传输。

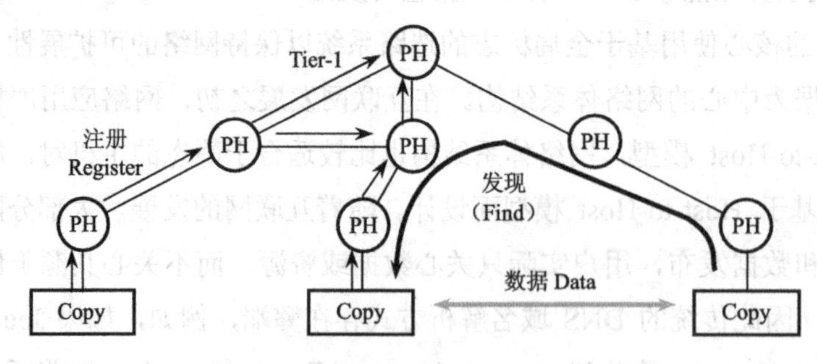

▶ 图 4-9　以数据为中心的网络组成与接口

上述机制实现了基于数据名的泛播路由，即如果某些服务器具有 *P* 所授权的一项服务 *P*:*L*，并在它的本地 RH 注册，则 DONA 将 FIND(*P*:*L*)路由到最近的服务器。该机制也具备对移动性的支持，因为漫游主机可以在漫游前注销所注册的数据，并在漫游后重新注册。

（3）源地址认证体系结构（SAVA）。SAVA[32]基于 IPv6 网络指出，其研究目标是使网络中的终端使用真实的 IP 地址访问网络，网络能够识别伪造源地址的数据包，并禁止

伪造源地址的数据包在网络中传输。SAVA 体系结构如图 4-10 所示，它从本地子网、自治域内和自治域间三个层面解决源地址认证问题。

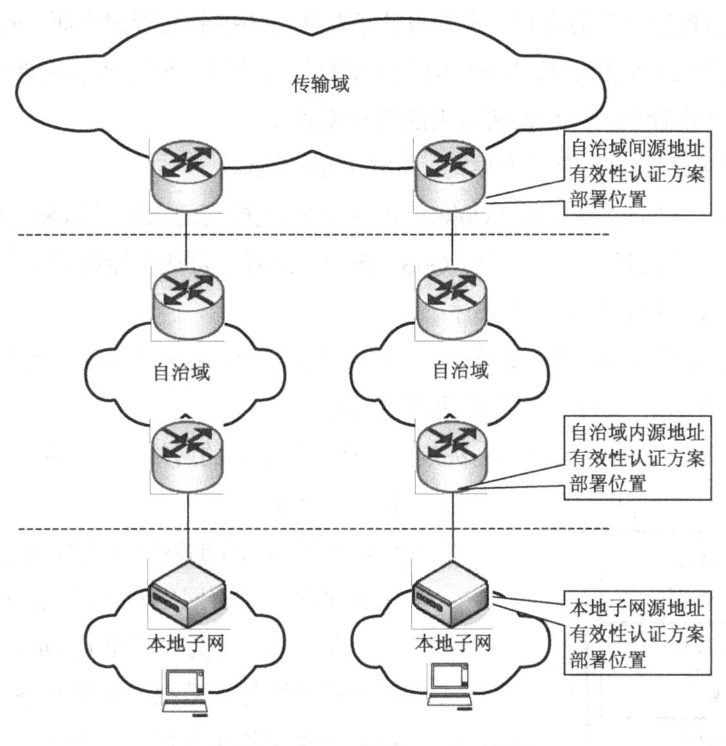

▶ 图 4-10　源地址认证体系结构

本地子网源地址认证采用基于 MAC、IP 和交换机接口动态绑定的准入控制方案，由位于本地主机中的源地址请求客户端、位于本地交换机中的源地址有效性代理及源地址管理服务器共同实施，不满足绑定关系的 IP 数据包将被丢弃。

自治域内的源地址认证实现基于地址前缀级的源地址认证方案，其主要思想是根据路由器的每个接入接口和一系列的有效源地址块的相关性信息建立一个过滤表格，只有满足过滤表映射关系的数据包才能被接入路由器转发到正确的目的网络。目前应用得比较多的标准方案包括 Ingress Filtering 和 uRPF，前者主要根据已知的地址范围对发出的数据包进行过滤，后者利用路由表和转发表来协助判断地址前缀的合法性。

自治域间的源地址认证使用基于端到端的轻量级签名和基于路径信息两种实现方案。前者适合于非邻接部署，依靠在 IPv6 分组中增加 IPv6 扩展包头存放轻量级签名来验证源地址的有效性。该机制的优点是产生有效性规则的网络节点不必直接相邻，缺点是增加了网络的开销，尤其是在网络中需要相互通信的对等节点数目很多的情况下网络开销相当大；后者适合于邻接部署，有效性规则通过数据包传输经过的路径信息或者路由信息得到。该机制的优点是可以直接通过 IP 前缀得到所需的有效性规则，缺点是产生有效性规则的网络节点必须直接相邻。

（4）4D 网络体系结构。4D 网络体系结构是美国“全球网络创新环境（GENI）”计划旗下的研究项目之一。该项目针对当前互联网的控制管理复杂、难以满足使用需求等问题，采用“白板设计”的方式，重新设计了互联网的控制与管理平面。4D 网络体系结构对于网络安全的好处在于其体系结构上的重新设计降低了网络控制管理的复杂性，进而减小了由于网络管理配置错误所带来的自身脆弱性。

4D 的设计基于以下三个基本原则，如图 4-11 所示。

- 网级目标（Network-Level Objectives）：网络根据其需求和目标来进行配置，用策略明确地表达目标（如安全、QoS、出口点选择、可达性矩阵等），而不是用一个个配置文件的具体细节来表述
- 网域视图（Network-Wide Views）：网络提供及时、精确的信息（包括拓扑、流量、网络事件等），给予决策单元所需要的输入
- 直接控制（Direct Control）：决策单元计算所需要的网络状态，并直接设置路由器的转发状态。

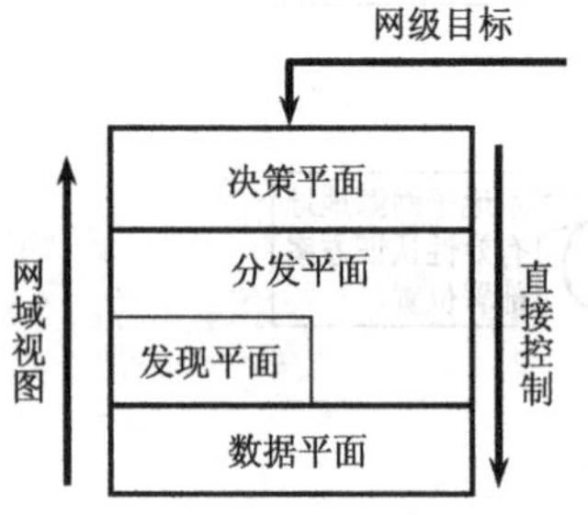

▶ 图 4-11　4D 设计原则与平面划分

如图 4-11 所示，4D 的网络功能被划分为 4 个平面。

- 决策平面：负责网络管理控制的所有决策，由多个服务器（称为决策单元 DE）组成；DE 使用网域视图计算数据平面的状态来满足网级目标，并直接将状态信息写入数据平面；决策包括可达性、负载均衡、访问控制、安全、接口配置等
- 分发平面：连接交换机/路由器与 DE，用来传输控制管理信息；控制管理信息与数据信息共享物理链路，但分发路径单独维护，与数据路径逻辑隔离（这与目前互联网控制信息由数据通道承载，而数据通道又由路由来建立的方式不同）；健壮性是分发平面设计的唯一目标
- 发现平面：发现网络中的物理设备，创建逻辑标识符来标示物理设备；包括设备内部发现（如路由器接口）与邻居发现（如接口连接的相邻路由器）；发现平面由交换机/路由器负责实现
- 数据平面：根据决策平面的状态输出处理一个个的数据包，包括转发表、包过滤等功能；数据平面由交换机/路由器组成

按照上述可知，4D 网络体系结构包含如下两类实体。

- 决策单元：具备所有决策功能，创建路由器/交换机的转发状态，并分发到交换机中
- 路由器/交换机：只负责转发

由各平面和实体组成的 4D 网络如图 4-12 所示。

4D 网络体系结构的研究人员认为，4D 网络体系结构具有以下优点。

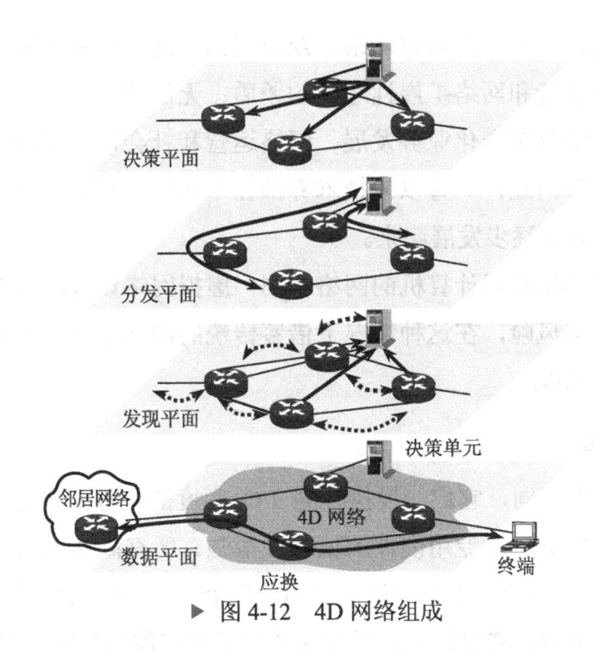

▶ 图 4-12　4D 网络组成

- 降低复杂性：将路由计算这样的网络控制问题与具体的路由协议分离，是一种有效管理复杂性的方式
- 更高的健壮性：提升网络管理控制的抽象层次，管理员只需理解网络层面的目标，而不是具体的协议和路由器配置，降低网络的脆弱性
- 更高的安全性：安全策略可由网络层面的目标进行表达，降低将安全策略翻译成具体设备配置的出错概率
- 容纳异构性：同一种 4D 体系结构可应用于不同的网络互连环境
- 有利于网络创新和网络演进：将网络控制功能从路由器/交换机中分离，使决策平面可以通过容纳不同的算法来满足不同的网络层面目标，而无需改变数据包格式和控制协议，这也鼓励新的参与者（如研究机构）创新

4.2.4　网络虚拟化安全

网络虚拟化技术允许在一个物理网络上承载的多个应用通过网络虚拟化分割（称为纵向分割）功能使得不同业务单元相互隔离，但可在同一网络上访问自身应用，从而实现了将物理网络进行逻辑纵向分割虚拟化为多个网络；多个网络节点承载上层应用，基于冗余的网络设计带来复杂性，而将多个网络节点进行整合（称为横向整合），虚拟化成一台逻辑设备，提升数据中心网络可用性、节点性能的同时将极大简化网络架构。网络虚拟化可以获得更高的资源利用率、实现资源和业务的灵活配置、简化网络和业务管理并加快业务速度，更好地支持内容分发、移动性、富媒体和云计算等业务需求。

网络虚拟化是在底层物理网络和网络用户之间增加一个抽象层，该抽象层向下对物理网络资源进行分割，向上提供虚拟网络。众所周知，现有互联网架构具有难以克服的缺陷，无法解决网络性能和网络扩展性之间的矛盾；无法适应新兴网络技术和架构研究的需要；无法很好地满足多样化业务发展、网络运营和社会需求可持续发展的需要。为解决现有互联网的诸多问题，一直以来技术界都在不断进行着尝试和探索，网络虚拟化技术正是在这样的背景下逐步发展起来。

与在真实环境中连接物理计算机的网络相同，虚拟网络设备和虚拟链路构成的虚拟网络将面临同样的安全风险，在这种情况下借鉴传统的网络安全设备并将其移植到虚拟化环境中是一个可行的思路。

1．虚拟网络设备

网络设备与服务器不同，它们一般执行高 I/O 密度的任务，通过网络接口以最小附加处理来传输大量的数据，对专用硬件的依赖性很强。所有高速路由和数据包转发，包括加密（IPSec 与 SSL）和负载均衡都依靠专用处理器。当一个网络设备被重新映射为一个虚拟机格式时，专用硬件就失效了，所有这些任务现在都必须由通用的 CPU 执行，这必然会导致性能的显著下降。尽管如此，在物联网中应用虚拟网络设备仍然具有不可替代的优势，虚拟网络设备可以发挥作用的地方很多，例如，可以将一个不依靠专用硬件而执行大量 CPU 密集操作的设备虚拟化。Web 应用防火墙（WAF）和复杂的负载均衡器就是其中的例子。在虚拟化环境下，由于不可能为每个虚拟机都配备一个网络适配器（NIC），因此网络性能将会因为追加的虚拟化网络功能而获得最大的收益。在具备网卡虚拟化功能后，允许多台虚拟机共享一块物理 NIC，它是通过在虚拟化管理器上建立一个软件仿真层来实现资源的共享，并帮助虚拟机更快速地访问网络，同时也减轻 CPU 的负荷，网络设备的虚拟化实现使服务器按照成本效率和敏捷性需要进行上下调整。

在产品方面，Nexus 1000V 是思科公司首个非实体硬件设备的交换机产品，虚拟交换机包含两个软件部分，分别是虚拟监控模块（Virtual Supervisor Module，VSM）和虚拟以太网模块（Virtual Ethernet Module，VEM）。前者包含思科命令行界面（Command-Line Interface，CLI）、配置和一些高端特性，而后者则充当线路卡（Line Card）的角色，运行在每个虚拟服务器上，专门处理包转发（Packet Forwarding）和其他本地化等事宜。Nexus 1000V 能使用户拥有一个从 VM 到接入层、会聚层和核心层交换机的统一网络特性集和调配流程。虚拟服务器从而能与物理服务器使用相同的网络配置、安全策略、工具和运行模式，管理员能充分利用预先定义的、跟随 VM 移动的网络策略，重点进行虚拟机管理，使用户更快地部署服务器虚拟化并从中受益。

2．虚拟防火墙技术

虚拟防火墙是基于状态检测的应用层防火墙，允许根据常规流量方向、应用程序协议和接口、特定的源到目标的参数来构建防火墙规则，通过策略提供全局和本地的访问控制功能。虚拟防火墙利用逻辑划分的多个防火墙实例来部署多个业务的不同安全策略。这样的组网模式极大地降低了用户成本。随着业务的发展，当用户业务划分发生变化或者产生新的业务部门时，可以通过添加或者减少防火墙实例的方式灵活地解决后续网络扩展问题，在一定程度上极大的降低了网络安全部署的复杂度。另一方面，由于以逻辑的形式取代了网络中的多个物理防火墙。极大的减少了系统运维中需要管理维护的网络设备。降低了网络管理的复杂度，减少了误操作的可能性。

虚拟防火墙功能嵌入在虚拟机管理器中，所有虚拟网络接口的数据流量都通过虚拟防火墙进行传递，如果虚拟机需要访问另一台物理机上的应用程序，那么虚拟防火墙将使用物理机上的硬件网络接口进行数据传输。

虚拟防火墙可以提供的功能如下。

- 连接控制：基于规则进行入站和出站连接控制，规则可以按 IP 地址（源/目标）、接口（源/目标）和按类型的协议等进行设置
- 内容过滤：根据已知的协议类型对数据内容进行有选择性的过滤
- 流量统计：可以计量虚拟网络资源的使用量并监控各个应用程序的使用量比重
- 策略管理：进行全局策略管理
- 日志记录与审核：针对访问事件和安全事件（错误、警告等）启用日志记录，方便审核

3. 虚拟入侵检测技术

虚拟机系统的出现导致传统的操作系统直接运行于硬件层之上的结构发生变化。在虚拟机系统之中，VMM 层位于硬件层和操作系统层之间，运行于系统最高特权级，由 VMM 实现对系统所有物理资源的虚拟化和调度管理。另外，同一个虚拟机平台现在可以部署多台虚拟机，与传统的单一系统占据整台机器也有了本质的不同。这些特征都使得传统的入侵检测系统已经不能完全适应机器体系结构上发生的变化。

首先，在目前的虚拟机平台中，通过逻辑的方式抽象出了多套虚拟硬件平台，这使得在同一个物理机器平台上可以部署多台虚拟机，称为客户虚拟机（Guest VM)。在一个典型的服务器环境中，各个 Guest VM 可能会提供不同的服务，这些 Guest VM 通过虚拟网桥设备实现虚拟网络接口对物理网络设备的复用。在虚拟化环境中，传统的网络入侵检测系统位于虚拟机系统之外，对虚拟机内部通过硬件虚拟化实现的虚拟网桥连接的虚拟网络结构是不可见的，因此无法实现较细粒度的网络入侵检测，无法适应不同虚拟机提出的不同级别的安全需求。同时，由于它完全位于系统之外，只能通过进出虚拟机系统的网络数据来实现入侵检测，对于虚拟机内部发生的虚拟机之间的攻击，对于 IDS 而言是不可见的。

面向虚拟机网络入侵检测系统技术是为了适应虚拟机发展的需要和入侵检测系统本

身的需要而产生的。随着虚拟化技术的日益成熟，对虚拟机部署的需求大大增加。但是由引入新的虚拟机的体系结构的变化带来的安全问题，却没有随着虚拟机技术的发展引起人们足够的关注。传统的安全技术一定程度上能够满足新的需求，但也有更多的安全技术需要做出相应的调整和改进。入侵检测技术作为一项有效的安全技术应当能适应虚拟机的环境。

基于虚拟机的网络入侵检测系统可以借助虚拟化的体系结构和隔离特征实现。以Xen的半虚拟化环境为例，可以将入侵检测引擎和被检测系统进行分离，根据虚拟机内部的虚拟子网的组网结构使用集中与分布式相结合的协作方式来满足系统的安全需求。

在入侵检测系统中主要有 4 个功能模块：数据探测模块、入侵检测引擎模块、入侵响应和控制模块、跨域通信服务器模块。数据探测模块为每个虚拟机虚拟的网络设备接口获取网络数据包信息。当新建或部署一台虚拟机时，如果该虚拟机具有网络设备，VMM会为其虚拟一个网络接口。入侵检测引擎利用数据探测器获取的数据进行入侵检测，如果有入侵事件发生，就会发通知到入侵响应控制单元，产生响应信息，并可以通过域入侵响应控制模块将响应信息发送到特定的被入侵的虚拟机域之中。

4.3 移动通信接入安全

移动通信网络主要指由中国移动、中国联通等移动运营商为公众提供语音和数据服务的移动通信网络，如 GSM、CDMA、GPRS 及 TD-SCDMA 等 2G 和 3G 网络。移动通信网络具有较高带宽和稳定性，能够高效、稳定地进行文字、图像、视频等各类数据传输；并且利用移动公网，可以大大降低网络建设和运行维护等方面的开销。移动通信网络虽然采用了多种安全保密技术，以满足公众移动通信的安全需求。但是，仍然存在一些安全问题，不能满足物联网部分业务对通信保密、系统安全、密码算法、终端安全等方面高安全性移动通信的特殊要求[30][33][34][35]。移动通信系统的主要安全威胁来自网络协议和系统的弱点，攻击者可以利用网络协议和系统的弱点非授权访问、非授权处理敏感数据、干扰或滥用网络服务，对用户和网络资源造成损失。

目前基于移动通信网络的物联网业务的拓展受限于网络安全和终端安全，这使得未来移动网络的设计需要综合考虑物联网业务、终端和网络各方面的安全机制，以满足物联网业务需求的长远发展。考虑传统电信运营业务面临的安全挑战，充分借鉴国内外在物联网应用初级阶段安全保障体系的经验，基于移动通信网络构建面向物联网应用业务的移动通信网络系统安全体系结构。

网络安全体系结构如图 4-13 所示。

整个系统采用开放分层结构来实现，以网络层安全为核心目标，构建从终端到网络，从底层协议到上层应用的网络安全体系结构，物联网网络安全体系结构主要由网络安全接入与终端认证体系、网络安全防护体系和网络安全管控体系三个网络安全平台组成。移动运营商提供的移动通信网络资源，包括GSM、TD-SCDMA等2G和3G网络，实现感知层信息的上传及应用层信息的下达。

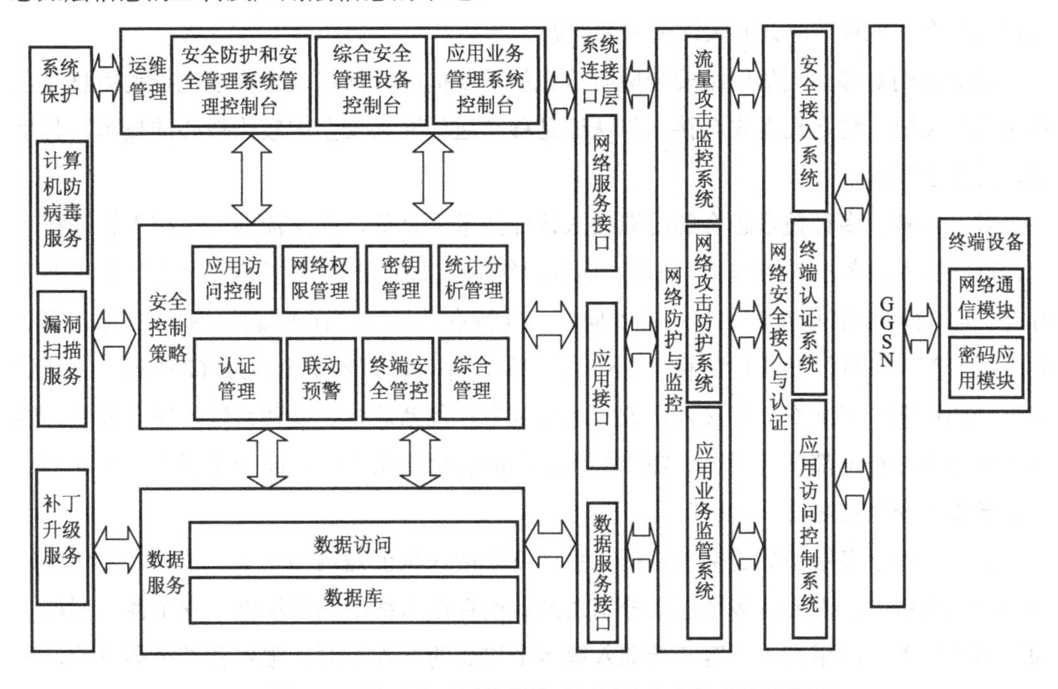

▶ 图4-13 基于移动通信的物联网网络安全体系结构框图

第三代移动通信系统的迅猛发展对加快物联网的广泛应用起到了巨大的推动作用，同时，物联网应用的发展对3G移动通信系统的安全性能提出更高的要求，本书介绍了3G移动通信系统安全的主要威胁来源，对3G系统目前已有的安全体系进行了阐述，针对物联网业务应用的网络安全特征，基于移动通信网络的网络安全接入与终端认证、网络安全防护和网络安全管控三个方面构建物联网网络层安全解决方案，同时对3G系统中所采用的身份保密、实体认证与密钥协商及数据完整性等的安全策略进行了深入的研究和探讨，以期为物联网应用业务的安全技术发展提供借鉴。

4.3.1 安全接入要求

在物联网业务中，需要为多种类型的终端设备提供统一的网络接入，终端设备可以通过相应的网络接入网关接入到核心网，也可以是重构终端，能够基于软件定义无线电（SDR）技术动态、智能地选择接入网络，再接入到移动核心网中。近年来各种无线接入技术涌现，各国纷纷开始研究新的超3G和后3G接入技术，显然，未来网络的异构性更加突出。其实，不仅在无线接入方面具有这样的趋势，在终端技术、网络技术和业务平台技术等方面，异构化、多样化的趋势也同样引人注目。随着物联网应用的发展，广域的、局域的、车域的、家庭域的、个人域的各种物联网感应设备，从太空中游弋的卫星到嵌入身体内的医疗传感器，如此种类繁多、接入方式各异的终端如何安全、快速、有效地进行互连互通及获取所需的各类服务成为移动运营商、通信行业与信息安全产业价值链上各个其他环节所共同关注的主要问题。

随着人们对移动通信网络安全威胁认识的不断提高，网络安全需求也推动信息安全技术迅猛发展。终端设备安全接入与认证是移动通信网络安全中较为核心的技术，且呈现新的安全需求。

其一，基于多种技术融合的终端接入认证技术。目前，在主流的三类接入认证技术中，网络接入设备上采用 NAC 技术，而客户终端上则采用 NAP 技术，从而达到了两者互补。而 TNC 的目标是解决可信接入问题，其特点是只制定详细规范，技术细节公开，各个厂家都可以自行设计开发兼容 TNC 的产品，并可以兼容安全芯片 TPM 技术。从信息安全的远期目标来看，在接入认证技术领域中，包括芯片、操作系统、安全程序、网络设备等多种技术都缺一不可，在“接入认证的安全链条”中，缺少了任何一个环节，都会导致“安全长堤毁于一蚁”。

其二，基于多层防护的接入认证体系。终端接入认证是网络安全的基础，为了保证终端的安全接入，需要从多个层面分别认证、检查接入终端的合法性、安全性。例如，通过网络准入、应用准入、客户端准入等多个层面的准入控制，强化各类终端事前、事中、事后接入核心网络的层次化管理和防护。

其三，接入认证技术的标准化、规范化。目前虽然各核心设备厂商的安全接入认证方案技术原理基本一致，但各厂商采用的标准和协议及相关规范各不相同，例如，思科、华为通过采用 EAP 协议、RADIUS 协议和 802.1X 协议实现准入控制；微软则采用 DHCP 和 RADIUS 协议来实现准入控制；而其他厂商则陆续推出了多种网络准入和控制标准。标准与规范是技术长足发展的基石，因此标准化、规范化是接入认证技术的必然趋势。

4.3.2　安全接入系统部署

网络安全接入与终端认证系统包括网络安全接入子系统和安全应用服务子系统。网络安全接入子系统通过各个分布式网关来完成物联网终端的网络接入。安全应用服务子系统包括 WPKI 认证系统、安全管控与服务系统、安全防护系统、运维管理系统及行业应用业务网关等。系统体系结构如图 4-14 所示。

在规划和组建物联网应用系统的过程中，将充分利用移动通信网络的核心交换部分，基本不改变移动互联网的网络传输系统结构与技术。物联网应用系统是运行在互联网核心交换结构的基础上的。物联网终端与移动通信网络终端在接入方式上是有区别的。移动用户通过终端系统的手机或计算机、PDA 等访问移动互联网资源、发送或接收电子邮件、阅读新闻、开展移动电子支付业务等。而物联网中的传感器节点需要通过无线传感器网络的会聚节点接入移动互联网的区域网关；RFID 识别设备通过读写器与控制主机连接，再通过控制节点的主机接入移动互联网的区域网关。因此，由于物联网与移动互联网应用系统不同，所以接入方式也不同。物联网应用系统中的不同类型终端将根据各自业务形态选择无线传感器网络或 RFID 应用系统接入移动互联网。

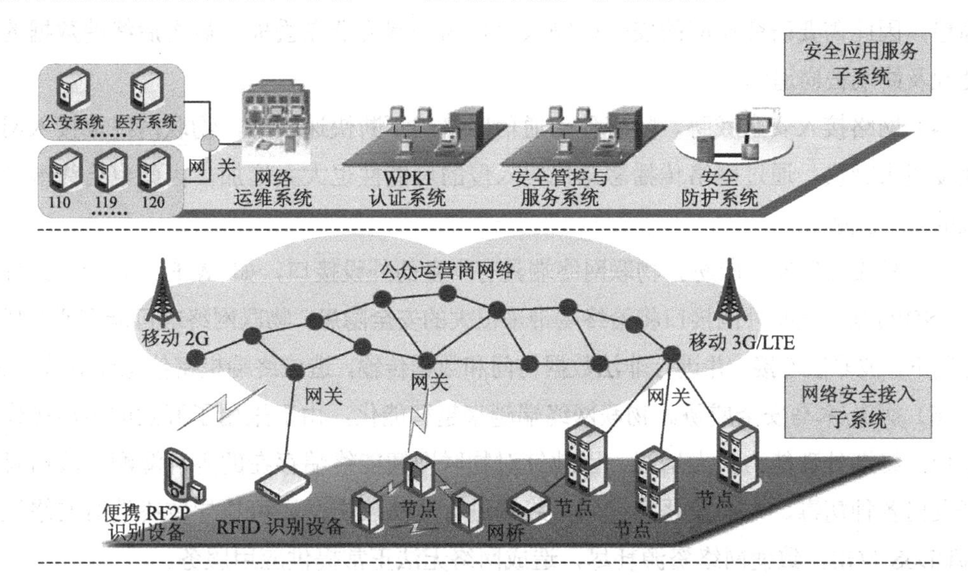

▶ 图 4-14　基于移动通信的物联网网络安全体系部署示意图

充分考虑物联网的移动网络接入点广泛分布，且涵盖多个移动运营商的基础网络，业务数据量巨大且要求及时响应的特点，物联网网络安全接入层的系统功能设计可以借鉴移动互联网的网络结构形式，采用顶层节点和区域节点的两级部署安全体系结构。对物联网终端选择接入到所属区域节点需要制定良好的路由策略。物联网的数据流量具有突发特性，传统的选择标准基于信号强度，可能会造成大量用户堆积在热点区域导致网络拥塞，性能减退，带宽资源分配不公平，因此需要综合考虑各种因素，研究设计新的安全接入策略。物联网终端设备通过设计多个接口，以此选择不同的接入网络，保证网络中源节点与目的节点之间存在多条路径，在特殊业务中满足多径传输的需求，也为多运营商之间的互连互通奠定了基础。

4.3.3　移动通信物联网终端安全

1．安全框架与安全机制

在移动通信网络环境下物联网终端将面临各种安全威胁。

（1）数据传输安全威胁。在移动通信网络环境下的物联网终端，终端数据/信令通过无线信号在空中传播与基站进行通信，基于安全原因目前国内公众移动通信网络均未开启加密传输功能。因此终端数据存在空中被截获、篡改的风险。

（2）终端数据存储安全威胁。物联网终端存储在本地的业务数据由于未采用加密技术进行安全存储，受到恶意攻击时容易被非法读取，终端数据存在泄露风险。

（3）终端丢失/被盗安全威胁。物联网终端由于体积小，便于携带，面临着容易丢失、被盗的风险。如果物联网终端里的机密信息被他人获取并利用，则会给应用业务带来安全隐患，因此需要研究相应的安全机制来保护物联网终端在丢失、被盗后终端数据的安全处理及终端去向追踪。

（4）网络接入安全威胁。随着移动通信网络的不断快速演进，物联网终端接入网络的速度越来越快，通过网络传播恶意代码入侵的可能性也大大增加，由此也给终端带来巨大的安全威胁。

（5）外设接口安全威胁。物联网终端具有丰富的外设接口，如 WIFI、蓝牙、红外、USB、SDIO 等，这些外围接口将给终端带来很大的安全隐患。物联网终端可能在恶意代码的控制下，被非法连接，并进行非法数据访问和数据传输，造成终端机密信息泄露或丢失。

（6）病毒/木马安全威胁。物联网终端越来越智能化，由于采用了开发的智能操作系统平台，终端处理能力大大增强，因此针对物联网智能终端存在的各种漏洞，攻击者可以开发出各种病毒、木马及恶意代码对终端进行非法攻击，还可能导致终端对网络发起 DoS/DDoS 攻击，致使网络资源耗尽，造成网络无法正常提供应用服务。

物联网为了解决基于移动通信网络环境下物联网终端面临的各种安全问题，将安全威胁降低到最小，应从硬件结构、系统安全架构、应用安全机制入手，制定一系列的安全策略保证物联网终端及承载业务应用的安全可控。

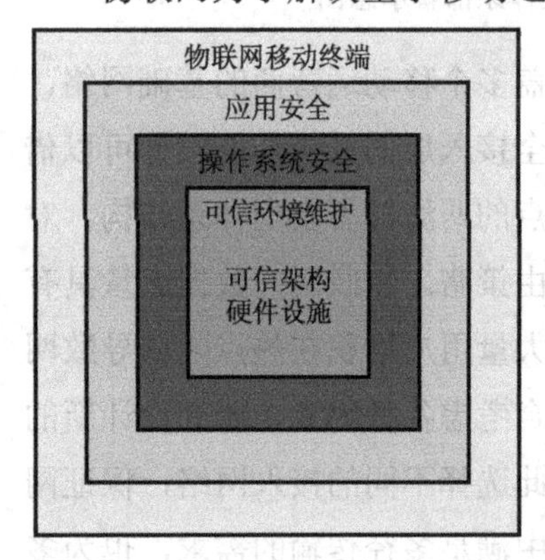

▶ 图 4-15　物联网终端安全框架

物联网终端安全框架如图 4-15 所示。

1）硬件设施安全

（1）可信架构。支持对关键硬件的完整性和机密性保护。对于终端的系统引导部分、操作系统、通信协议栈、系统保密参数、密钥证书均单独划分一个安全级别高的存储区域，采用加密算法对数据进行加密存储。对于核心存储芯片采用一次性写入机制，确保不被更改。物联网终端硬件应具备唯一可识别性，对于核心存储芯片采用一次性写入机制，防止非法更改，同时对数据存储区域的数据更改具备识别和控制机制，保证业务数据安全。

（2）安全通信机制。作为具有通信功能的终端设备，还必须保证通信安全，确保具有合法身份才能接入网络，具有对各种系统资源、业务应用的访问控制能力，保证终端的通信信息受到保护。

2）操作系统安全

安全机制：实现代码的完整性认证、数据流的安全监控、应用程序的安全服务等，为物联网终端设备提供一个安全、可信的工作环境。制定完善的安全管控策略，实现终端的身份认证、应用系统的鉴权控制、程序之间的安全通信。确保终端操作系统不被恶意代码非法攻击和非法修改。

3）应用安全

（1）通信安全。由于目前国内公众移动通信网未启用加密措施，因此为保证电路域通信信息的安全，可采用端到端加密的方式提升终端通信信息安全。

对于采用分组域进行业务数据传输的物联网终端，分组域数据访问会给终端和应用系统带来巨大的安全隐患。为了加强分组域的安全性，提供以下几种分组域的通信安全保护机制。

- 物联网终端提供对分组域应用程序的访问控制机制，只有授权应用才能在运行过程中启动分组域连接
- 能够检测所有的应用程序的分组域连接活动，当有分组域连接事件时，终端能够发现该连接并进行连接提示
- 能够对分组域传输的数据进行监控，监控内容包括数据流量和连接的对端地址
- 支持通过建立 IPSec 安全通道来实现分组域之间数据安全传输

（2）终端本地数据安全。终端的一般数据与私密数据放置在存储芯片相互隔离的区域内，在终端存储私密数据的区域采用口令保护，未经授权不得访问，同时对于重要的私密信息采用加密存储，即使数据被窃取也能保证无法恢复原始数据。在终端丢失/被盗后提供远程保护功能，包括远程锁定终端、远程取回数据、远程销毁数据等。支持对丢失/被盗终端存储数据的彻底删除，以保证被删除数据不可再恢复出来。

（3）外设接口安全。支持对终端的无线/有线外围接口进行开启和关闭控制，当有外围接口建立数据连接时，终端能及时发现，对不能通过提供授权认证的连接活动进行有效阻止。严格限制重要和敏感数据不能存储在外置存储设备中。对终端内应用程序和授权第三方应用程序访问重要和敏感数据进行严格的控制，确保非授权应用程序不能访问重要和敏感数据，同时保证所有授权应用程序不能将这些重要和敏感数据移动、复制、转存到外置存储设备中。

2. 基于 WPKI 的物联网终端安全认证架构

随着无线通信技术的发展，移动互联网应用迅速增长，安全问题日渐凸显，需要安全设施保证无线环境下的安全。因此 WPKI 成为安全领域研究的热点。目前，国内外移动互联网应用都处于起步阶段，但是基于 WPKI 技术的移动互联网应用的研究，国外要先于国内。Nash A、Duane W、Joseph C（2002）详细地阐述了公钥基础设施（PKI）实

现和管理电子安全，同时也阐述了移动互联网应用发展的方向。WPKI 设施是通过公钥概念与技术来实施和提供安全复位的具有普适性的安全基础，是对已有公开密钥体制标准的优化和再使用，它的核心服务是认证、数据的完整性和机密性。作为一种技术体系，WPKI 可以作为支持认证、完整性、机密性和不可否认性的技术基础，从技术上解决网上身份认证、信息完整性和抗抵赖等安全问题，能够为移动网络应用提供可靠的安全保障。

基于移动互联网的物联网网络层安全认证体系将以 WPKI 为基础，在 2G 和 3G 及未来 LTE 的移动通信系统中构建轻量级鉴别认证网关系统，实现对所有物联网移动终端 MS 的接入认证、MS 与核心网之间的双向认证、异构网络互连互通的认证，保证物联网接入安全。确保只有通过严格身份认证和权限验证的终端设备才能开展应用业务。

物联网终端通过 PKI protal 申请并获取 CA 颁发的证书， 物联网终端安全获取证书后能够基于证书和 WPKI 的目录服务器实现与轻量级鉴权认证访问网关之间的双向身份认证。轻量级鉴权认证访问网关提供双向身份认证和对应用的访问控制鉴权。物联网终端通过轻量级鉴别认证系统的身份认证和权限鉴别后可以实现对应用系统的访问。

基于移动互联网的物联网轻量级鉴别认证系统网络部署如图 4-16 所示。

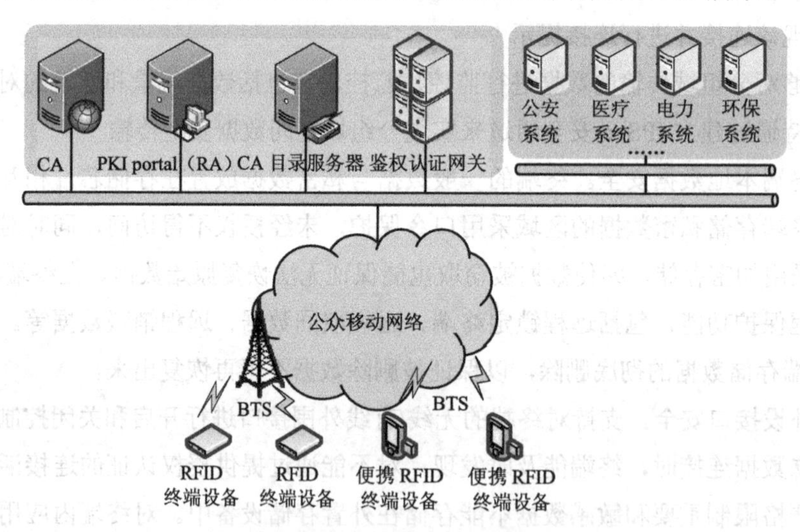

▶ 图 4-16　基于移动互联网的物联网轻量级鉴别认证系统网络部署

轻量级鉴权认证访问网关能够访问 CA 目录服务系统，通过 WPKI 系统实现对用户、轻量级鉴权认证访问网关的证书和合法性验证。轻量级鉴权认证访问网关是提供物联网终端身份认证、访问控制功能设备的总称，可以采用几种设备（身份认证设备、权限访问控制设备）组合的方式组建。

轻量级鉴别认证系统逻辑架构如图 4-17 所示。

轻量级鉴权认证访问网关在整个系统中采用分布式方式部署（轻量级鉴权认证网关的部署方式如图 4-17 所示），主轻量级鉴权认证访问网关主要实现身份认证、访问控制策略的下发。接入的物联网终端的身份认证和访问控制判定由各中心的轻量级鉴权认证访问网关完成。主鉴权认证网关将身份认证、权限控制策略安全地下发到下级鉴权认证网关，各下级鉴权认证网关将自己的设备基本信息、设备运行状态等信息发送到主鉴权认证网关。

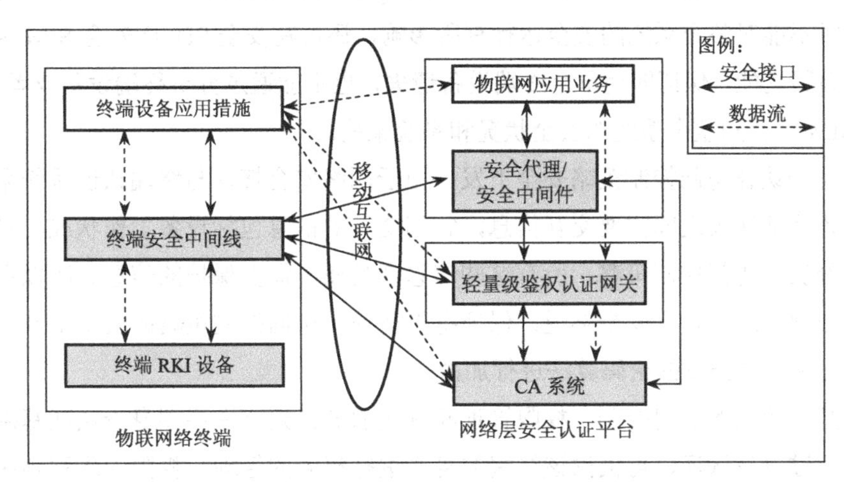

▶ 图 4-17　物联网网络层安全认证系统逻辑架构图

轻量级鉴权认证访问网关分布式逻辑如图 4-18 所示。

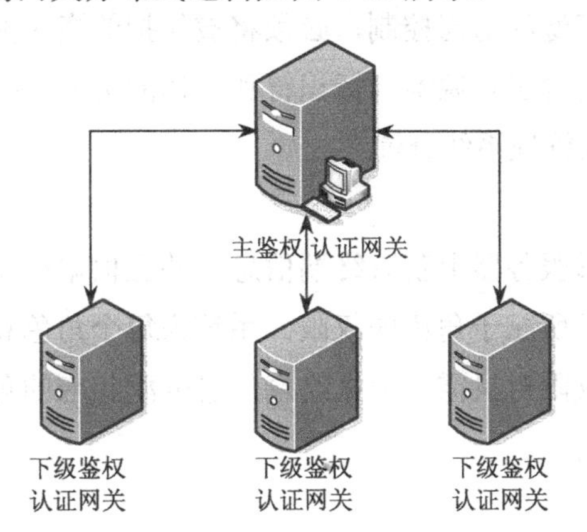

▶ 图 4-18　轻量级鉴权认证访问网关分布式逻辑框图

轻量级鉴别认证系统主要功能包括终端身份信息安全存储与防护、身份认证访问控制策略安全下发、基于角色的访问控制、证书及加密算法和密钥优化、证书操作协议优化及证书安全分发协议。

（1）终端身份信息安全存储与防护。终端身份信息安全存储与防护是终端安全认证的一个重要组成部分。终端的身份信息包括终端的证书、私钥、密码参数、密码算法、系统参数等，这些信息是终端的私有信息，密码参数、密码算法、系统参数等信息也是整个系统的关键信息和数据，一旦泄露会给整个系统的安全带来严重的隐患和威胁。在物联网终端中可以采用专有的安全硬件（如安全SD卡/安全SIM卡）来存储终端的身份信息。专用算法在安全SD卡/安全SIM卡中用硬件实现，安全可靠，安全SD卡/安全SIM卡提供硬件随机数，保证密钥和认证随机数的安全。同时在安全SD卡/安全SIM卡的安全COS中可以增加较强的安全机制，保证终端信息的加密存储和访问控制。为保证终端设备遗失时不能对整个系统的安全运行有所影响，还可在安全SD卡/安全SIM卡中增加关键数据自毁功能，保证即使单个终端设备遗失，也不能通过分析终端设备或者安全SD卡/安全SIM卡获知整个系统的安全状况和系统架构。

（2）身份认证访问控制策略安全下发。由于网络安全接入与终端认证系统采用分布式部署，各认证网关之间需要交互信息，它们交互的信息包括设备工作状况、设备基本信息及身份认证访问控制策略，所有这些信息都是属于需要保护的信息。所以在核心网络的各认证网关之间建立安全隧道，保证身份认证、访问控制策略的安全下发。安全隧道的加密将采用高强度的密码算法进行加密。

（3）基于角色的访问控制。权限管理和判决服务是建立在终端身份认证基础上的，即必须先经过身份认证，再根据该终端的身份进行权限的管理。权限管理和判决服务采用以下三个步骤实现。

● 资源抽象

为实现对应用系统资源的访问控制，必须将被保护的资源抽象成安全认证系统能够理解的对象，这个对象包含了资源唯一标识符和操作的类型，抽象的资源对象存储在授权策略服务器上，供授权管理系统查询。

● 权限分配

权限分配模块从证书服务器上获取终端信息，并且根据终端的身份信息分配相应的角色，这样终端就拥有了所赋予角色的权限。系统为每个角色和资源建立了访问权限的对应关系，为终端分配权限时只需要根据终端信息分配相应的角色就可以了，每个终端可以对应一个或多个角色。

● 权限判决

访问控制就是要在终端和访问目标之间介入一个安全机制，验证终端的权限、控制受保护的目标。终端提出对目标的访问请求，被访问控制策略执行单元截获，策略执行单元将请求信息和目标信息以决策请求的方式提交给访问控制策略判决单元，策略判决单元根据相关信息返回决策结果（结果是允许/拒绝），策略执行单元根据决策结果决定是否执行访问。

（4）证书、加密算法和密钥优化。对于证书一方面可以根据具体情况选择采用WTLS证书、URL、短期证书，另一方面通过采用ECC加密算法，使得证书的大小只有100多字节。在公钥算法方面可以采用ECC算法，它比RSA更适用无线环境下的通信，其安全性更高、计算量小、处理速度快、占用存储空间占用小和带宽要求低，是移动通信领域首选的密码算法。

（5）证书操作协议优化。有线 PKI 服务请求的方法是依靠 ASN.1 中的基本编码规则（Basic Encoding Rules，BER）和特异编码规则（Disinguished Encoding Rules，DER）。BER/DER 要占用很多的资源，超出了物联网终端设备正常运行时的资源，而 WPKI 协议是依靠 WML 和 WMLScript Crypto API（WML Script）来完成的。当进行编码和提交 PKI 服务请求时，WML 和 WML Script 能比 PKI 中的方法节约很多资源。

（6）证书安全分发协议。证书的安全分发需要通过协议来保证，对 WTLS 协议进行分析、改造和实现，其中改造主要是指算法部分的改造。WTLS 的作用是保证传输层的安全，作为 WAP 协议栈的一个层次向上层提供安全传输服务接口。WTLS 是以安全协议 TLS1.0 标准为基础发展而来的，提供通信双方数据的机密性、完整性和通信双方的鉴权机制。WTLS 在 TLS 的基础上根据无线环境、长距离、低带宽及自身的适用范围等增加了一些新的特性，如对数据报的支持、握手协议的优化和动态密钥刷新等。

WTLS 能够提供下列三种类别的安全服务：

第一类服务能使用交换的公共密钥建立安全传输，使用对称算法加/解密数据，检查数据完整性，可以建立安全通信的通道，但没有对通信双方的身份进行鉴权；

第二类服务除完成第一类服务的功能外还可以交换服务器证书，完成对服务器的鉴别；

第三类服务除完成第二类服务的功能外还可以交换客户证书，在服务器鉴别的基础上，又增加了客户鉴别，对恶意的用户冒充也能进行防范。

从第一类服务到第三类服务安全级别逐级增高，可以根据应用对安全级别的要求选择性地实现某一级别的安全服务。通常应该对这三种类别的服务都能支持，在握手协商的过程中由客户端与服务端共同协商选定一个类别。对于轻量级鉴别认证系统我们将采取第三类安全服务。

4.4　无线接入安全技术

4.4.1　无线局域网安全协议概述

在 WEP 的安全缺陷被发现以后，WLAN 的设备制造商和相关的安全机构对其进行了不同的技术改进与协议更新研究。WEP 协议的安全缺陷在于缺乏方便和自动的密钥更新机制，以及由此而产生共享密钥重用问题。一种解决方法是确保 WEP 共享密钥能够快速和频繁地更新，使得攻击者没有足够的时间来攻破当前 WEP 密钥，确保密钥的更新时间小于破解 WEP 密钥的时间。为此，无线保真（Wireless Fidelity，WiFi）联盟提出结合 EAP 和 IEEE 802.IX 的认证框架的 WPA 协议，并相继推出了 IEEE 802.11i 协议，我国也提出了自己的 WPAI 协议[36][37]。

4.4.2 WAPI 安全机制

WAPI 是我国自主研发的安全无线局域网技术[38][39]。无线局域网鉴别与保密基础结构（WLAN Authentication and Privacy Infrastructure，WAPI）是我国 2003 年颁布的在无线局域网领域具有自主知识产权的标准。它全新定义了基于公钥密码体制（以公钥基础设施架构为支撑）的 WLAN 实体认证和数据保密通信安全基础结构。

WAPI 鉴别基础结构 WAI 采用公钥密码技术，用于 BSS 中 STA 与 AP 之间的相互身份鉴别。该鉴别建立在关联过程之上，是实现认证 API 的基础。

WAI 能够提供更可靠的链路层以下安全系统。其认证机制是：完整的无线用户和无线接入点的双向认证，身份凭证为基于公钥密码体系的公钥数字证书；采用 192/224/256 位的椭圆曲线签名算法；集中式或分布集中式认证管理，灵活多样的证书管理与分发体制，认证过程简单；客户端可以支持多证书，方便用户多处使用，充分保证其漫游功能；认证服务单元易于扩充，支持用户的异地接入。

WAI 定义了下面三个实体：

- 鉴别器实体（Authenticator Entity，AE）：为鉴别请求者实体在接入服务之前提供鉴别操作的实体
- 鉴别请求者实体（Authentieation Supplicant Entity，ASUE）：需通过鉴别服务实体进行鉴别的实体
- 鉴别服务实体（Authentication Service Entity，ASE）：为鉴别器实体和鉴别请求者实体提供相互鉴别的实体

WAI 鉴别系统结构如图 4-19 所示。

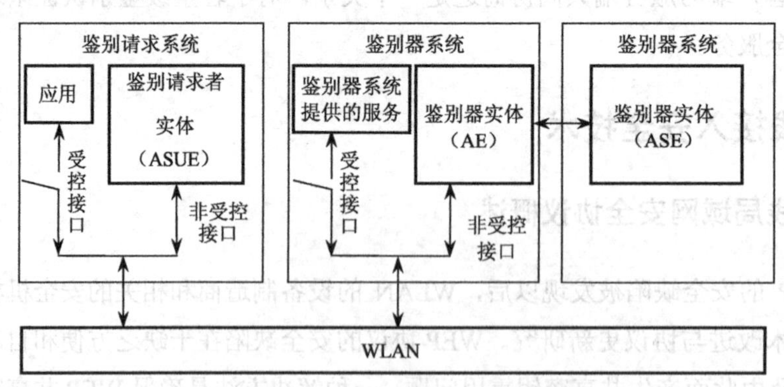

▶ 图 4-19　WAI 鉴别系统结构图

当 STA 关联或重新关联至 AP 时，必须进行相互身份鉴别。若鉴别成功，则 AP 允许 STA 接入，否则解除其关联；整个鉴别过程包括证书鉴别与会话密钥协商，如图 4-20 所示。

WPI 采用 SSF43 对称分组加密算法对 MAC 子层的 MSDU 进行加/解密处理。在 WPI 中，数据保密采用的对称加密算法工作在 OFB 模式，完整性校验算法工作在 CBC-MAC

模式，如图 4-21、图 4-22 所示。

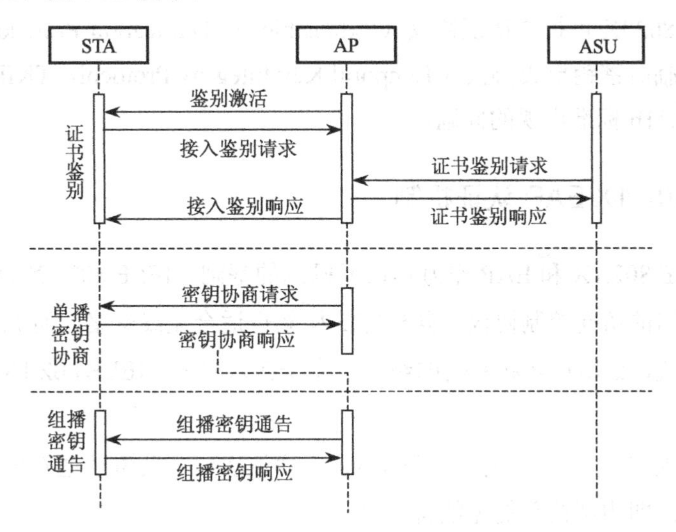

▶ 图 4-20　鉴别流程图

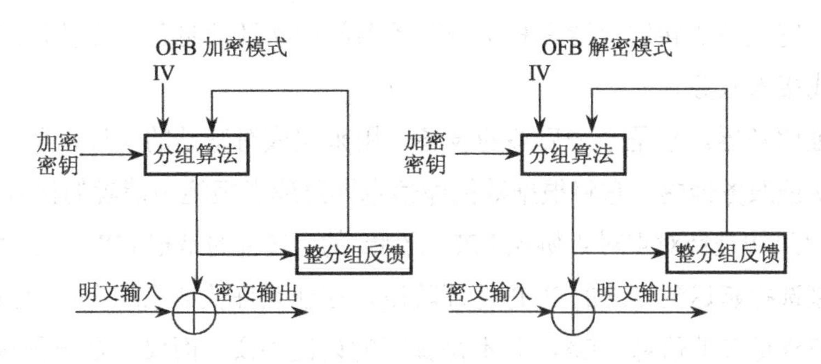

▶ 图 4-21　CBC-MAC 模式

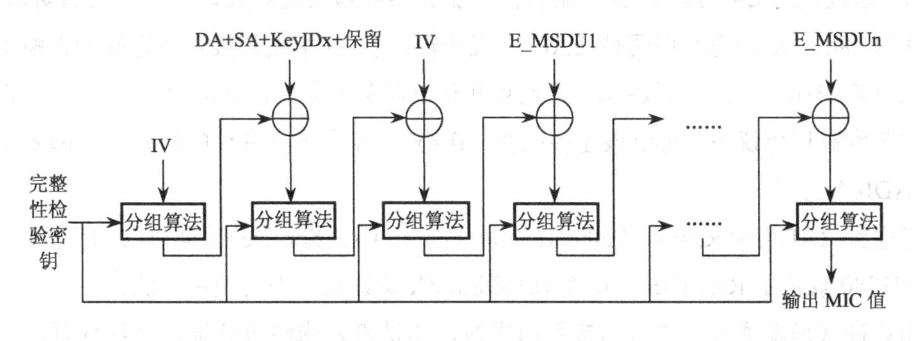

▶ 图 4-22　工作模式

本部分采用国家密码管理委员会办公室批准的用于 WLAN 的对称密码算法实现数据保护，对 MAC 子层的 MSDU 进行加/解密处理。

4.4.3　WPA 安全机制

在 IEEE 802.11i 无线局域网络安全标准发布之前，Wi-Fi 联盟提出了一种过渡性解决方案，即 Wi-Fi 保护性接入方案，即无线局域网保护性接入（Wi-Fi Protected Aeeess，WPA）。WPA 使用 IEEE 802.lX 可扩展认证协议（Extensible Authentieation Protocol，EAP）的认证机制、TLS 和临时密钥集成协议（Temporal Key Integrity Protocol，TKIP）的加密机制来解决 IEEE 802.11b 标准出现的问题。

4.4.4 IEEE 802.1X EAP 认证机制

WPA 以 IEEE 802.1X 和 EAP 作为其认证机制的基础。IEEE 802.1X 是为有线网络提供的一种基于接口的访问控制协议，同样它的构架也适合无线网络，而 EAP 能够灵活地处理多种认证方式，如用户名和密码的组合、安全接入号等。IEEE 802.1X 的认证过程定义了如下参与者。

（1）接口接入实体。它是在接口捆绑的认证协议实体，负责认证双方的认证过程。

（2）申请者。即申请接入的无线客户端。

（3）认证代理。它是一个将基站和网络分开的设备，用来防止非授权的接入，在认证完成之前，它仅负责转发申请者和认证服务器间的认证信息包。在认证结束后，向申请者提供无线接入服务。

（4）认证服务器。它是一个后端的设备，用来完成对基站的认证，所有申请者的信息都保存在认证服务器端，它将根据数据库信息同意或者拒绝申请者的接入请求。

EAP 协议最初是针对点对点协议 PPP 而制定的，其目的是把 PPP 在链路控制协议阶段的认证机制选择延迟到可选的 PPP 认证阶段，这就允许认证系统在决定具体的认证机制以前能够请求更多的信息。EAP 并不是真正的认证协议，而仅仅是一种认证协议的封装格式，通过使用 EAP 封装，客户端和认证服务器能够实现对具体认证协议的动态协商。

IEEE 802.1X 消息利用两种 EAP 方式传输：① 在基站和接入点之间的链路上运行 EAPOL（EAP over Lan）协议；② 接入点和认证服务器之间同样运行 EAP 协议，但该协议被封装到高层协议中。对于该连接过程，IEEE 并没有定义具体的协议，但都采用 EAP overRADIUS 标准。

考虑到 RADIUS（Relnote Authentication Diai In User Service）认证协议的广泛性，IETF 的 RFC3580 规范了 RADIUS 协议在 IEEE 802.lX 认证架构中的使用方法。

当认证代理探测到申请者的接入请求时，申请者还未经过认证，认证代理不会允许申请者接入网络，而只会让申请者的认证信息包通过，具体的认证工作由后台的认证服务器完成。申请者和认证服务器之间通过 EAP 协议进行认证，EAP 协议包中封装认证数据，请求者和认证者之间采用 EAPoL（EAPoverLAN）协议把 EAP 包封装在局域网消息中。申请者将 EAP 协议封装到其他高层协议（如 RADIUS）中，以便使 EAP 协议穿越复杂的网络到达认证服务器。

在一个典型的 IEEE 802.1X/EAP 认证过程中，基站首先向接入点发送 EAPOL-Start 消息，表明自己希望接入网络。收到该消息后，接入点向基站发送 EAP-Reques Identity 消息。基站在收到该消息后，返回 EAP-Response/Identity 消息来对身份请求消息做出应答。在收到该应答消息后，接入点将该消息发送给认证服务器。此后，基站和认证服务器之间便开始认证消息的交互。认证消息交互的细节取决于实际采用的认证协议。虽然认证消息都经过接入点，但它不需要了解认证消息的含义。在认证过程结束后，认证服务器决定允许还是拒绝基站的访问，认证服务器通过 EAP-Success 或者是 EAP-Failure 来通知基站最后的结果。在接入点转发 Succes-Failure 消息时，它也根据此消息来允许或阻止基站通过它的数据流。如果认证成功，基站和认证服务器会得到一个主密钥（Master Key，MK），同时基站和认证服务器会得到一个共享密钥（Pairwise Master Key，PMK）。

4.4.5　IEEE 802.11i 协议体系

WLAN 的安全包含两个基本要求：一个是保护网络资源只能被合法用户访问；另一个是用户通过网络所传输的信息应该保证完整性和机密性。为了解决 WLAN 的安全问题，IEEE 802.11 的 TGi 任务组致力于制定 IEEE 802.11 的 WLAN 新一代安全标准，该安全标准为了增强 WLAN 的数据加密和认证性能，定义了 RSN（Robust Security Network）的概念。RSN 的安全认证是在 IEEE 802.IX 的基础上，嵌套了协调密钥的四步握手过程和群组密钥协商过程，IEEE 802.11i 安全机制针对 WEP 加密机制的各种缺陷做了多方面的改进。该标准于 2004 年 6 月获得批准，成为无线局域网的标准安全保障方案。

IEEE 802.11i 的上层认证协议使用基于 EAP 的各种认证协议完成用户的接入认证，IEEE 802.11i 默认使用 EAP-TLS 协议，这是一种基于 AP 和 STA 所拥有的数字证书进行双向认证的协议。协议结构的中间部分是 IEEE 802.1X 接口访问机制，用以实现合法用户对网络访问的认证、授权和密钥管理方式；协议下层则是由 IEEE 802.11i 所规定的用于保证通信机密性和完整性的机制，包括 TKIP、CCMP（Counter-Mode/CBC-MACProtocol）和 WRAP（Wireless Robust Authenticated Protocol）3 种机制，其中 WRAP 是基于在 OCB（Offset Code Book）模式下使用 128 位的 AES，OCB 模式通过使用同一个密钥对数据进行一次处理，同时提供了加密和数据完整性，考虑到专利问题，该方案没有被 IEEE 802.11i 推荐使用。IEEE802.lli 中最重要的是 CCMP 协议，这是 RSN 的强制要求。为了保护以前的网络投资，IEEE 802.11i 保留了 TKIP 现有设备，实现一种在大多数应用环境下可以接受的安全，但这种通过对 WEP 机制加固而提供的安全措施仍然存在一些漏洞，只能作为一种过渡性措施，新的 WLAN 产品必须采用 CCMP 来保证网络的安全。

4.4.6　IEEE 802.16d 的安全机制

身份认证是消除非法接入网络这种安全威胁的重要手段，是系统安全机制中的第一道屏障，它与密钥管理协议是其他安全机制（如接入控制和数据加密）的前提。IEEE 802.16d 协议的身份认证与密钥管理由 PKM 协议负责。PKM 协议采用公钥密码技术实现 BS 对 SS 的身份认证、接入授权及会话密钥的发放和更新[40][41]。

（1）安全关联。安全关联是 BS 和一个或多个 SS 间共享的一组安全信息，目的是为了支持 IEEE 802.16d 网络间的安全通信。在 IEEE 8502.16d 中实际上使用了两种安全关联：数据安全关联（Data SA）和授权安全关联（Authorization SA），但只明确地定义了数据安全关联。数据安全关联分为初级、静态和动态三类。每个 SS 在初始化过程中都要建立一个初级安全关联，这是该 SS 与 BS 之间专有的；静态安全关联由 BS 提供；动态安全关联在数据传输过程中动态建立和消除，以响应特定服务流的发起和结束。

数据安全关联包含以下内容：

- 16b 的 SAID（Security Association Identifier）标志，初级安全关联的 SAID 与用户站的基本 CID 相同
- 加密模式：CBC（Cipher Block Chain）模式中的 DES（Data Encrytion Standard）
- 加密密钥：两个 TEK（Traffic Encryption Key）用于加密数据
- 两个兆比特的密钥标识符，对应以上的两个 TEK
- TEK 生命期：最小为 30min，最大为 7d；
- 64b 的 TEK 初始化向量

授权安全关联包含以下几项内容：

- 标示此 SS 的 X.509 证书
- 160b 的授权密钥或授权码（AuthorizationKey，AK）
- AK 的生命期：1～70d，默认为 7d
- 下行链路的 HMAC（Hashfunction-based Message Authentication Code）密钥
- 上行链路的 HMAC 密钥
- 用于分发会话密钥的加密密钥 KEK（Key Encryption Key）
- 一个已授权的数据安全关联列表

（2）PKM 协议

PKM 采用客户机用服务器模型，SS 作为客户端来请求密钥，BS 作为服务器端响应 SS 的请求并授权给 SS 唯一的密钥。

PKM 使用 CPS 子层中定义的 MAC 管理消息来完成上述功能。

PKM 支持周期性地重新授权及密钥更新机制。PKM 使用 X.509 数字证书、公钥加密算法和强对称算法进行 BS 与 SS 之间的密钥交换。基于数字证书的认证方式进一步加强了 PKM 的安全性能。

PKM 协议的完整流程包括 6 条消息，分为两个阶段。

① 通知和授权：包含 3 条消息，SS 把设备制造商的公钥证书传给 BS，然后 SS 把

自己的公钥证书传给BS，BS产生一个授权密钥，用SS的公钥加密后发给SS。此过程完成了BS向SS传递AK。随着AK的交换，BS建立了SS的身份认证及SS的授权接入服务，即在BS和SS之间建立了某种SA。

② 密钥协商：包含3条消息，BS将会话密钥K安全分发给SS。PKM协议至少达到BS对SS的身份认证、BS对SS的接入控制（通过AK）、密码算法的协商、TEK的分发4个目标。

- SS向BS发送一个认证消息，该消息包含SS制造商的X.509的证书
- SS向BS发送授权请求消息，该消息包含生产商针对该设备发布的X.509证书、SS支持的加密算法及SS的基本连接ID
- BS验证SS的身份，决定加密算法，并为SS激活一个AK，BS将AK用SS的公钥加密后返回给SS
- SS定时发送授权请求消息给BS来更新AK

在获得授权以后，在第②个阶段SS向BS请求TEK。

- BS向SS发送TEK更新消息（此消息是可选的）
- SS向BS发送TEK请求消息
- BS在收到请求消息后，生成TEK，并通过响应消息发送给SS
- SS定时发送密钥请求消息给BS来更新TEK

（3）密码算法。PKM协议中3种常用的密码算法为：

- RSA公钥算法，实现授权密钥的保密传输
- DES加密算法，实现会话密钥的安全分发
- SHA-1消息摘要算法，实现报文的完整性保护

协议过程中，授权密钥是采用SS的公钥通过RSA算法加密的，保证了只有期望的用户可以解密得到此密钥。会话密钥采用SS公钥加密，或者由授权密钥（AK）推导的KEK采用3-DES或AES加密传输，可有效防范攻击者的窃听。协议最后两条报文用SHA-1算法提供完整性保护，消息认证密钥同样也是由授权密钥推导得出。

4.4.7 IEEE 802.16d存在的安全缺陷及其对策

PKM协议具有报文少、效率高和安全算法易于实现的优点，但由于PKM协议是参考电缆接入系统的安全协议并结合wMAN网络的特点剪裁得到的，采用了共同的安全假设，使得基于PKM协议的IEEE 802.16d协议存在如下几方面的缺陷。

（1）单向认证。PKM协议的前提是网络可信，因此只需要网络认证用户，而不需要用户认证网络，这样可能带来伪网络和伪基站攻击等形式的中间人攻击。采用双向认证，即让用户能够认证网络是合法的网络是解决中间人攻击的有效方法。

（2）未明确定义授权安全关联。IEEE 802.16d未明确定义授权安全关联，这会引起许多安全问题。例如，安全关联状态无法区分不同的授权安全关联实例，使得协议易受

重放攻击，而不辨别BS身份也会受到重放或伪造攻击。

（3）认证机制缺乏扩展性。SS中的公钥证书是其设备证书，证书持有者字段为设备的MAC地址，缺少对其他认证机制的考虑。IEEE 802.16d还假定数字证书的发布是明确的，即没有两个不同的公钥/私钥使用方使用同一个MAC地址，但如果不能满足此假设，则攻击者可以伪装成另一方。

（4）与AK相关的问题。所有的密钥协商及数据加密密钥的产生依赖于AK的保密性，但是IEEE 802.16d协议没有具体描述认证和授权中AK是如何产生的。另外，由于AK的生存时限较长（达到70d），而协议只使用一个2b的密钥标识符作为密钥序列空间，即一个AK时限内最多只能使用4个TEK，这使得攻击者可以使用已过期的TEK进行加密，然后重放数据，极易造成重放攻击。建议使用4b或者8b的密钥标识符作为密钥序列空间，或者缩短AK的生存时限以防止重放攻击。

（5）PKI部署困难。PKM协议需要公钥基础设施PKI的支持，目前单纯的公钥证书验证合法即可信的方法无法面对今后大规模应用的安全需求。同时，解决不同制造商设备之间的互信问题也是一个不小的挑战。PKM中的密钥协商适合于单播密钥，并不适用于组播密钥，组播密钥必须采用网络统一分配的方式来发放和更新。

（6）其他方面。密钥管理协议问题，例如，没有TEK有效性的保证；密码算法协商缺乏保护，可能造成降级攻击；TEK授权和密钥协商请求由SS发起，可能带来拒绝服务（DoS）攻击隐患；重认证机制。

本章小结

物联网网络层是物联网的纽带，负责将感知层的信息传输到应用层。物联网网络层以现有互联网和移动通信网络为基础。物联网网络层的安全威胁、安全需求和安全技术与目前网络相差不大，但物联网中网络将实现融合，目前还没有完整的针对融合网络的安全解决方案。本章仅仅对如何开展物联网网络安全研究和开发进行初步的分析，供物联网网络安全研究和开发人员参考。

问题思考

有人认为物联网中的网络就是目前的网络，与互联网中的网络层是一个概念。从这个观点出发，物联网网络层安全与互联网网络层安全一致，其安全技术措施和系统相同，没有新的需求。请读者思考，物联网网络层安全与现有网络安全的关系是什么？目前的网络安全技术和系统能否解决物联网网络层安全的问题？物联网应用对物联网网络安全的新挑战是否存在？物联网网络安全面临怎样的新需求，在哪些方面可能出现新的安全技术？

第5章 物联网应用层安全

内容提要

物联网应用直接面向用户，并且物联网应用的种类、数量相对于互联网应用来说，都将出现量级的增长。物联网应用与普通大众的紧密程度将更高。物联网应用安全涉及方方面面的问题，本章从物联网应用的安全威胁谈起，介绍物联网应用中的处理安全措施，首先介绍安全中间件和服务安全；然后对数据安全进行介绍，包括加密存储、数据保护、虚拟化数据安全和数据容灾，以及数据安全的非技术因素；最后重点介绍云计算安全，包括云计算的基本概念、云计算中的访问控制和认证、云计算安全的关键技术及其发展现状。

本章重点

- 应用层安全威胁
- 安全中间件
- 服务安全
- 数据安全
- 云安全

5.1 应用层安全需求

5.1.1 应用层面临的安全问题

应用层面临的安全问题包括中间件层安全问题和应用服务层安全问题。

1. 中间件层安全问题

中间件层完成对海量数据和信息的收集、分析整合、存储、共享、智能处理和管理等功能。该层的重要特征是智能，智能的技术实现少不了自动处理技术，其目的是使处理过程方便迅速，而非智能的处理手段可能无法应对海量数据。但自动过程对恶意数据特别是恶意指令信息的判断能力是有限的，而智能也仅限于按照一定规则进行过滤和判断，攻击者很容易避开这些规则，正如垃圾邮件过滤一样，这么多年来一直是一个棘手的问题。因此中间件层的安全问题包括如下几个方面。

（1）垃圾信息、恶意信息、错误指令和恶意指令干扰：中间件层在从网络中接收信息的过程中，需要判断哪些信息是真正有用的信息，哪些是垃圾信息甚至是恶意信息。在来自于网络的信息中，有些属于一般性数据，用于某些应用过程的输入，而有些可能是操作指令。在这些操作指令中，又有一些可能是多种原因造成的错误指令（如指令发出者的操作失误、网络传输错误、得到恶意修改等），或者是攻击者的恶意指令。如何通过密码技术等手段甄别出真正有用的信息，又如何识别并有效防范恶意信息和恶意指令带来的威胁是物联网中间件层的重大安全挑战之一。

（2）来自于超大量终端的海量数据的识别和处理：物联网时代需要处理的信息是海量的，需要处理的平台也是分布式的。当不同性质的数据通过一个处理平台处理时，该平台需要多个功能各异的处理平台协同处理。但首先应该知道将哪些数据分配到哪个处理平台，因此数据分类是必需的。同时，安全的要求使得许多信息都是以加密形式存在的，因此如何快速有效地处理海量加密数据是智能处理阶段遇到的另一个重大挑战。

（3）攻击者利用智能处理过程躲避识别与过滤：计算技术的智能处理过程较人类的智力来说还是有本质的区别，但计算机的智能判断在速度上是人类智力判断所无法比拟的，由此，期望物联网环境的智能处理在智能水平上不断提高，而且不能用人的智力去代替。也就是说，只要智能处理过程存在，就可能让攻击者有机会躲过智能处理过程的识别和过滤，从而达到攻击目的。在这种情况下，智能与低能相当。因此，物联网的中间件层需要高智能的处理机制。

（4）灾难控制和恢复：如果智能水平很高，那么可以有效识别并自动处理恶意数据和指令。但再好的智能也存在失误的情况，特别在物联网环境中，即使失误概率非常小，因为自动处理过程的数据量非常庞大，因此失误的情况还是很多。在处理发生失误而使攻击者攻击成功后，如何将攻击所造成的损失降低到最低程度，并尽快从灾难中恢复到正常工作状态，是物联网中间件层的另一重要问题，同样也是一个重大挑战，因为在技术上没有最好，只有更好。

（5）非法人为干预（内部攻击）：中间件层虽然使用智能的自动处理手段，但还是允许人为干预，而且是必需的。人为干预可能发生在智能处理过程无法做出正确判断时，也可能发生在智能处理过程有关键中间结果或最终结果时，还可能发生在其他任何原因而需要人为干预的时候。人为干预的目的是为了中间件层更好地工作，但也有例外，那就是实施人为干预的人试图实施恶意行为时。来自于人的恶意行为具有很大的不可预测性，防范措施除技术辅助手段外，更多地要依靠管理手段。因此，物联网中间件层的信息保障还需要科学管理手段。

（6）设备丢失：中间件层的智能处理平台的大小不同，大的可以是高性能工作站，小的可以是移动设备，如手机等。工作站的威胁是内部人员恶意操作，而移动设备的一个重大威胁是丢失。由于移动设备是信息处理平台，而且其本身通常携带大量重要机密信息，因此，如何降低作为处理平台的移动设备丢失所造成的损失也是重要的安全挑战之一。

2. 应用服务层安全问题

应用服务层涉及的是综合的或有个体特性的具体应用业务，它所涉及的某些安全问题通过前面几个逻辑层的安全解决方案可能仍然无法解决，属于应用服务层的特殊安全问题。主要涉及以下几方面。

（1）不同访问权限访问同一数据库时的内容筛选决策：由于物联网需要根据不同应用需求对共享数据分配不同的访问权限，而且不同权限访问同一数据可能得到不同的结果。例如，道路交通监控视频数据在用于城市规划时只需要很低的分辨率即可，因为城市规划需要的是交通堵塞的大概情况；当用于交通管制时就需要清晰一些，因为需要知道交通实际情况，以便能及时发现哪里发生了交通事故，以及交通事故的基本情况等；当用于公安侦查时可能需要更清晰的图像，以便能准确识别汽车牌照等信息。因此，如何以安全方式处理信息是应用中的一项挑战。

（2）用户隐私信息保护及正确认证：随着个人和商业信息的网络化，特别是物联网时代，越来越多的信息被认为是用户隐私信息。例如，移动用户既需要知道（或被合法知道）其位置信息，又不愿意非法用户获取该信息；用户既需要证明自己合法使用某种业务，又不想让他人知道自己在使用某种业务，如在线游戏；患者急救时需要及时获得该患者的电子病历信息，但又要保护该病历信息不被非法获取，包括病历数据管理员；许多业务需要匿名，如网络投票。很多情况下，用户信息是认证过程的必需信息，如何对这些信息提供隐私保护，是一个具有挑战性的问题，但又是必须要解决的问题。

（3）信息泄露追踪：在物联网应用中，涉及很多需要被组织或个人获得的信息，如何解决已知人员是否泄露相关信息的问题是需要解决的另一个问题。例如，医疗病历的管理系统需要患者的相关信息来获取正确的病历数据，但又要避免该病历数据与患者的身份信息相关联。在应用过程中，主治医生知道患者的病历数据，这种情况下对隐私信息的保护具有一定困难性，但可以通过密码技术手段掌握医生泄露病人病历信息的证据。

（4）计算机取证分析：在使用互联网的商业活动中，特别是在物联网环境的商业活动中，无论采取了什么技术措施，都难免恶意行为的发生。如果能根据恶意行为所造成后果的严重程度给予相应的惩罚，那么就可以减少恶意行为的发生。技术上，这需要收集相关证据。因此，计算机取证就显得非常重要，当然这有一定的技术难度，主要是因为计算机平台种类太多，包括多种计算机操作系统、虚拟操作系统、移动设备操作系统等。

（5）剩余信息保护：与计算机取证相对应的是数据销毁。数据销毁的目的是销毁那些在密码算法或密码协议实施过程中所产生的临时中间变量，一旦密码算法或密码协议实施完毕，这些中间变量将不再有用。但这些中间变量如果落入攻击者手里，可能为攻击者提供重要的参数，从而增大成功攻击的可能性。因此，这些临时中间变量需要及时安全地从计算机内存和存储单元中删除。计算机数据销毁技术不可避免地会被计算机罪犯作为证据销毁工具，从而增大计算机取证的难度。因此如何处理好计算机取证和计算机数据销毁这对矛盾是一项具有挑战性的技术难题，也是物联网应用中需要解决的问题。

（6）电子产品和软件的知识产权保护：物联网的主要市场将是商业应用，在商业应用中存在大量需要保护的知识产权产品，包括电子产品和软件等。在物联网的应用中，对电子产品的知识产权保护将会提高到一个新的高度，对应的技术要求也是一项新的挑战。

5.1.2　面向应用层的恶意攻击方式

1. 应用层面临的安全威胁

应用层面临的安全威胁主要包括以下几类。

（1）蠕虫和病毒。蠕虫是指通过计算机网络进行自我复制的恶意程序，泛滥时可以导致网络阻塞和瘫痪。从本质上说，蠕虫和病毒的最大的区别在于蠕虫是通过网络进行主动传播的，而病毒需要人的手工干预（如各种外部存储介质的读/写）。但是时至今日，蠕虫往往和病毒、木马和 DDoS 等各种威胁结合起来，形成混合型蠕虫。

蠕虫有多种形式，包括系统漏洞型蠕虫、群发邮件型蠕虫、共享型蠕虫、寄生型蠕虫和混合型蠕虫。

- 系统漏洞型蠕虫：利用客户机或者服务器的操作系统、应用软件的漏洞进行传播，是目前最具有危险性的蠕虫，其特点是传播快、范围广、危害大。著名的例子有：利用 Microsoft RPC DCOM 服务漏洞进行传播的“冲击波”、利用微软索引服务器缓冲区溢出漏洞进行传播的“红色代码”、利用 LSASS 本地安全认证子系统服务漏洞进行传播的“震荡波”等

- 群发邮件型蠕虫：主要通过 E-mail 进行传播，是最常见、变种最多的蠕虫。著名的例子有“求职信”、“网络天空 NetSky”、“雏鹰 BBeagle”、“Sober” 蠕虫等
- 共享型蠕虫：主要是将自身隐藏在共享软件的共享目录中，利用社会工程学，依靠其他节点的下载达到传播的目的。这种蠕虫病毒传播速率相对于其他蠕虫较慢，该类蠕虫只有在节点下载蠕虫文件并执行之后才会感染节点，且感染后会将自身的多个副本复制到共享文件夹中。著名的例子有 VB.dg、Polipos、Natalia、BAT.MasterClon.a 等
- 寄生型蠕虫
- 混合型蠕虫

（2）间谍软件。在网络安全界对“间谍软件”的定义一直在讨论。根据微软的定义，“间谍软件是一种泛指执行特定行为，如播放广告、收集个人信息或更改计算机配置的软件，这些行为通常未经用户同意”。

严格来说，间谍软件是一种协助收集（追踪、记录与回传）个人或组织信息的程序，通常是在不提示的情况下进行。广告软件和间谍软件很像，它是一种在用户上网时透过弹出式窗口展示广告的程序。这两种软件手法相当类似，因而通常统称为间谍软件。而有些间谍软件就隐藏在广告软件内，透过弹出式广告窗口入侵到计算机中，使得两者更难以清楚划分。

间谍软件主要通过 Active X 控件下载安装、IE 浏览器漏洞和免费软件绑定安装入用户的计算机中。

间谍软件对企业已形成隐私与安全上的重大威胁。这些入侵性应用程序收集包括信用卡号码、密码、银行账户信息、健康保险记录、电子邮件和用户存取数据等敏感和机密的公司信息后，将其传给不知名的网站而危及公司形象与资产。

而由间谍软件所产生的大批流量也可能消耗公司网络带宽，导致关键应用系统出现拥塞、延迟及丢包的情况。

（3）网络钓鱼。网络钓鱼（Phishing）是攻击者利用欺骗性的电子邮件和伪造的 Web 站点来进行网络诈骗活动，受骗者往往会泄露自己的私人资料，如信用卡卡号、银行卡账户、身份证号等内容。诈骗者通常会将自己伪装成网络银行、在线零售商和信用卡公司等可信的品牌，骗取用户的私人信息。

（4）带宽滥用。“带宽滥用”是指对于企业网络来说，非业务数据流（如 P^2P 文件传输与即时通信等）消耗了大量带宽，轻则影响企业业务无法正常运行，重则使企业 IT 系统瘫痪。带宽滥用给网络带来了新的威胁和问题，甚至影响到企业 IT 系统的正常运作，它使用户的网络不断扩容但是还是不能满足对带宽的渴望，大量的带宽浪费在与工作无关流量上，造成了投资的浪费和效率的降低。

（5）垃圾邮件。目前还没有对垃圾邮件的统一定义，一般将具有以下特征的电子邮

件定义为垃圾邮件：

收件人事先没有提出要求或者同意接受的广告、电子刊物、各种形式的宣传品等宣传性的电子邮件；

收件人无法拒收的电子邮件；

隐藏发件人身份、地址、标题等信息的电子邮件；

含有虚假的信息源、发件人、路由等信息的电子邮件。

垃圾邮件一般具有批量发送的特征，常采用多台机器同时批量发送的方式攻击邮件服务器，造成邮件服务器大量带宽损失，并严重干扰邮件服务器进行正常的邮件递送工作。垃圾可分为良性和恶性的，良性垃圾邮件对收件人影响不大，恶性垃圾邮件具有破坏性。

（6）DoS/DdoS。DoS 攻击是一种基于网络的、阻止用户正常访问网络服务的攻击。DoS 攻击采用发起大量网络连接，使服务器或运行在服务器上的程序崩溃、耗尽服务器资源或以其他方式阻止客户访问网络服务，从而使网络服务无法正常运行甚至关闭。

DoS 攻击可以是小至对服务器的单一数据包攻击，也可以是利用多台主机联合对被攻击服务器发起洪水般的数据包攻击。在单一数据包攻击中，攻击者精心构建一个利用操作系统或应用程序漏洞的攻击包，通过网络把攻击性数据包送入被攻击服务器，以实现关闭服务器或者关闭服务器上的一些服务的目的。

DDoS 攻击是黑客利用在已经侵入并已控制的机器（傀儡计算机 Zombie）上安装 DoS 服务程序，通过中央攻击控制中心向这些机器发送攻击命令，让它们对一个特定目标发送尽可能多的网络访问请求，形成一股 DoS 洪流冲击目标系统。

DoS 攻击原理大致分为以下三种：

- 通过发送大的数据包阻塞服务器带宽造成服务器线路瘫痪
- 通过发送特殊的数据包造成服务器 TCP/IP 模块耗费 CPU 内存资源最终瘫痪
- 通过标准的连接建立起连接后发送特殊的数据包造成服务器运行的网络服务软件耗费 CPU 内存最终瘫痪

2. 针对应用层的攻击行为

针对应用层的攻击行为大致可以分为以下几种类型：

- 缓冲区溢出攻击：攻击者利用超出缓冲区大小的请求和构造的二进制代码让服务器执行溢出堆栈中的恶意指令
- Cookie 假冒攻击：精心修改 Cookie 数据进行用户假冒
- 认证逃避：攻击者利用不安全的证书和身份管理
- 非法输入：在动态网页的输入中使用各种非法数据，获取服务器敏感数据
- 强制访问：访问未授权的信息或系统
- 隐藏变量篡改：对系统中的隐藏变量进行修改，欺骗服务器程序

- 跨站脚本攻击（XSS）：提交非法脚本，其他用户浏览时盗取用户账号等信息
- SQL 注入攻击：构造 SQL 代码让服务器执行，获取敏感数据

5.1.3 应用层安全技术需求

（1）中间件层的安全需求。根据物联网中间件层面临的安全问题和挑战，该层的基本安全需求如下：

- 需要可靠的认证机制和密钥管理方案
- 需要高强度数据机密性和完整性服务
- 可靠的密钥管理机制，包括 PKI 和对称密钥的有机结合机制
- 需要可靠的高智能处理手段
- 需要具有入侵检测和病毒检测能力
- 需要具有恶意指令分析和预防机制
- 需要具有访问控制及灾难恢复机制
- 需要建立保密日志跟踪和行为分析及恶意行为模型
- 需要密文查询、秘密数据挖掘、安全多方计算、安全云计算技术等
- 移动设备文件（包括秘密文件）的可备份和恢复
- 移动设备识别、定位和追踪机制

（2）应用服务层安全需求。根据物联网业务应用层的安全问题和安全挑战，该层的基本安全需求如下：

- 需要有效的数据库访问控制和内容筛选机制
- 需要有不同场景的隐私信息保护技术
- 需要具有叛逆追踪和其他信息泄露追踪机制
- 需要有效的计算机取证技术
- 需要具有安全的计算机数据销毁技术
- 需要安全的电子产品和软件的知识产权保护技术

针对这些安全需求，需要发展相关的密码技术，包括访问控制、匿名签名、匿名认证、密文验证（包括同态加密）、门限密码、叛逆追踪、数字水印和指纹技术等。

5.2 处理安全

5.2.1 RFID 安全中间件

RFID 中间件主要存在数据传输、身份认证、授权管理三方面的安全需求。

（1）数据传输。RFID 数据通过网络在各层次间传输时，容易造成安全隐患，如非法入侵者对 RFID 标签信息进行截获、破解和篡改，以及业务拒绝式攻击，即非法用户通过

发射干扰信号来堵塞通信链路，使得阅读器过载，导致中间件无法正常接收标签数据。

（2）身份认证。有时非法用户（如同行业竞争者或黑客等）使用中间件获取保密数据和商业机密，这将对合法用户造成很大的伤害。同时攻击者可利用冒名顶替的标签来向阅读器发送数据，使得阅读器处理的都是虚假的数据，而真实的数据则被隐藏，因此有必要对标签也进行认证。

（3）授权管理。没有授权的用户可能尝试使用受保护的 RFID 中间件服务，必须对用户进行安全控制。根据用户的不同需求，把用户的使用权限制在合法的范围内。比如不同行业用户的业务需求是不同的，两者使用中间件的功能也是不同的，他们彼此没有权利去使用对方的业务功能。

1. 安全中间件

根据面向领域的特点，结合 RFID 中间件的安全需求，设计如图 5-1 的安全工具箱来保障中间件安全和提供安全方案[42]。

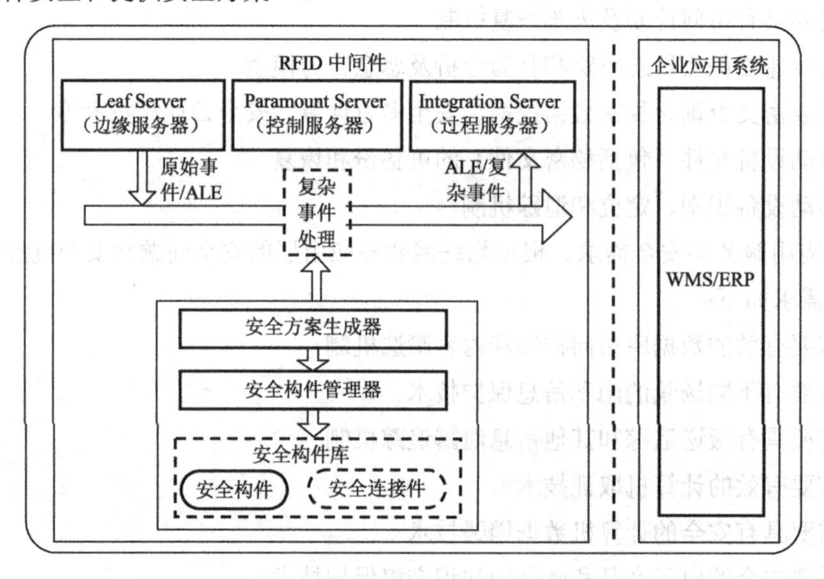

▶ 图 5-1　RFID 中间件中的安全工具箱

安全工具箱是加载在 RFID 中间件上的相对独立的模块，为整个 RFID 中间件提供安全服务并负责提供给上层不同领域的用户相应的 RFID 安全解决方案。安全工具箱由两部分组成，分别是安全构件库及建立在安全构件库之上的安全方案生成器，连接这两部分的是安全结构体系语言。

安全结构体系语言能够使用户更清楚地向系统表明安全需求，同时系统也能够更好地理解并满足用户的需求。中间件的用户对当前的商业应用安全需求比较了解，但对 RFID 中间件内部并不了解，通用的安全保障方案不能够满足用户的特定需求，这时就需要一种表达方式，让用户能够将自己的需求用系统能够理解的形式传达给系统。

安全等级评估用于提高 RFID 中间件所提供的安全解决方案的质量。RFID 中间件对安全构件组合而成的面向领域的安全解决方案进行评估，判断其是否满足用户需求，如果不满足则反馈给用户并要求进行调整，这样能确保方案的安全性。

2. 安全加强的 RFID 中间件架构设计

图 5-2 是安全加强的 RFID 服务框架的体系架构[43][44]，将整个 RFID 服务框架划分为 3 个主要模块和 9 个管理器，每一部分都是由一系列可插入服务来整合的。

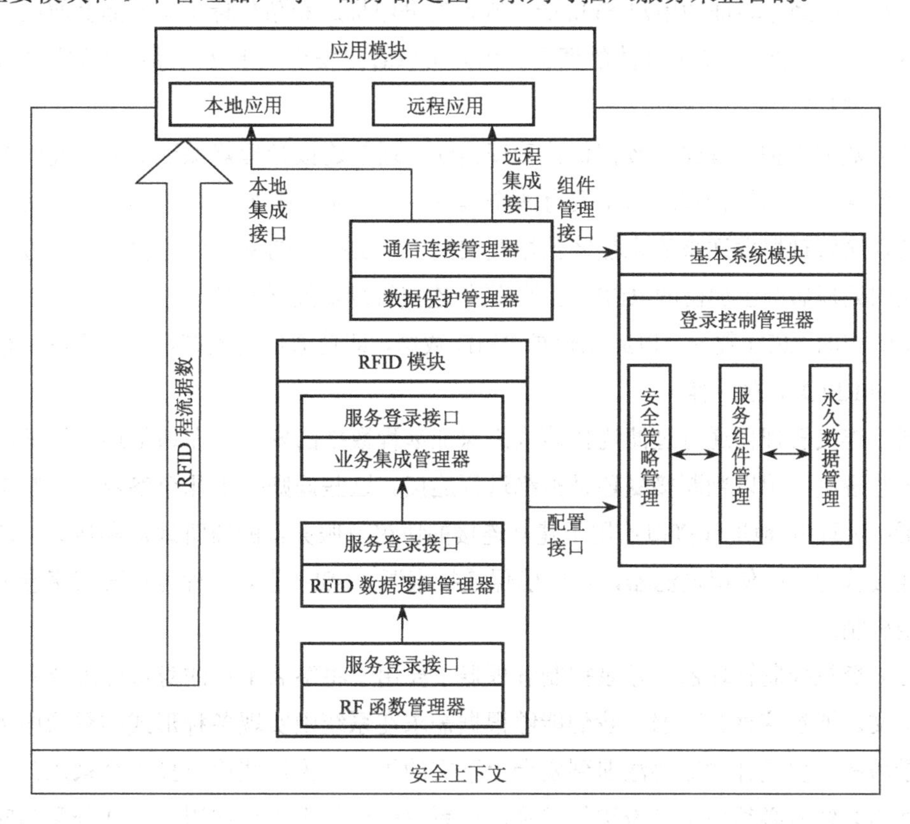

▶ 图 5-2　安全加强的 RFID 中间件

与安全相关的模块分别是数据保护管理器、商务整合管理器、RFID 数据逻辑管理器、RF 功能管理器、登录控制管理器、安全策略管理器。登录控制管理器、安全策略管理器和数据保护管理器是完全用来提供安全功能的。

登录控制管理器提供登录和验证功能，安全策略管理器负责权限分配及安全配置文件管理，数据保护管理器保障传输数据的安全性，提供加密和解密功能。登录控制管理器、安全策略管理器和数据保护管理器将作用于 RFID 模块中的功能管理器，为其提供安全功能。

每一个管理器都是集中管理的，提供给其他管理器简单的接口，让管理器之间可以互相调用，每一个管理器被设置在相关服务入口点的定义处，同时也方便了安全漏洞的检测，在提升安全机制时具有很大的灵活性。

（1）安全上下文。安全框架实现的基础是所有服务模块都处于安全上下文之上。安全上下文增强了系统的安全性，它能被有效地用于系统的各个层面上，为系统提供自我保护。在侵入检测系统中，安全上下文能被用于安全策略分析。安全上下文由安全用户分组标志、角色标志和 Subject 三者来确定。

由分组标志和角色标志确定用户的权限，在 Subject 中放有通过验证的用户信息。当需要调用中间件的服务功能时，首先找到用户的 Subject，这是用户的合法身份的证明，如果存在一个经过验证的用户 Subject，则通过分组标志和角色标志来判断其权限，并调用 Subject 中的方法来实现方法的调用。由此可以看出安全上下文与系统中的模块交互，为底层提供基本的安全保障。

（2）数据保护管理器。数据保护管理器配合通信连接管理器保证数据传输时的隐秘性和完整性。数据保护管理器主要有两个模块，分别是数据加密模块和数据解密模块。将通信连接管理器发送来的未加密数据及安全上下文授予的密钥作为输入，经过数据加密模块的处理后产生加密的 RFID 数据。通信连接管理器发送来的加密数据经过解密模块后产生解密的 RFID 数据。以此来保护 RFID 数据，即使通信时被窃取，窃听者也很难知道真正的 RFID 数据内容。

通信连接管理器通过过滤连接请求来保证远程数据的安全。在通信连接管理器中定义了一些规则，用以判断接受还是拒绝远程连接。这些规则基于几个参数，这些参数通常包括：远程 IP 地址和接口；用于建立连接的协议及服务器的监听地址和接口。通过在通信连接管理器中使用过滤器，可以确保连接来源，SSL 是另一种可在套接字层上使用的安全机制。

（3）登录控制管理器。登录控制管理器主要用于将签名用户的身份标志放入系统安全上下文。通过这种管理器，我们能够根据需求在系统中实现各种形式的登录服务。系统登录服务主要是针对需要注册到安全上下文的用户，为这些用户提供登录入口。用户想要使用系统时必须使用身份进行登录，让系统验证是否为合法用户，并分配相应角色的权限，然后将登录后的信息放入安全上下文。用户在安全上下文上签名后，将被赋予一些权限来使用 RFID 服务系统。当在系统中需要再次认证时，可以查看系统安全上下文中的内容来判断用户是否合法，而不需要重新进行系统登录认证。

添加登录服务是针对系统中的服务模块的，由于安全框架强调的是双向认证，因此服务模块也需要进行认证，即在当前用户的权限下判断其是否为合法模块，以及与系统安全上下文中的信息是否匹配等。

实际上，系统将整合基本的登录实现组件，管理员有权限指定使用哪一个登录实现组件，进行灵活的配置，而用户并不需要了解具体的实现，屏蔽了底层的复杂性。

（4）安全策略管理器。安全策略管理器包括安全策略模块和安全登录配置模块，负责配置整个系统的安全属性。

安全策略文件为用户分配权限，由安全策略模块来进行配置。同理，登录配置文件配置登录时的属性，由安全登录配置模块来实现管理。安全策略模块和安全登录配置模块都是提供给管理员来对安全策略及配置文件进行配置和修改的，只有管理员拥有这一权限。

（5）RFID 数据逻辑管理器。数据逻辑模块作为一个重要的模块，主要处理从底层到商业整合层的 RFID 数据流。它提供一个原子的 RFID 功能管理模块，包括对从读写器读到的 RFID 标签数据进行收集、过滤、形成 RFID 事件等。要完成这些处理，辅助的服务包括触发整个流程、发命令至流程的各服务模块进行配置管理等。模块中的 RFID 数据流在 Stream-Line 模式中处理，没有在网络中传输，因此没必要在插件实现中应用数据加密。

（6）RF 功能管理器。这个模块被分为两层（RF 驱动层、RF 桥接层），主要关注 RFID 组件的硬件功能，它也是运行在安全上下文之上的。RF 驱动层主要关注与 RFID 读写设备的通信接口。通过串口和蓝牙技术将 RFID 读/写设备连接到中间件上。各种 RFID 驱动在系统中暴露它们的服务接口，将 RFID 读/写设备接入中间件都需要调用相应的驱动模块，而模块的加载涉及双向验证、用户是否有权限使用这些驱动模块及这些模块是否是合法的能够被加载。这些模块只有通过相应的接口在系统中登录和验证之后才能够被启动加载。登录和验证的方法通过一个统一模块实现，这个统一模块功能由另一个安全服务提供。

（7）商务整合管理器。商务整合是一个较新的概念，我们的中间件提供了基本的共性模块，在这个模块中包含了用户可能用到的最基本的商务逻辑。用户根据自己的领域特性，加上需求配置文件，并抓取相应领域中特定的商务逻辑模块，共同组合成 RFID 解决方案。这样有利于模块的重用性，而且能够让客户低成本高效率地找到解决方案。

3. RFID 中间件安全工具箱设计

安全工具箱（见图 5-3）是加载在 RFID 中间件上的相对独立的模块，为整个 RFID 中间件安全服务并负责给上层不同领域的用户提供相应的 RFID 安全解决方案。安全工具箱由两部分组成，分别是安全构件库及建立在安全构件库之上的安全方案生成器，连接这两部分的是安全结构体系语言。

（1）安全构件库。安全构件库中存放了所能够提供的所有的安全构件，由一个安全构件管理器来进行管理和维护。安全构件是指系统中较为独立的安全功能实体，是软件系统中安全需求的结构块单元，是软件安全功能设计和实现的承载体。构件由接口和实现两部分组成。连接件通过对构件间的交互规则的建模来实现构件间的连接。

通过连接件，能够构造出更加复杂、功能更加强大的安全构件。构件库中的安全构件包括读写器验证安全构件、模块验证安全构件、用户验证安全构件、用户授权安全构件、数据传输安全构件、数据存储安全构件等一些公共基础的安全构件，还有一些用户指定的面向领域的特殊构件，这些安全构件能够给业务模块提供所需要的安全服务。

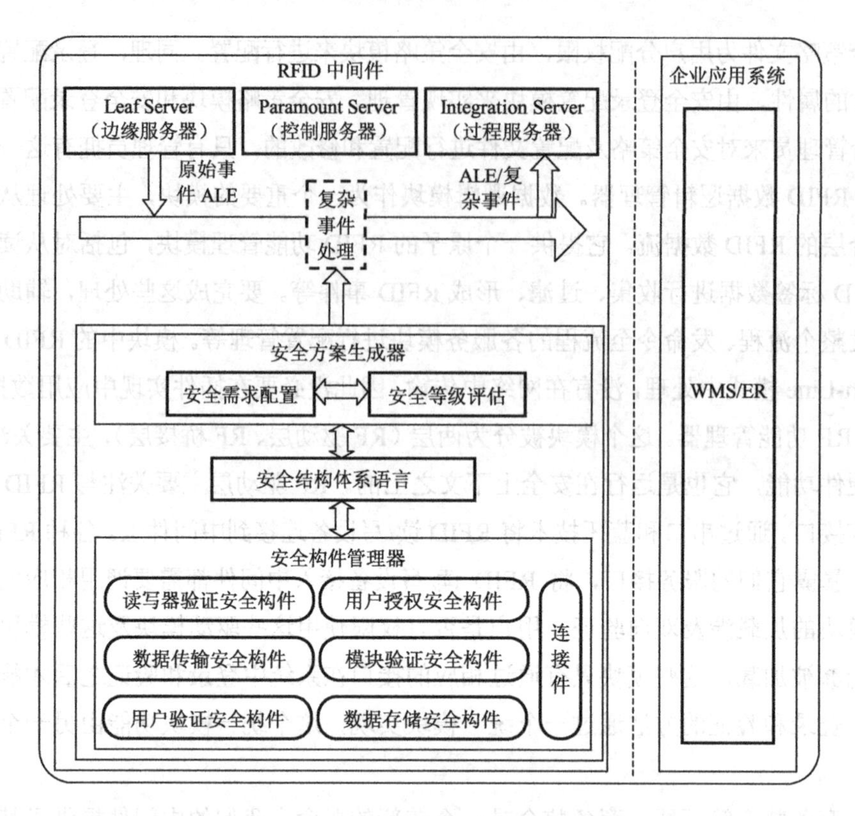

▶ 图 5-3　RFID 中间件中的安全工具箱

构件的一大特色是可定制，即可以重用当前所存在的构件并灵活地根据用户的需求来构造出一套针对某一领域某种情况下的安全解决方案，具有很大的灵活性。比如根据不同的行业，不同的安全级别要求，不同的性能需求来动态选取所需要的构件。灵活的安全解决方案的形成要靠安全构件管理器来实现。安全构件管理器作为构件的容器，负责构件的管理，包括添加、删除、选取、组合等。安全构件管理器根据从上层传输来的安全需求，选取所需的安全构件，并组合成安全解决方案，再传输给安全等级评估模块进行评估。

中间件安全工具箱的安全构件有：读写器验证安全构件，模块验证安全构件，用户授权安全构件，用户验证安全构件，数据传输安全构件，数据存储安全构件。

（2）安全方案生成器。安全方案生成器主要由两大模块组成：安全需求配置和安全等级评估。安全需求配置是安全工具箱的入口，它给用户提供一个可视化的界面，用户可以根据自己的需求首先选择希望的安全等级和性能要求，然后选择安全构件和安全连接件，并设计这些构件之间的相关性和连接方式来定制安全需求，即将安全需求转化为安全结构体系语言传递给安全构件库，安全构件库会根据安全需求生成相应的安全解决方案。所生成的安全解决方案又反馈回安全方案生成器中的安全等级评估模块，评估生成的安全解决方案。如果不符合安全标准，或达不到客户希望的安全等级，则它将修改安全需求配置，重新进行循环，直到安全等级达标为止。这样做既体现了按照用户需求制定方案的灵活性，又能检查安全级别，防止用户出现错误并保障安全性能。

5.2.2　服务安全

SOA 引入了一些新的安全风险的同时也加重了已有的安全风险，其面临的安全性问题还体现在以下几方面：外部服务的安全、传输级的安全、消息级的安全、数据级的安全、身份管理和其他一些安全要素[45]。

1．服务安全措施

（1）服务公开化的安全。SOA 架构的开放性，必然会导致大量外部服务方面的攻击和安全隐患无法保护 SOA 中未知的第三方，第二级和第三级用户（如合作伙伴的合作伙伴）是可以访问未受保护的 SOA。因此，未受保护的 SOA 很容易超负荷运转。若没有访问控制，未受保护的 SOA 很容易被来自黑客的大量 SOAP 消息“淹没”，结果可能导致拒绝服务攻击（DoS）损害系统的正常运行，因此访问控制和防恶意攻击是外部服务的重要安全要素。

（2）传输级的安全。安全的通信传输在 SOA 架构中也不容忽视。就 Web 服务而言，通信传输协议总是 TCP 的。传输级的安全主要是指 IP 层和传输层的安全。防火墙把公开的 IP 地址映射为一个内部网络的 IP 地址，以此创建一个通道，防止被来自非授权地址的程序访问。Web 服务可以通过现有的防火墙配置工作，但是为了安全起见，在这样做的同时必须为防火墙添加更强的保护，以监测输入的流量，并记录产生的问题。另外一种常见的方式是：使用能够识别 Web 服务格式，并执行初步安全检查的 XML 防火墙和 XML 网关——可以将它们部署于“军事隔离区”（DMZ）。

（3）消息级的安全。简单对象访问协议（Simple Object Aeeess Protocol）是一个基于 XML 的用于在分布式环境下交换信息的轻量级协议。SOAP 在请求者和提供者对象之间定义了一个通信协议，因为 SOAP 是平台无关和厂商无关的标准，因此尽管 SOA 并不必须使用 SOAP，但在带有单独 IT 基础架构的合作伙伴之间的松耦合互操作中，SOA 仍然是支持服务调用的最好方法。大多数 SOA 架构中服务之间的交互还是以支持 SOAP 消息的传输为基础，因此必须保证应用层 SOAP 消息的安全并同时满足 SOA 架构中的服务提出的一些特殊要求，如对消息进行局部加密和解密，然而常用的通信安全机制（如 SSL、TLS、IPSEC 等）无法满足这些要求，如何保证这种 SOAP 消息的安全进而提供安全可靠的 Web 服务，已成为 SOA 进一步推广和应用必须解决的关键问题。

（4）数据级的安全。数据级的安全主要指保护存储着的或传输中的数据免遭篡改的加密与数字签名机制。此处的数据大部分是以 XML 形式表现出来的。XML 架构代表了 SOA 的基础层。在其内部，XML 建立了流动的消息格式与结构。XSDschemas 保持消息数据的完整与有效性，而且 XSLT 使得不同的数据间通过 Schema 映射而能够互相通信。换句话说，如果没有 XML，那么 SOA 就会寸步难行。由于服务间传递的 SOAP 消息表现为 XML 文件的形式，保证 XML 文件的安全是保证 SOAP 消息安全的基础。

因此保证 SOA 架构的数据级安全在某种意义上主要是指保证 XML 文件的安全。XML 文件可以包含任何类型的数据或可执行程序，其中也包含那些故意搞破坏的恶意代码。大多数企业已经在使用大量的 XML 编码文件，由于 XML 文件是基于文本的，这些文件绝大多数处于无保护的状态下，未经保护的 XML 文件在互联网传输过程中很容易被监听和窃取。

（5）身份管理的安全。目前企业身份管理的会话模式不能满足 SOA 的这种更复杂的要求。用户可能最初经过身份验证后发出一个服务请求，该身份验证会一直应用在整个会话中，而服务请求可能会经过一组后端服务，因此用户与最终的服务结果没有直接的联系。系统不仅要识别是谁发起了服务请求，还要识别是谁批准和处理了这个服务。需要对所有这些单个的进程在这个服务中使用的信息进行认证，而不是在一个交互的会话中询问它们的信息。此外，很难将授权从技术中分离出来，进而影响了 SOA 架构的安全实施。因此，在 Internet 上跨越多个企业对身份进行唯一地管理和授权，随着信任的复杂度增加，管理的难度也随之大大增加。

2．网络防火墙服务

（1）如果企业与相对固定的合作伙伴之间使用少量的、有限的 SOAP/XML，可以通过传统的防火墙得到安全性保证。然而防火墙厂商必须增强他们的产品以便它至少能够识别出 HTTP 和其他协议内的 SOAP。然后就可以在企业与合作伙伴之间只允许 SOAP 和 XML 内容通过，阻止其他一切内容。例如，以色列的 CheckPoint 软件公司的 FireWall-I 就能够识别 SOAP 消息和 XML 的内容，能够基于源和目标等特性来阻止 SOAP 消息，使企业能够基于指定的架构对每一个 Web 服务检验 XML 的内容。

（2）第二个可选方案是构建自己的防火墙。目前可以借助一些工具完成这项工作。例如，微软公司的互联网安全和加速（ISA）服务器 2000 允许通过写互联网服务器 API（ISAPI）在 ISA 服务器上进行过滤，微软为验证 ISA 服务器上的 SOAP/XML 消息提供了一个 ISAPI 过滤器模型。

（3）通常被认为最好的可选方案是，采用一应用程序层面的防火墙在传统的防火墙后面运行，只负责验证 SOAP/XML 流量。与代理相似，这种类型的产品接收那些穿过应用层防火墙的消息，并验证发送它的人、程序或组织的相关操作是否经过授权。

3．SOAP 消息监控网关服务

以上的这些功能都是由 SOAP 消息监控的内部组成部分协作实现的，SOAP 消息监控网关由 SOAP 消息拦截器、SOAP 消息检查器和 SOAP 消息路由器三部分组成。SOAP

消息拦截器，是对接收和发送的消息集中实施安全措施的节点，它的主要任务是创建、修改和管理用于接收和发送 SOAP 消息的安全策略，实施消息级和传输级的安全机制。通过对接收和发送的 XML 数据流实施安全机制，检查消息是否符合标准的 XML 模式、消息的唯一性和源主机的真实性。通过 SSL 连接的建立、IP 检查和一些 URL 访问控制来实现通道传输级的安全。

SOAP 消息检查器，用于检查和验证 XML 消息级安全机制的质量，该机制包括：认证、授权、XML 签名、XML 加密及识别内容级安全；检查消息是否符合标准以及是否存在其他内容级威胁并实施数据验证。其实现的关键技术是 WS-Security、XMLSignature、xMLEneryption、XKMS、SAML 和 SAAJ 等。

SOAP 消息路由器，通过对 SOAP 消息进行加密和数字签名，提供消息级机密性和完整性功能，同时采用单点登录（SSO）令牌，安全地处理前往多个端点的消息。确保将消息安全地发送到服务提供者。

4. XML 文件安全服务

为了满足上述安全要求，要实现可扩展标记语言（eXtensible Markup Language，XML）文件的安全可以应用以下 3 种 XML 安全技术：

（1）用于完整性和签名的 XML 数字签名（XMLsignature）；

（2）用于机密性的 XML 加密；

（3）用于密钥管理的 XML 密钥管理（XKMs）。

XMLsignature 用于声明消息发送方或数据拥有者的身份，它可对整个文件、文件的部分或者多个文件进行签名，还可以对其他用户已签名的文件进行再次签名；XMLEncryption 提供了加密 XML 内容的词库和规则，加密后的 XML 文件在传输和存储过程中都处于加密状态，这和传统的传输层加密机制（如 SSL）是不同的；任何使用非对称加密算法的加密系统都需要公钥基础设施这一类的密钥管理机制，XKMS 提供了密钥管理服务的协议，如密钥对的生成、公钥的共享等，主要对 XMLsignature 和 XMLEncryption 中用到的密钥进行管理；XACML 则是为了解决分布式系统中策略交互过程中的策略描述问题而提出的一种能够相互理解的策略描述语言。这里主要介绍如何使用这几种技术保证 XML 文件的安全。

5. 身份管理服务

从 SOA 安全服务共享模型中可以看到，企业 SOA 架构中的身份认证和授权过程均可以由外部共享的身份管理服务执行，以减少其影响范围，提高其灵活性。身份管理服务实现的功能包括身份识别认证、身份授权和联合身份管理与单点登录（Single Sign-On，SSO）。其具体组成模块包括单点登录代理、凭证令牌和声明服务。单点登录代理、凭证令牌、声明服务子模块都支持基于安全声明标记语言（SAML）及 SUN 和其他联盟公司完成的 Liberty Alliance Project 规范的协议。

这些标准和规范满足了交换安全声明信息及单点访问多项资源方面的重要业务需求，如图 5-4 所示。

（1）单点登录代理。设置在客户端与身份管理服务组件之间，主要负责完成单点登录的准备工作、配置安全会话、查询安全服务接口、调用合适的安全服务接口并执行全局退出。

（2）声明服务。主要用来创建 SAML 认证声明、SAML 授权决策声明和属性声明，它是解决异构应用、不同认证方案、授权策略和其他相关属性的单点登录需求的一种通用机制。

（3）凭证令牌。用于根据用户凭证（如 CA 颁发的数字证书）、认证需求、协议绑定和应用提供者来创建和检索用户的安全令牌（如公钥 509 证书）。

（4）联合身份验证数据库。它存放的是合法的用户名密码、角色、权限及与身份验证相关的信息。

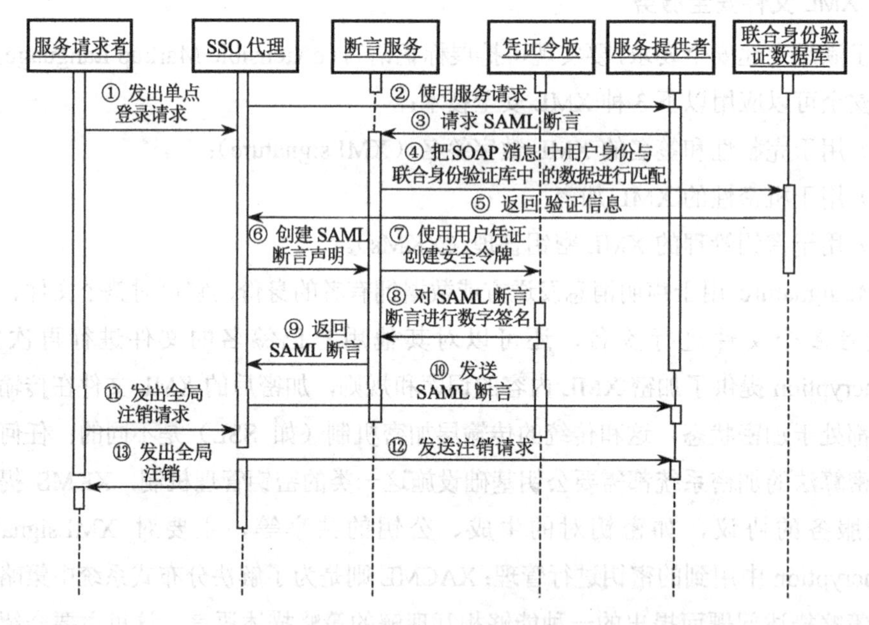

▶ 图 5-4　身份管理服务时序图

6. 其他安全服务

除了提到的以上几个安全服务，系统还必须提供完善的日志机制，用于记录所有的事件及相关身份，作为审计线索。定期的安全审计有助于发现安全漏洞、违反安全的行为、欺骗及有试图绕过安全措施的行为。此外，其他安全服务还包括系统要采取的负载均衡、病毒检测、分组过滤、故障切换或备份、入侵检测系统等预防性措施，以防范其他潜在的危害系统安全的攻击。

5.3 数据安全

5.3.1 数据安全的非技术问题

1. 数据主权问题

物联网中，数据可以非常方便地从一个平台传输到另外一个平台，从一个服务商传输到另外一个服务商，甚至是跨国界的传输。假设 A 国的用户使用了 B 国服务商提供的服务，但是数据却保存在 C 国的数据中心，如果在这种情况下出现法律纠纷，那就会出现一个非常关键和现实的问题，即该服从那个国家的法律呢？

无论是从国家安全角度还是从法律角度保护个人的隐私，数据的监管都是非常重要的。物联网中的一个挑战就是如何在国家层面实施这些保护政策，但是又不会影响在国际上的商业机会和合作。

一种解决方法是通过法律框架在国家之间推动自由贸易。在 20 世纪，全球经济通过国际贸易得到了很大的提升。国际贸易是指不同国家和地区之间的商品和劳务交换活动。在 20 世纪我们可以允许货物和服务交换，而 21 世纪时我们需要允许数据以同样的方式来交换。如果没有相对自由的信息流动，那么物联网所能带来的大部分好处都将无法得到充分实现。

因为不同的国家都可能会声称对数据拥有司法权或者访问权，这会让物联网数据服务提供商陷入两难的境地。要实现数据的流通，就需要调整一些与信息存储和传输相关的国家法律。与制定传统法律相比，较大的区别是我们在做这些调整时，需要与国际进行统一的协调，无论是通过双边的贸易协定还是多边的区域性或全球性的贸易协定，都可以有多种方式来实现这一目标，但关键是要用全球化的视野来认真对待信息生态系统的构建，只有这样才能充分体现物联网数据服务给经济带来的各种好处。

2. 数据立法问题

在物联网时代，数据就是数字经济的流通货币。从电子邮件、社交网络到互联网搜索，数据已成为我们每天生活、工作的基础。正是因为数据的重要性，全球各国的政策制定者都在寻求如何在信息时代规范数据保障的法律。一个比较棘手的问题是要在保护数据的同时更为有效地共享数据。这个问题随着物联网时代的到来而变得更为明显和紧迫。物联网中的应用和服务对于一个可预测的和安全的信息生态系统具有很强的依赖性。

在过去的 20 年中，我们已经看到许多公共政策都疲于应付由于技术创新带来的各种问题。现在物联网还处于初级的阶段，这给了我们一个很好的重新评估和修正我们政策的机会。对于很多在模拟时代建立的法律法规而言，物联网的到来给他们提出了很多挑战。这些相关的政策因素从网络访问、安全到计算机犯罪、隐私和数据管控，甚至是知识产权的保护和言论自由等，都成为政府、企业和个人需要面对的挑战。这里的许多问题都不是物联网特有的问题，只是由于数据处理和存储方式的变化，使它们在物联网中变得更为突出。正是由于物联网带来的这些机遇和挑战，我们更需要多方合作来推进相关政策的出台。

首先我们需要能够推动出台一些物联网服务的技术政策，比如高速网络，包括光纤和无线网络；又比如一些能够保证平台和应用互操作的技术标准和规范，从而保障数据的可移植性。其次，我们需要通过技术手段、立法、在线安全教育宣传等多种手段，建立起物联网在用户心目中的信心。

我们已经发现好的技术政策可以帮助推进信息产业的发展，并让大众受益。对于一个以数据为新流通货币的时代，过时的一些政策会很容易让这一货币贬值，从而限制其在不同国家之间的有效流通。在现在这个创新的时代，政府同样需要国际合作，通过创新的方式来应对物联网带来的数据主权方面的司法挑战。

5.3.2　数据加密存储

当前存储加密采用的技术方式主要有嵌入式加密、数据库级加密、文件级加密、设备级加密。嵌入式加密是在存储区域网（SAN）中介于存储设备和请求加密数据的服务器之间嵌入一台在线存储加密机。这种设备可以对服务器传输到存储设备的数据进行加密，对返回到应用服务器上的数据进行解密，这种技术可以保护SAN中的静态和动态数据。

嵌入式加密设备很容易安装成点对点解决方案，但扩展起来难度大，或者成本高。如果部署在接口数量多的应用环境，或者多个站点需要加以保护，就会出现问题。这种情况下，跨分布式存储环境安装成批硬件设备所需的成本会高得惊人。此外，每个设备必须单独或者分批进行配置及管理，这给管理带来了沉重的负担。

1．存储加密技术标准

目前已经有多家厂商致力于存储加密标准的制定和推广，希望让存储安全工具更容易和多种存储架构协同工作。这些厂商把大部分精力都投入存储安全之中，并推出了多款支持存储加密功能的存储系统，例如，EMC开始通过多种安全手段来保护存储于其磁盘阵列上的数据的安全性。除了厂商不遗余力地推广数据安全的各项保护措施，还有一些标准组织也参与到这一领域。可信赖计算组织（TCG）率先开始对可信赖存储的研究，可信赖计算组织的工作重点是为专用的存储系统上的安全服务制定标准；全球网络存储工业协会（SNIA）建立了存储安全工业论坛（SSIF），已经在存储安全方面小有成就。这些不同的组织对基本安全组成中的不同部分（如加密算法和密钥管理的生命周期等方面）做了标准化。例如，TCG有一个子小组负责满足IEEE P1619存储规格的存储设备密钥管理，而且还有成员参加了全球网络工业协会的存储安全工业论坛。

2. 存储加密算法

在 IEEE 制定的存储加密标准 P1619 中，推荐的存储加密标准算法之一就是 AES 数据加密标准，该方法也是目前最流行、安全性最高的数据加密方法，被广泛应用于数据加密领域中。

AES 作为高级加/解密算法，有很大的优越性。NIST 已经定义了 5 种操作 AES 的模式及其他被 FIPS 认可的块算法[MODES]。每种模式都有不同的特性。这 5 种模式是 ECB（电子密码本）、CBC（密码分组链接）、FCB（密码反馈）、OFB（输出反馈）、CTR（计数器）。ECB 模式对于载荷长度是密钥长度整数倍的信元加/解密具有更好的性能，但是 SAN 中数据长度并不都是密钥长度的整数倍。同时 ECB 模式的抗攻击性并不是很好，因此大多数应用中都不使用 ECB 模式。比较 AES 的其他 4 种运行模式，多采用 CTR 运行模式，因为 AES-CTR 有许多特点使它成为一个在高速网络中引人注目的加密算法。

AES 算法是一个迭代分组密码算法，分组长度和密钥长度可以独立地指定为 128b、192b 或 256b。AES 算法的变换由三个称之为层的可逆变换组成。这三个层分别为线性混合层、非线性层和密钥加层。该算法针对 4B 的字（Word）进行操作，进行一系列线性和非线性变换，从而达到扩大信息空间的目的，减少被破译的可能。

5.3.3　物理层数据保护

1. 文件级备份

文件级的备份，即备份软件只能感知到文件这一层，将磁盘上所有的文件，通过调用文件系统接口备份到另一个介质上。所以文件级备份软件，要么依靠操作系统提供的 API 来备份文件，要么本身具有文件系统的功能，可以识别文件系统元数据。

文件级备份软件的基本机制就是将数据以文件的形式读出，然后再将读出的文件存储在另外一个介质上。这些文件在原来的介质上，存放可以是不连续的，各个不连续的块之间的链关系由文件系统来管理。而如果备份软件将这些文件备份到新的空白介质上，那么这些文件很大程度上是连续存放的，不管是备份到磁带还是磁盘上。

磁带不是块设备，由于机械的限制，在记录数据时，是流式连续的。磁带上的数据也需要组织，相对于磁盘文件系统，也有磁带文件系统，准确来说应该称为磁带数据管理系统。对于磁带，它所记录的数据都是流式的、连续的。每个文件被看成一个流，流与流之间用一些特殊的数据间隔来分割，从而可以区分一个个的“文件”，其实就是一段段的二进制数据流。磁带备份文件的时候，会将磁盘上每个文件的属性信息和实体文件数据一同备份下来，但是不会备份磁盘文件系统的描述信息（如一个文件所占用的磁盘簇号链表等）。因为利用磁带恢复数据的时候，软件会重构磁盘文件系统，并从磁带读出数据，向磁盘写入数据。

2. 块级备份

所谓块级备份，就是备份块设备上的每个块，不管这个块上有没有数据，也不管这个块上的数据是属于什么文件。块级别的备份不考虑也不用考虑文件系统层次的逻辑，原块设备有多少容量，就备份多少容量。在这里“块”的概念，对于磁盘来说就是扇区（Sector）。

块级的备份是最底层的备份，它抛开了文件系统，直接对磁盘扇区进行读取，并将读取到的扇区写入新的磁盘对应的扇区。磁盘镜像就是典型的块级备份，磁盘镜像最简单的实现方式就是 RAID 1。RAID 1 系统将对一块（或多块）磁盘的写入，完全复制到另一块（或多块）磁盘，两块磁盘内容完全相同。有些数据恢复公司的一些专用设备“磁盘复制机”也是直接读取磁盘扇区，然后复制到新的磁盘。

基于块的备份软件，不经过操作系统的文件系统接口，通过磁盘控制器驱动接口，直接读取磁盘，所以相对文件级的备份来说，速度快很多。但是基于块的备份软件备份的数据数量相对文件级备份要多，会备份许多僵尸扇区，而且备份之后，原来不连续的文件，备份之后还是不连续，有很多碎片。文件级的备份，会将原来不连续存放的文件，备份成连续存放的文件，恢复时，也会在原来的磁盘上连续写入，所以很少造成碎片。有很多系统管理员，都会定时将系统备份并重新导入一次，就是为了剔除磁盘碎片，其实这么做的效果和磁盘碎片整理程序效果相同，但是速度却比后者快得多。

3. 远程文件复制

远程文件复制，是把需要备份的文件通过网络传输到异地容灾站点。典型的代表是 rsync 异步远程文件同步软件。它是一个运行在 Linux 下的文件远程同步软件。它可以监视文件系统的动作，将文件的变化通过网络同步到异地的站点；它可以只复制一个文件中变化过的内容，而不必整个文件都复制，这在同步大文件的时候非常有用。

4. 远程磁盘镜像

远程磁盘镜像是基于块的远程备份，即通过网络将备份的块数据传输到异地站点。远程镜像（远程实时复制）又可以分为同步复制和异步复制。同步复制，即主站点接受的上层 IO 写入数据，必须等这份数据成功地复制传输到异地站点并写入成功之后，才通报上层 IO 成功消息。异步复制，就是上层 IO 主站点写入成功，即向上层通报成功，然后在后台将数据通过网络传输到异地。前者能保证两地数据的一致性，但是对上层响应较慢；而后者不能实时保证两地数据的一致性，但是对上层响应很快。所有基于块的备份措施，一般都是在底层设备上进行，而不耗费主机资源。

5. 快照数据保护

远程镜像或者本地镜像，确实是对生产卷数据的一种很好的保护，一旦生产卷故障，可以立即切换到镜像卷。但是这个镜像卷，一定要保持一直在线状态，主卷有写 IO 操作，那么镜像卷也有写 IO 操作。如果某时刻想对整个镜像卷进行备份，需要停止读/写主卷的应用，使应用不再对卷产生 IO 操作，然后将两个卷的镜像关系分离，这就是拆分镜像。拆分过程是很快的，所以短暂的 IO 暂不会对应用产生太大的影响。

拆分之后，可以恢复上层的 IO。由于拆分之后已经脱离镜像关系，所以镜像卷不会有 IO 操作。此时的镜像卷，就是主机停止 IO 那一刻的原卷数据的完整镜像，此时可以用备份软件将镜像卷上的数据备份到其他介质。

拆分镜像是为了让镜像卷保持拆分一瞬间的状态，而不再继续被写入数据。而拆分之后，主卷所做的所有写 IO 动作，会以位图的方式记录下来。位图就是一份文件，文件中每个位都表示卷上的一个块（扇区，或者由多个扇区组成的逻辑块），如果这个块在拆分镜像之后，被写入了数据，则程序就将位图文件中对应的位从 0 变成 1。待备份完成之后，可以将镜像关系恢复，此时主卷和镜像卷上的数据是不一致的，需要重新做同步。程序会搜索 bitmap 中所有为 1 的位，对应到卷上的块，然后将这些块上的数据同步到镜像卷，从而恢复实时镜像关系。

可以看到，以上的过程是十分复杂烦琐的，而且需要占用一块和主卷相同容量大小的卷作为镜像卷。最为关键的是，这种备份方式需要停掉主机 IO，这对应用会产生影响。而“快照技术”解决了这个难题。快照的基本思想是，抓取某一时间点磁盘（卷）上的所有数据，而且完成速度非常快，就像照相机快门一样。

5.3.4　虚拟化数据安全

物联网数量庞大的由感知层收集上来的数据可以使用虚拟化存储技术，虚拟化存储把多个存储介质模块通过一定的手段集中管理起来，所有存储模块在一个存储池中得到统一管理，可以将多种、多个存储设备统一管理起来，为使用者提供大容量、高数据传输性能的存储系统。通过以资源池的方式对计算机处理器和存储进行虚拟管理，可以大大提高资源的使用率。另外，存储虚拟还可以降低成本和复杂性，并提供前所未有的灵活性和选择，可以将高效信息流延伸到服务的边界之外，改善横向的通信和协作，推动高效计算服务的增长，为物联网的应用打下坚实基础。

存储资源虚拟化早在 2002 年就被国内一些 IT 媒体列为最值得关注的技术之一，时至今日，它更是成为 HDS、HP、IBM、SUN、VERITAS 等存储软/硬件厂商的重头戏之一。我们可以看到它在存储方面的广泛应用，从小到数据块、文件系统，大到磁带库、各种主机服务器和阵列控制器。存储虚拟化并不像几十年前刚出现时是一个虚拟化的概念，今天，它代表了一种实实在在的领先技术。它甚至被人们看做是继存储区域网络（SAN）之后的又一次新浪潮。

存储虚拟化是通过将一个（或多个）目标服务或功能与其他附加的功能集成，统一提供有用的全面功能服务。典型的虚拟化包括如下一些情况：屏蔽系统的复杂性，增加或集成新的功能，仿真、整合或分解现有的服务功能等。虚拟化是作用在一个或者多个实体上的，而这些实体则是用来提供存储资源或服务的。

存储虚拟化是一个抽象的定义，它并不能够明确地指导用户怎么去比较产品及其功能。这个定义只能用来描述一类广义的技术和产品。存储虚拟化同样也是一个抽象的技术，几乎可以应用在存储的所有层面：文件系统、文件、块、主机、网络、存储设备等。

存储虚拟化的好处首先在于它是一个 SAN 里面的存储中央管理、集中管理，由此能够得到较大收益，降低成本。其次，存储虚拟化打破了存储供应商之间的界线。另外，存储虚拟化的适应性很强，可以应用于不同品牌的高中低档的存储设备。

存储的虚拟化可以在三个不同的层面上实现：基于专用卷管理软件在主机服务器上实现，或者利用阵列控制器的固件在磁盘阵列上实现，或者利用专用的虚拟化引擎在存储网络上实现。而具体使用哪种方法来做，应根据实际需求来决定。如果仅仅需要单个主机服务器（或单个集群）访问多个磁盘阵列，可以使用基于主机的存储虚拟化技术。虚拟化的工作通过特定的软件在主机服务器上完成，经过虚拟化的存储空间可以跨越多个异构的磁盘阵列。当有多个主机服务器需要访问同一个磁盘阵列时，可以采用基于阵列控制器的虚拟化技术。此时虚拟化的工作是在阵列控制器上完成，将一个阵列上的存储容量划分多个存储空间（LUN），供不同的主机系统访问。在现实的应用环境中，很多情况下是需要多对多的访问模式的，也就是说，多个主机服务器需要访问多个异构存储设备，目的是为了优化资源利用率，即多个用户使用相同的资源，或者多个资源对多个进程提供服务，等等。在这种情形下，存储虚拟化的工作就一定要在存储网络上完成了。这也是构造公共存储服务设施的前提条件。

虚拟化存储系统可以将分布在互联网上的各种存储资源整合成具有统一逻辑视图的高性能存储系统，因此又称为（Global Distributed Storage System，GDSS）系统。整个系统主要包括存储服务点（Storage Service Point，SSP）、全局命名服务器（Global Name Server，GNS）、资源管理器（Resource Manager，RM）、认证中心（Certificate Authority，CA）、客户端、存储代理（Storage Agent，SA）及可视化管理，如图 5-5 所示。

SSP 是整个系统的入口，对系统所有模块的访问都通过 SSP，它主要提供 FTP 接口、CA 接口、RM 接口和 GNS 接口；系统中 SSP 的个数可以根据需要动态增加；SSP 接管了传统方案中 GNS 的部分功能，减轻了 GNS 的负载，提高了系统的可扩展性。

GNS 负责系统的元数据管理，主要包括元数据操作接口、元数据容错系统、元数据搜索系统。

RM 包括资源调度模块和副本管理模块，其主要负责资源的申请和调度，同时提供透明的副本创建和选择策略。副本技术降低了数据文件访问延迟和带宽消耗，有助于改善负载平衡和可靠性。尤其是动态的副本创建机制，即自动地选择存储点以创建副本，并根据用户的特征而自动变化创建策略，为副本机制提供了更高的灵活性。

客户端目前支持三种形式：通用 FTP 客户端、文件访问接口和特制客户端。用户通过系统提供的特制客户端，不但能够进行用户组操作，具有搜索和共享等功能，还可以获得更高性能的服务。

CA 包含证书管理系统，主要负责系统的安全性和数据的访问控制，同时它记录了用户的注册信息。

SA 屏蔽了存储资源的多样性，为系统提供统一存储访问接口，同时提供了文件操作方式和扩展的 FTP 操作方式，另外它对文件复制管理操作提供支持，为高效传输提供服务。同时 SA 这一级实现了局域存储资源的虚拟化，包括统一 SAN 和 NAS，分布式的磁盘虚拟化、磁带库虚拟化和 SAN 内部共享管理等。

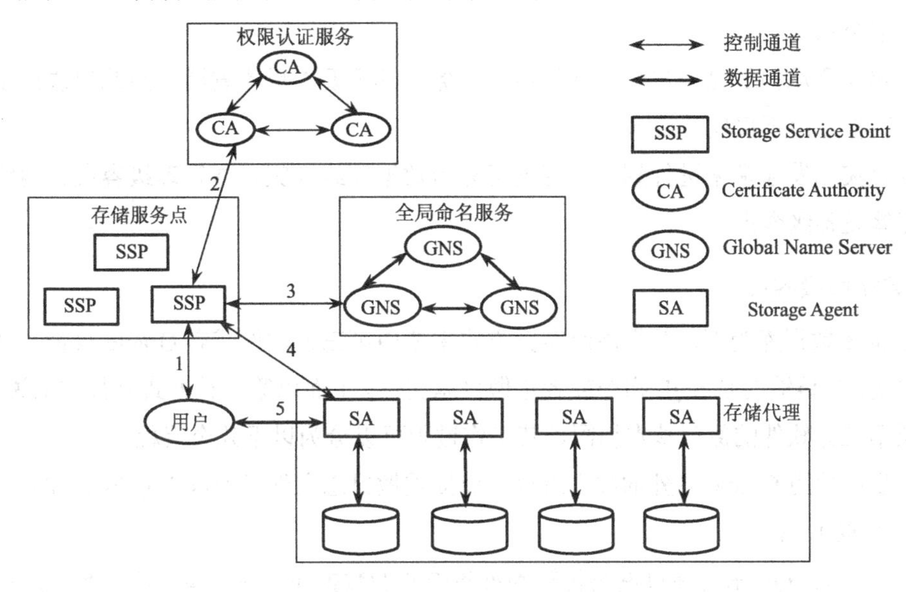

▶ 图 5-5　虚拟化存储系统整体架构

5.3.5　数据容灾

所谓容灾，就是为了防范由于各种灾难造成的信息系统数据损失的一项系统工程。容灾的实质就是结合企业数据安全、业务连续、投资回报等需求定制适合于企业自身的容灾系统，制定合理的灾难恢复计划，在突发式灾难或者渐变式灾难时快速恢复系统。

影响信息系统安全的因素是多方面的，需要采用不同的技术手段来解决。所谓容灾，就是为了防范由于自然灾害、社会动乱、IT 系统故障和人为破坏造成的企事业企业信息系统数据损失的一项系统工程。

通常，把正常情况下支持日常业务运作的信息系统称为生产系统，而其地理位置则称为生产中心。当生产中心因灾难性事件（如火灾、地震等）遭到破坏时，为了迅速恢复生产系统的数据、环境，以及应用系统的运行，保证系统的可用性，这就需要异地容灾系统（其地理位置称为灾备中心）。

建立灾备中心可以应对绝大部分的灾难（包括火灾、自然灾害、人为破坏等意外事件）。除了从容面对上述突发式灾难的威胁，一个完备的容灾系统还应该能够处理各种渐变式灾难，能够从病毒损害、黑客入侵或者系统软件自身的错误等导致的数据丢失的状况下，快速重建生产中心。

说到容灾，自然会想到备份。企业关键数据丢失会中断企业正常商务运行，造成巨大经济损失，容灾和备份都是保护数据的有效手段。无论是采用哪种容灾方案，数据备份还是最基础的，没有备份的数据，任何容灾方案都没有现实意义。但容灾不是简单备份，真正的数据容灾就是要避免传统冷备份的先天不足，它能在灾难发生时，全面、及时地恢复整个系统。

由于容灾所承担的是用户最关键的核心业务，其重要性毋庸置疑，因此也决定了容灾是一个工程，而不仅仅是技术。

根据容灾的发起端来进行划分，容灾可分为数据库级容灾、卷管理级容灾、网络级容灾、存储设备级容灾。

1．数据库级容灾

以Oracle数据库为例，数据库级容灾方式主要由第三方软件或者Oracle自带的功能模块来实现，其传输的是SQL指令或者重做日志文件。下面以第一种方式进行详细说明。

这类第三方软件的原理基本相同，其工作过程可以分为以下几个流程。

第1步：使用Oracle以外的独立进程，捕捉重做日志文件（Redo Log File）的信息，将其翻译成SQL语句。

第2步：把SQL语句通过网络传输到灾备中心的数据库，在灾备中心的数据库执行同样的SQL。

显然，数据库级容灾方式具有如下技术特点和优势：

（1）在容灾过程中，业务中心和备份中心的数据库都处于打开状态，所以，数据库容灾技术属于热容灾方式；

（2）可以保证两端数据库的事务一致性；

（3）仅仅传输SQL语句或事务，可以完全支持异构环境的复制，对业务系统服务器的硬件和操作系统种类及存储系统等都没有要求；

（4）由于传输的内容只是重做日志或者归档日志中的一部分，所以对网络资源的占用很小，可以实现不同城市之间的远程复制。

其实现方式也决定了数据库级容灾具有以下缺点：

（1）对数据库的版本有特定要求；

（2）数据库的吞吐量太大时，其传输会有较大的延迟，当数据库每天的吞吐量达到60G或更大时，这种方案的可行性较差；

（3）实施的过程可能会有一些停机时间来进行数据的同步和配置的激活；

（4）复制环境建立起来以后，对数据库结构上的一些修改需要按照规定的操作流程进行，有一定的维护成本。

（5）数据库容灾技术只能作为数据库应用的容灾解决方案，如果需要其他非结构数据的容灾，还需要其他容灾技术作为补充。

2．卷管理级容灾

卷管理级容灾有多种实现方式，而基于主机逻辑卷的同步数据复制方式以VERITAS Volume Replicator（VVR）为代表。VVR是集成于VERITAS Volume Manager（逻辑卷管理）的远程数据复制软件，它可以运行于同步模式和异步模式。

当应用程序发起一个I/O请求之后，必然通过逻辑卷层，逻辑卷层在向本地硬盘发出I/O请求的同时，将向异地系统发出I/O请求。其实现过程如下。

第1步：应用程序发出第一个I/O请求。

第2步：本地逻辑卷层对本地磁盘系统发出I/O请求。

第3步：本地磁盘系统完成I/O操作，并通知本地逻辑卷“I/O完成”。

第4步：在向本地磁盘系统I/O的同时，本地主机系统逻辑卷向异地系统发出I/O请求。

第5步：异地系统完成I/O操作，并通知本地主机系统“I/O完成”。

第6步：本地主机系统得到“I/O完成”的确认，然后，发出第二个I/O请求。

因此，必须在生产中心和灾备中心的应用服务器上安装专用的数据复制软件以实现远程复制功能，并且两个中心之间必须有网络连接作为数据通道。使用这种方式，对存储系统没有限制，同时可以在服务器层增加应用远程切换功能软件从而构成完整的应用级容灾方案。

但是，这种数据复制方式也存在一些明显的不足：

- 对软件要求很高，每一台应用服务器上都需要安装专门的软件，随着服务器数目的增加，成本也线性增加
- 每一个应用服务器对应一个节点，需要考虑实施、管理和维护的复杂性
- 需要在服务器上运行软件，不可避免的对服务器性能会有影响，占用服务器宝贵的CPU、内存等资源
- 不管是同步还是异步方式，必须要考虑网络性能
- 存储目标数据的逻辑卷不能被业务系统所使用，属于冷容灾方式

3. 网络级容灾

网络级容灾主要是指基于虚拟存储技术的容灾。使用虚拟化数据管理产品实现的远程复制原理如图 5-6 所示。

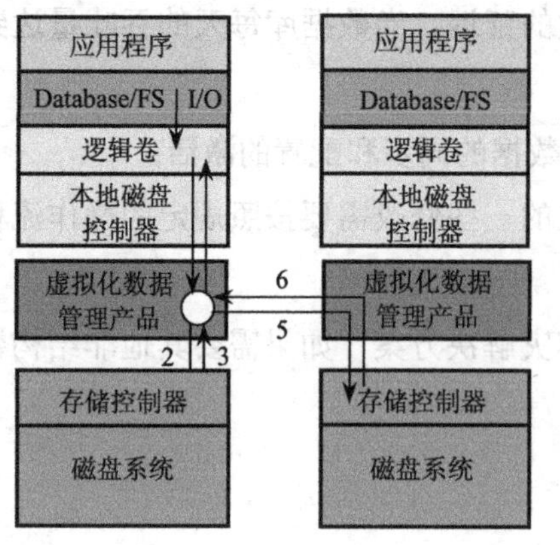

▶ 图 5-6　虚拟化数据管理产品实现远程复制

当应用程序发起一个 I/O 请求之后，向本地硬盘发出 I/O 请求必然经过虚拟化数据管理产品，虚拟化数据管理产品向本地硬盘写入数据，同时把数据的变化量保存到特定区域，通过不同的方式灵活地把数据同步到灾备中心。其实现过程如下。

第 1 步：应用程序发出第一个 I/O 请求，本地逻辑卷层把 I/O 请求发送给虚拟化数据管理产品。

第 2 步：虚拟化数据管理产品向本地磁盘系统发出 I/O 请求，同时把数据的变化量保存到特定区域。

第 3 步：本地磁盘系统完成 I/O 操作，并通知虚拟化数据管理产品“I/O 完成”。

第 4 步：虚拟化数据管理产品通知本地逻辑卷层“I/O 完成”，本地主机系统得到“I/O 完成”的确认，然后，发出第二个 I/O 请求。

第 5 步：虚拟化数据管理产品根据预设的策略把数据变化量同步到灾备中心。

第 6 步：异地系统完成同步，并通知本地系统“I/O 完成”。

可以看出，数据的写入必须由虚拟化数据管理产品进行转发，存储路径变长，因此会对性能有些影响。但是从容灾的实现角度来说，存储虚拟化容灾基于存储虚拟化技术，因此具有应用层容灾和存储设备容灾无法比拟的优势：

- 整合各种应用服务器（包括不同的硬件、不同的操作系统等），并且无需在应用服务器上安装任何软件，远程复制的过程不会对应用服务器产生影响
- 整合各种存储设备（包括不同的厂商、不同的设备接口等），因此存储设备可以完全异构，不同厂商不同系列的阵列可以混合使用，大大降低客户方案复杂程度和实施难度
- 方案的实施可以完全不在乎客户现有的存储设备是否支持远程数据容灾，有利于保护客户投资，增加了投资回报率
- 多个存储设备可以作为一个统一的存储池进行管理，存储空间利用率和存储效率大大提高
- 针对不同的应用服务器通过统一的平台实现容灾，管理维护大大简化
- 通常存储虚拟化产品能够支持复制、镜像等主流的容灾技术，用户可以为不同应用灵活选择，制定“最适合”的容灾方案

4. 存储设备级容灾

通过存储控制器实现的设备级数据远程镜像或复制是传统容灾方式中最高效、最可

靠的方式。基于磁盘系统的同步数据复制功能实现异地数据容灾，其实现原理如图 5-7 所示。

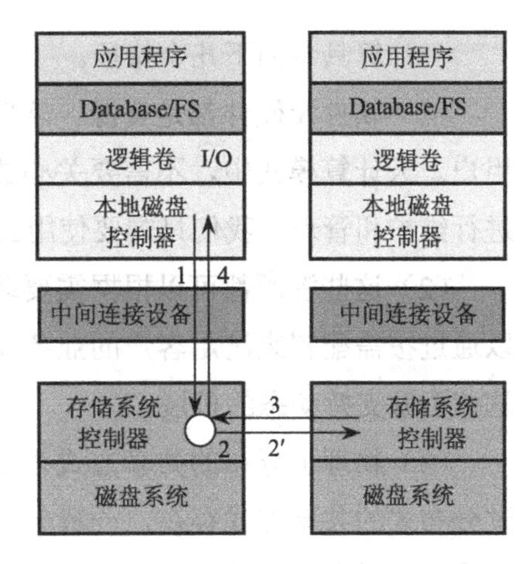

▶ 图 5-7 存储设备实现同步远程复制

当应用服务器发出一个 I/O 请求之后，I/O 进入本地磁盘控制器。该控制器一方面在本地磁盘系统处理 I/O，同时通过专用通道、FC 光纤通道（IP over FC）或者租用线路，将数据从本地磁盘系统同步复制到异地磁盘系统。其实现过程如下：

第 1 步：应用服务器发出第一个 I/O 请求。

第 2 步：本地磁盘系统在处理 I/O 请求的同时，会向异地磁盘系统发出 I/O 请求。

第 3 步：异地磁盘系统完成 I/O 操作，并通知本地磁盘系统"I/O 完成"。

第 4 步：本地磁盘系统向应用服务器确认"I/O 完成"，然后，主机系统发出第二个 I/O 请求。

因此，远程复制由生产中心和灾备中心的存储系统完成，对应用服务器完全透明。其缺点主要在于：

- 不能跨越品牌，只能在相同的产品甚至是相同的型号之间实现容灾
- 无法提供足够的灵活性，且成本很高，并不能保护用户之前在存储上的投资
- 两个中心之间必须有专用的网络连接作为数据通道，使得容灾系统对通信线路的要求较高，初期成本也非常高
- 由于这些设备往往采用的是一些专用的设备和通信方式，安装维护都比较复杂，往往由于设置的不周全或者通信距离或线路的限制，造成容灾系统实施的失败

5.4 云安全技术

5.4.1 云安全概述

1. 物联网中的云计算

云计算为众多用户提供了一种新的高效率计算模式，兼有互联网服务的便利、廉价和大型机动能力。云计算的出现不仅仅是改变计算机的使用方法，它也将影响人们的日常生活，在云计算时代也许我们所有家电控制也将由云端完成，而不用在每一个系统中植入计算机芯片，系统功能的升级和定制将通过云端的服务器完成，因此家电的智能将得到进一步的提高。我们认为浏览器并不是云计算所必需的，许多非浏览器设备同样可以享受云计算系统的服务。云计算架构如图 5-8 所示，云计算安全是建立在传统的云计算架构之上，要用传统的安全技术手段来保障云服务的运行。

云计算具备如下几个特征。

（1）软件及硬件都是资源。软件和硬件资源都可以通过互联网以服务的形式提供给用户。云计算模式中，不需要关心数据中心的构建，也不需要关心如何对这些数据中心进行维护和管理，我们只需要使用云计算中的硬件与软件资源即可。

（2）这些资源都可以根据需要动态配置和扩展。云计算中的硬件与软件资源，都可以通过按需配置来满足客户的业务需求。云计算资源都可以动态配置及动态分配，并且这些资源支持动态的扩展。

（3）物理上分布的共享方式存在，逻辑上单一整体形式呈现。资源在物理上都是通过分布式的共享方式存在，一般分为两种形式，一种形式是计算密集型的应用；另一种形式是地域上的分布式。

（4）按需使用资源，按用量付费。用户通过互联网使用云计算提供商提供的服务时，你只需要为你使用的那部分资源进行付费，你使用了多少，就付多少费，而不需要为你不使用的资源付费。

云计算出现的初衷是解决特定大规模数据处理问题，因此它被业界认为是支撑物联网“后端”的最佳选择，云计算为物联网提供后端处理能力与应用平台。笔者认为物联网“后端”建设应从互连和行业云做起。在研究全面和理想化战略体系的同时，应充分利用良好的前期基础，重视价值牵引作用，在特定领域的典型应用和行业云上有所突破。物联网与云计算的结合，势必是一种趋势，它们之间的关系，如果把物联网看做人的五官和四肢，那么云计算人就可以看做人的大脑。

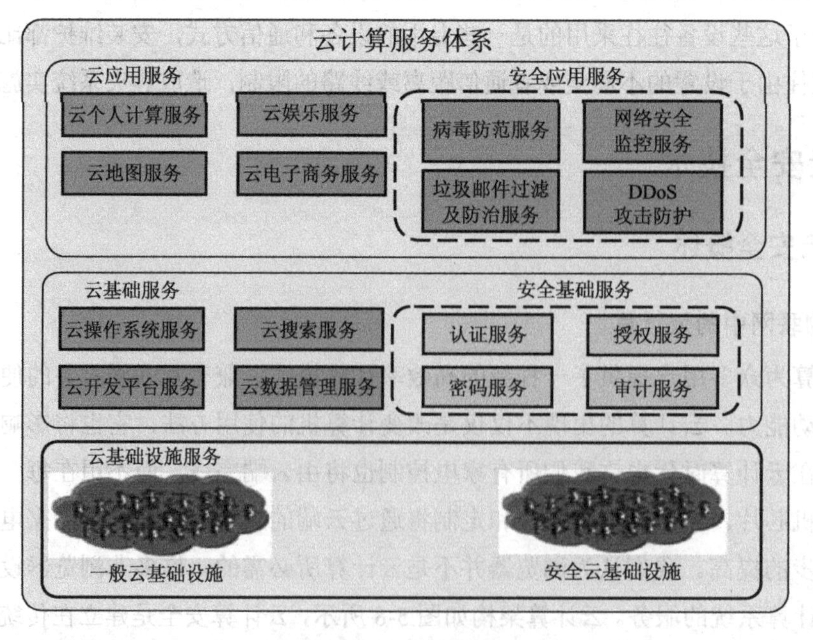

▶ 图 5-8　云计算架构

物联网与云计算各自具备很多优势，结合方式我们可以分为以下几种。

- 一对多方式，即单一云计算中心，多业务终端
- 多对多，即多个云计算中心，大量业务终端
- 信息和应用的处理分层化，海量业务终端

云计算和物联网都是新兴事物，但是两者结合的案例目前还是比较少的。IBM 公司发布的蓝云（Blue Cloud）计划，微软的 Dynamics CRM Online 、Exchange Online、Office Communications Online 等面对企业的计算服务；亚马逊网络云计算服务、谷歌的 GAE、Google Docs 等云计算服务，均未见与物联网结合。但是，物联网与云计算的潜力正日益浮现，3G 视频通话就是一个典型例子。有了云计算中心的廉价、超大量的处理能力和存储能力，加上物联网无处不在的信息采集，这两者优势互为补充，相得益彰，将共同谱写未来信息技术革命的新篇章。

目前云计算发展迅速，业界还提出了“海计算”概念。海计算通过在物理世界的物体中融入计算与通信设备及智能算法，让物物之间能够互连，在事先无法预知的场景中进行判断，实现物物之间的交互作用。海计算一方面通过强化融入各物体中的信息装置，实现物体与信息装置的紧密融合，有效地获取物质世界信息；另一方面通过强化海量的独立个体之间的局部即时交互和分布式智能，使物体具备自组织、自计算、自反馈的海计算功能。海计算的本质是物物之间的智能交流，实现物物之间的交互。云计算是服务器端的计算模式，而海计算代表终端的大千世界，海计算是物理世界各物体之间的计算模式。简而言之，海计算模式倡导由多个融入了的信息装置、具有一定自主性的物体，通过局部交互而形成具有群体智能的物联网系统。该系统具有以下优点：

- 节能、高效充分利用局部性原理，可以有效地缩短物联网的业务直径，即覆盖从感知、传输、处理与智能决策，到控制的路径，从而降低能耗，提高效率
- 通用结构通过引入融入信息装置的“自主物体”，有利于产生通用的、可批量重用的物联网部件和技术，这是信息产业主流产品的必备特征
- 分散式结构海计算物联网强调分散式结构，较易消除单一控制点、单一瓶颈和单一故障点，扩展更加灵活。群体智能使得海计算物联网更能适应需求和环境变化
- 海计算（Sea Computing）是 2009 年 8 月 18 日，通用汽车金融服务公司董事长兼首席执行官 molina，在 2009 技术创新大会上所提出的全新技术概念。海计算为用户提供基于互联网的一站式服务，是一种最简单可依赖的互联网需求交互模式。用户只要在海计算输入服务需求，系统就能明确识别这种需求，并将该需求分配给最优的应用或内容资源提供商处理，最终返回给用户相匹配的结果。与云计算的后端处理相比，海计算指的是智能设备的前端处理。

2. 云安全框架

目前，关于云计算与安全之间的关系一直存在两种对立的说法。持有乐观看法的人认为，采用云计算会增强安全性。通过部署集中的云计算中心，可以组织安全专家及专业化安全服务队伍实现整个系统的安全管理，避免了现在由个人维护安全，由于不专业导致安全漏洞频出而被黑客利用的情况。然而，更接近现实的一种观点是，集中管理的云计算中心将成为黑客攻击的重点目标。由于系统的规模巨大及前所未有的开放性与复杂性，其安全性面临着比以往更为严峻的考验。对于普通用户来说，其安全风险不是减少而是增大了。

云计算以动态的服务计算为主要技术特征，以灵活的"服务合约"为核心商业特征，是信息技术领域正在发生的重大变革。这种变革为信息安全领域带来了巨大的冲击：

- 在云平台中运行的各类云应用没有固定不变的基础设施，没有固定不变的安全边界，难以实现用户数据安全与隐私保护
- 云服务所涉及的资源由多个管理者所有，存在利益冲突，无法统一规划部署安全防护措施
- 云平台中数据与计算高度集中，安全措施必须满足海量信息处理需求

云安全技术研究云计算的特有安全需求，包含为降低云计算安全风险所采用的技术。云的信息系统本质特征使得在云计算环境安全的考虑因素不仅包含继承自信息系统的共性安全问题，也包括在云环境下出现的新问题。"云计算"研究人员提出云安全需要防护的内容主要包括应用、信息、管理、网络、可信计算、计算和存储、物理等方面，如图5-9所示。

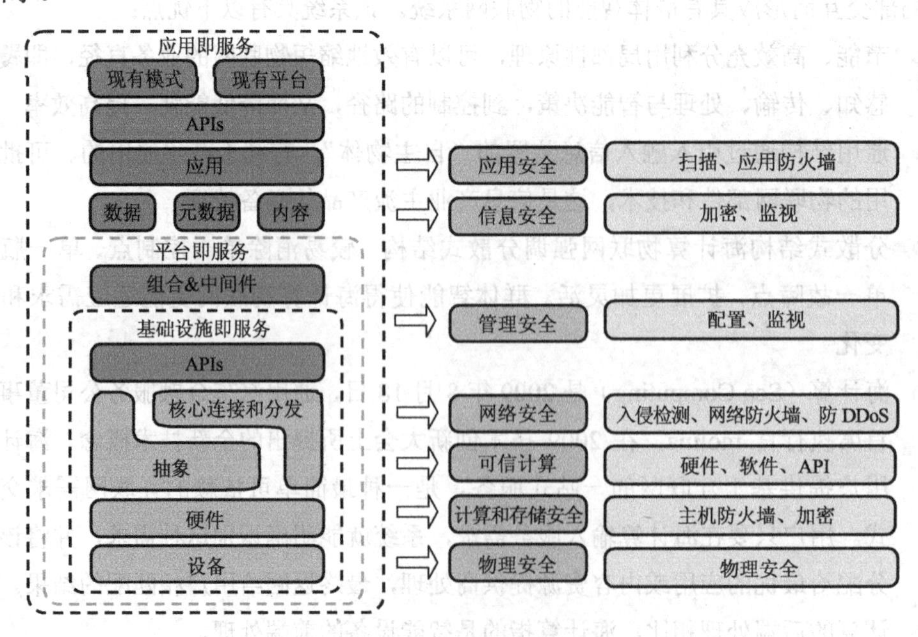

▶ 图 5-9　云计算安全模型

- 应用安全：关注开发中、移植状态已经处于云中的应用程序运行安全。可以使用软件开发生命周期管理、二进制分析、恶意代码扫描来对应用程序进行加固。同时可采取 Web 应用防火墙（WAF）、事务安全等技术实现应用程序层安全
- 信息安全：用于保证用户业务数据信息不被泄露、更改或丢失。使用数据泄露防护技术、能力成熟度框架、数据库行为监控、密码技术等保证信息的机密性、完整性等安全属性
- 管理安全：通过公司治理、风险管理及合规审查，使用身份识别与访问控制、漏洞分析与管理、补丁管理、配置管理、监控技术等实现手段实现管理安全
- 网络安全：部署基于网络的入侵检测、防火墙、深度数据包检测、安全 DNS、抗 DDoS 攻击机制、QoS 技术及开放 Web 服务认证协议实现网络层面安全
- 可信计算：使用软/硬件可信根、可信软件栈、可信 API 和接口保证云计算的可信度
- 计算和存储安全：使用基于主机的防火墙/入侵检测、完整性、审计/日志管理、加密和数据隐蔽技术实现计算/存储安全
- 物理安全：以物理位置安全、闭路电视、守卫等在硬件层面上确保安全

从上述安全模型中可以看出，云计算安全涉及多个方面，但是从物联网的角度看，云计算是物联网应用层的一种应用模式，模型中提到的安全防护内容将由物联网整体统一考虑。

值得注意的是，业界对“云安全”的理解还有另外一层意思：“云计算”的理念在安全领域的应用，即“云安全服务”，也就是将各种安全功能以云计算的方式提供出来给用户使用。下面将针对“云安全服务”展开说明。

3. 云安全服务

云计算能够提供多样化的服务能力，安全也是云能够提供服务的其中一种，从本质上而言与其他计算或存储类服务差别不大。安全云服务使用集中化的计算能力来交付安全，能够突破传统安全设备或安全软件的固有性能限制，通过更充分的资源供给实现安全水平的巨大提升，这也催生了一些全新层面的安全应用，改变了用户部署安全、使用安全的方式。

根据我国云计算未来的发展，国内云计算安全的专家指出了云安全服务系统技术框架，如图 5-10 所示。该框架从云的各个层次给出了详细的云安全服务系统部署，可以这样说，该框架是未来云安全服务的路线图。

目前，业界比较热门的云安全服务是云病毒防范。使用云进行病毒查杀的“安全云”技术是 P^2P 技术、网格技术、云计算技术等分布式计算技术混合发展、自然演化的结果，是网络时代信息安全的最新体现，它融合了并行处理、网格计算、未知病毒行为判断等新兴技术和概念，通过网状的大量客户端对网络中软件行为的异常监测，获取互联网中木马、恶意程序的最新信息，传输到云服务器端进行自动分析和处理，完成后再将病毒

和木马的解决方案分发到每个客户端，从而使这些客户端和服务器群构成一个庞大的病毒防御体系，能够快速检测新病毒并在最短时间内实现体系内计算机的免疫。

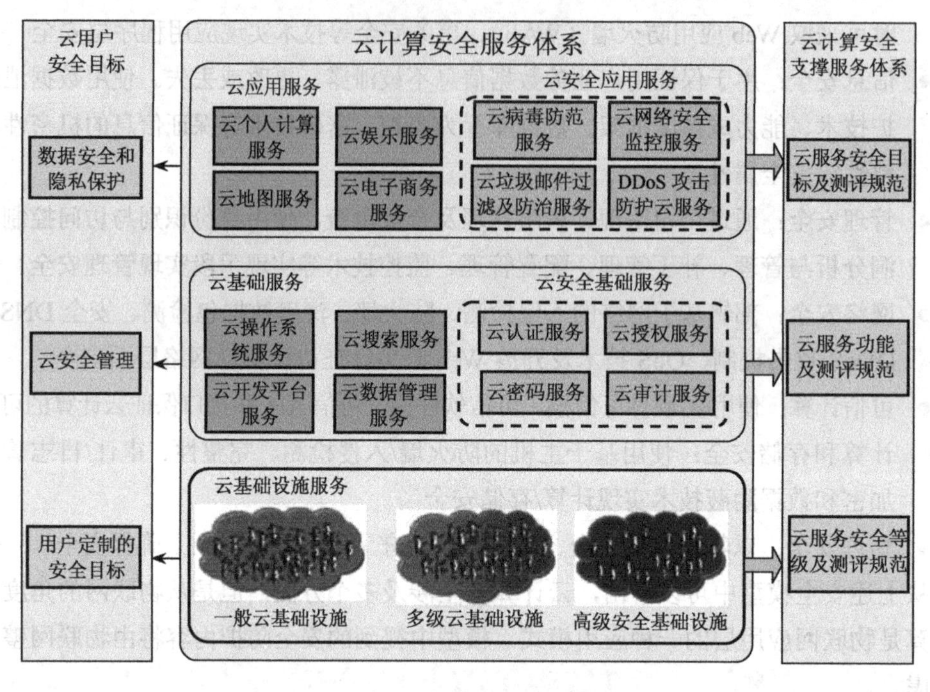

▶ 图 5-10　云安全服务技术框架图

“安全云”的杀毒模式是网络化的主动防毒，杀毒软件利用互联网强大的网络支持，通过互联网实时监控网络及用户主机，在用户即将访问有害网页或病毒程序前提醒用户，防止大部分终端不受病毒感染。与传统模式相比，使用“云”进行病毒查杀具有防病毒网络化、检测效率高、反病毒能力更强等优点。正是看到反病毒的互联网化模式给安全厂商带来的全新思路和给用户全新的应用体验，安全云模式一经推出，就得到了包括瑞星、趋势科技、Symantec 等国内外诸多反病毒厂商关注，并根据自身的理解，推出了相应的“云安全”解决方案。

但是，这种由用户参与的安全云服务也存在用户隐私泄露的问题，随着物联网应用的普及，用户隐私包含的重要性越来越重要，用户很可能不会允许任何一种软件随意将客户端的信息上报给服务器。云安全服务厂商怎么保证客户端程序只收集病毒方面的信息而不收集用户的信息，让用户相信厂商是非恶意，能够说服用户参与将是一个巨大的难题，这很可能还会因此面临众多法律问题。

5.4.2　云计算中的访问控制与认证

1. 云计算中身份管理面临的挑战

网络应用通常都部署在企业内部。企业内部的计算机及网络相关设备和设施会形成

“可信边界”，这种“可信的边界”一般都是静态的。企业内部的信息技术部门负责“边界”的监控。一个企业的网络、系统和应用都工作在该企业的“可信边界”之内。通过网络安全设施或系统（如虚拟专用网、入侵检测系统、入侵保护系统和多因认证方式），可以实现对网络、系统和应用的安全访问。

引入云服务后，企业的可信边界延伸到云中且动态可变，企业无法再对边界实施监控。对于业已建立的可信管理和控制模型而言，边界控制权的丧失是一个非常棘手的问题。如果该问题得不到有效解决，云服务很难为企业所采用。

企业为解决边界控制权丧失带来的问题并加强风险控制，不得不使用软件来进行安全控制（如应用安全与用户访问控制）。边界延伸到云中以后，安全控制同样包括认证、基于角色（或声明）的授权、可信资源的使用、身份联合、单点登录、用户行为监视、审计等。鉴于身份联合是建立企业和云信任关系的重要手段，对它应给予特别关注。

作为一种还处于发展和完善中的应用技术，身份联合特别适合用来在异构的、动态的、松散的环境中构建信任关系。信任关系反映了企业内部事务和外部事务的关系及其合作模式。身份联合使边界内外的系统和应用能进行交互。身份联合加上有效的身份访问管理就能基于委托、单点登录和集中式授权管理几种方式实现身份的强认证，可见身份联合在云的推广上将起到十分关键的作用。

一些企业没有采用集中式的身份管理体系，这使得企业的身份与访问管理变得困难重重。很多时候，身份数据由若干系统管理员采用人工方式进行管理，用户身份信息的使用不够规范。这种身份访问管理方式不仅效率低下，而且还会影响云服务。当这种低效的身份访问管理方式应用于云中时，用户可能在未授权的情况下访问云服务。

身份与访问管理需要云服务供需双方共同的参与和支持。为了让企业能在使用和扩充身份与管理功能时遵守企业内部的策略和标准，云服务提供商必须支持身份访问管理标准和诸如身份联合这样的身份与访问管理功能。通过支持身份与访问管理，云服务能加速传统IT应用从企业可信网络到云中的转移。对于企业而言，强大的身份与访问管理功能有助于保护数据机密性和完整性，有助于让用户严格按照规定访问云中的信息。支持身份与访问管理标准的云服务会加速云服务的推广和应用向云的转移。

对于企业级应用而言，身份管理与访问控制一直都是最难解决的信息技术问题之一。尽管在没有合适身份与访问管理机制的情况下，企业也能获得云服务，但从长远看，提前做好按需使用云服务的策略准备对于延伸企业身份服务到云中是很必要的。公正地评估企业为云身份与访问管理所做的准备，清楚云服务提供商的服务能力，对于准备引入云服务的企业是必需的，毕竟，云计算在很多方面都还不成熟。

SPI（SaaS，PaaS，IaaS）云服务模型要求信息技术部门和云服务商共同努力将企业的身份与访问管理系统、程序和功能扩充到云中，扩充的方式对服务提供商和消费者都应该是可伸缩的、有效的且是高效的。要在云中成功而有效地进行身份管理，应该提供下述功能。

（1）身份供应。企业采用云服务面临的主要挑战之一就是云用户身份的供应和撤销。另外，已具备用户管理能力的企业要将自己的身份管理功能延伸到云中，困难也不小。

（2）认证。在企业使用云服务时，以可信和可管的方式认证用户身份是至关重要的需求。信任管理、强认证、委托认证和服务间的信任管理，都是企业必须解决的认证难题。

（3）身份联合。云环境下，联合身份管理在企业利用身份供应机构认证云服务用户上起着重要的作用。当然，服务提供商和身份供应机构之间安全地进行身份属性交换也是必需的。拟在云中采用身份联合的企业应该清楚面临的各种困难及相应的解决方案，主要困难有身份生命周期的管理和能保证机密性、完整性和不可否认性的认证方法的提供。

（4）授权与用户基本信息管理。对用户基本信息管理与访问控制策略的需求往往是不同的，这由用户扮演的角色决定，即用户是代表个人（如消费者）还是作为企业（如大学、医院等）的雇员。SPI 模型中的访问控制需求包括信任用户基本信息与策略信息的建立、云服务访问控制、审计追踪等。

（5）规则遵从。对于云服务用户而言，清楚身份管理如何让操作符合规定十分重要。设计很好的身份管理能确保身份供应、访问授权和责任分割在云中得以实现，能进行审计追踪和报告操作合规。

2. 云身份供应

云身份供应负责云用户账户（终端用户、应用管理员、IT 管理员、超级用户、开发者、账单管理员）的建立和撤销。通常，云服务会要求用户先注册身份信息，每条身份信息代表一个人或一个组织。云服务提供商通过维护身份信息来支持记账、认证、授权、身份联合和审计。

企业要引入云服务，身份供应仍然是其面临的主要挑战和障碍，云服务提供商当前提供的身份供应功能还不足以满足企业的需要。鉴于专门解决方案会大大增加管理的复杂性，用户不应采用专门解决方案。云服务企业用户应修改或扩充自己的身份数据库以满足云应用和处理的需要。

下面分别给出三种云服务模型身份供应的解决方案。

（1）软件即服务/平台即服务。

- 使用云服务提供商提供的 SPML 适配器或连接器
- 如果云服务提供商不支持 SPML，就使用 SPML 网关来实现身份供应
- 在得到支持的情况下，利用 SAML 认证声明和属性动态地供应账户
- 定期审计用户及其权限；删除未授权用户，通过用户基本信息实现权限的最小化；自动实现跨云身份供应

（2）基础设施即服务。

- 利用云服务提供商所支持的 API 实现云用户身份供应
- 配置标准的虚拟机映像，预先创建访问虚拟机的用户及其基本信息；用户及其基本信息应与企业的 LDAP 和活动目录状态进行关联；当身份供应有权访问操作系统和应用服务时，应支持最小权限规则
- 在预先配置的虚拟机映像中存储信任信息一定要小心翼翼；如果可能，信任信息的设置或修改应成为身份供应的组成部分
- 定期审计虚拟机映像和删除无效用户

3. 云认证

当一个企业开始利用云中的应用时，实现可信可管的用户身份认证就成为企业面临的又一难题。企业务必解决与认证相关的难题，包括信任信息管理、强认证、委托认证和跨云信任。

信任信息管理包括信息的分发和管理。如果身份供应解决了用户账户创建和身份信息生命周期管理问题，信任信息管理就成为认证面临的难题，信任信息的管理包括口令管理、数字证书管理和动态信任信息管理。

某些高风险或高价值的应用可能会要求采用强认证技术（如一次口令或数字证书）。虽然大企业普遍都采用强认证和多认证，但这些认证方法可能与某个云服务或云应用并不兼容。成本、管理负荷过大和用户接受问题可能促使强认证方法的采用，一些认证内部应用访问，另一些认证外部应用访问。云服务商也面临同样的问题，因为兼容客户端认证方式而支持强认证机制可能并不划算。

SaaS 和 PaaS 云服务提供商应向用户提供以下支持：

- 利用用户名和口令并伴之以强认证方式认证用户身份，强认证的力度应与服务的风险级别相当
- 企业用户管理能力包括特权用户的管理，这种能力使企业能支持各种认证方法
- 口令复位自服务功能，它使身份一开始就有效
- 定义和执行强口令策略的能力
- 联合认证，将认证委托给使用 SaaS 服务的企业
- 以用户为中心的认证（如 OpenID）——特别是在应用能为个人所访问的情况下。以用户为中心的认证机制使用户使用现有的信任信息就能实现登录，用户信任信息不必存放在用户站点上

信任信息管理在任何环境中都是一个难题。SaaS 云和 PaaS 云提供了多种基于云服务类型的信任信息管理方法。

SaaS 和 PaaS 云服务提供商一般都在他们的应用和平台中提供了内置的认证服务。除

此之外，他们还支持将认证委托给企业。用户有以下选项：

- 企业用户：利用企业身份供应机构认证用户身份，利用身份联合构建企业与云服务提供商之间的信任关系
- 个人用户：利用以用户为中心的认证方法就能实现在多个站点上仅使用一个信任信息

IaaS 云中有两类用户需要被认证。一类是企业的 IT 职员，他们负责应用的部署和管理。另一类是应用用户，应用用户可能是雇员、消费者或合作企业。对于 IT 职员而言，建立专门的 VPN 通常更合适，因为可以利用现有的系统和程序。

IaaS 云服务提供商很少说明应用是如何认证用户的。怎样执行认证由将应用部署在云中的企业决定。可能的解决方案是建立通往企业网络的虚拟专用网隧道或采用身份联合方式。当应用利用像单点登录或基于 LDAP 的认证服务这样的现有的身份管理系统时，虚拟专用网能收到更好的效果。

在无法部署虚拟专用网隧道的情况下，应用应支持接受采用各种形式的认证声明，这些声明采用像 SSL 这样的 Web 加密标准加密。这种方式使企业能在外部实现身份联合和单点登录，因而在云应用中也可以采用这种认证方式。当应用面向的是外部用户时，OpenID 是一个选择。然而，因为对 OpenID 信任信息的控制位于企业之外，所以应对用户的访问权限做适当限制。应用可能还有能力基于自己的数据库进行认证。选择这种方式认证用户需要解决信任信息的管理和单点登录问题。

4. 云访问控制与用户基本信息管理

用户基本信息是用户属性的集合，云服务使用用户基本信息来定制服务和限制对服务的访问。访问控制根据准确的用户基本信息做出适当决策。

不同的用户类型有着不同的用户基本信息和访问控制需求。用户一般可分为两种类型：个人用户和企业用户。对于个人用户而言，用户自身就是基本信息的唯一来源，策略由云服务提供商制定。然而，对于企业用户而言，企业是用户基本信息和访问控制的权威主体。

在云环境中，用户基本信息管理与访问控制更是麻烦，因为实现相关功能的位置可能是不同的，使用的处理方法、命名习惯和技术也可能是不同的，可能还要在不安全的 Internet 上实现企业间的安全通信。

（1）访问控制模型。访问控制模型有好几种。通常，在非云环境表现良好的访问控制模型也适用于云环境。事务处理服务最好采用基于角色的访问控制模型（RBAC），如果需要，还可以辅之以以数据为中心的策略，该策略已为底层数据库所采用。多数情况下，非结构化内容应采用 ACL 模型。如果必须基于资产或信息的种类来实现访问控制，那么最好采用 MAC/MLS 模型。访问云的 Web 服务最好采用 ACL 模型。除了提供基本

的访问控制外，云环境还增加了基于配额的限制。用户应确信他已充分理解在用访问控制模型的能力和局限。最后，大企业用户需要设计一个角色模型，为方便管理，该模型将用户角色映射成企业内部事务功能。

（2）权威信息来源。用户应明确策略和用户基本信息的权威来源，保证云只会使用可信的信息来源。信息源的选择与用户类型相关。如果用户是个人，用户自己就是基本信息的主要来源而云服务是策略的主要来源。像OpenID这样支持个人用户选择身份供应商的自证实身份方案适用于没有敏感信息的服务。然而，对于企业用户，策略信息必须源自企业和云而用户基本信息必须源自企业和用户。正如前面认证部分所讨论的那样，像SAML这样的支持企业选择身份供应商并对认证强度有特别要求的身份方案在这样的情况下就是必需的。如果云服务仅仅提供本地身份服务，用户应该决定怎样在云中实现身份信息的供应、撤销和审计。总之，用户应确保云服务使用合适的策略和用户基本信息来源。

（3）隐私策略。尽管不同国家、不同数据对隐私保护的要求有很大不同，但合作站点间交换信息和执行隐私保护却始终是重要的。对于企业用户而言，基于XACML的安全隐私授权方案（XSPA），有助于不同企业实体间交换隐私需求信息，目前，该方案还处于草案阶段。企业云用户应该理解该方案，明确它提供了什么隐私保护措施。云服务提供商应在云中设计和实现用户隐私保护功能。

（4）访问控制策略格式。对于个人用户而言，访问控制在其所访问云服务所在的位置实施。然而，对于企业用户，访问控制可能被指定由企业的某个部门来实施，也可能由云服务提供商来实施。如果每个云服务提供商和用户都自己设计格式表示策略信息，就会出现相互不支持的情形。工业标准XACML提供了访问控制策略标准的表示方式。如果Web服务采用了WS-Federation，那么访问控制策略的表示还可以基于WS-Policy。

即使是采用了工业标准，发送方和接收方仍然需要在请求信息中所使用的名称和语义上达成一致。例如，云服务商可能提供了“manager”或“admin”角色，这些角色详细而清晰地赋予用户服务访问能力。企业用户可能还会有自己的角色划分，这些角色和云中的角色名称可能大不相同。如果访问控制在企业内部采用集中方式实施（为了透明和易于管理），那么就需要制定转换方案，将企业角色/策略转换为云角色/策略，排除名字冲突造成的混淆。目前还没有这样的转换标准被制定出来。

（5）策略传输。对企业用户而言，在企业和云之间传输访问控制策略是必需的。策略传输可以采用两种方式：定期批量传输和实时传输。如果云服务提供商和每个企业用户都自己设计策略信息的加密与传输机制，相互不支持的混乱情形就会再次出现。如果采用定期批量传输方式，就应该使用SPML。尽管该标准尚未广泛部署，但随着云服务为越来越多的企业所使用，它被采纳的可能性也正逐渐增大。如果基于SAML的单点登录模型被采用，云服务能从SAML声明中提取出策略信息，那么策略信息就可以同被签名的 SAML 声明一起被传输。在这种情况下，应该选择 SAML2.0。同理，如果企业采用的是 WS-Federation，那么就应该使用 WS-Policy 及其附件、WS-Federation 和 WS-Trust 规范，不过，这些规范在实践中很少被采用。对于个人用户而言，没有必要进行策略传输。

（6）用户基本信息传输。获取用户基本信息的方法很多，选择什么样的方法在某种程度上由选择什么样的单点登录方案决定。如果自证实用户基本信息能够被接受，那么任何用户都能自己在云中去注册，手工填写自己的基本信息。如果云服务支持像 OpenID、Google 账户和 Yahoo 账户这样的自证实单点登录方案，那么就能从供应商那里提取用户基本信息。另外，还可以选择 Windows CardSpace，它支持用户信息卡的自助发行，不过该方案并没有被广泛采用。这些机制都不可能提供云服务商所需的所有基本信息，所以还需要用户自己来提供部分信息。这些机制对于企业用户也不适用。对于企业用户或其他的不能采用自证实方式的地方，用户基本信息来源必须可信。如果 SPML 被用来传输策略信息，那么它也可被用来传输用户基本信息。如果使用基于 SAML 的单点登录方式，那么服务需要的用户基本信息能被植入 SAML 声明中与 SAML 声明一起传输。如果使用的是基于 WS-Federation 的单点登录方式，WS-Policy 声明能将用户基本信息纳入其中一起传输。如果使用包含管理信息卡的 CardSpace，那么用户基本信息就能从卡中获取，不管基本信息变化多频繁、改变多容易。

云服务还可以使用 OAuth 来支持用户将自己的内容放在一个云服务提供商处而将账户放在另一个云服务提供商处。OAuth 要求确定使用服务和供应服务的先后关系，它既适用于个人用户也适用于企业用户。OAuth 尚未广泛应用，但作为一种独立的单点登录方案，已证明它是受欢迎的，特别是在非敏感自证实领域。

属性证书也是一种选择，特别适用于属性不经常发生变化的环境，但它需要基本的设备和程序来维持信息的完整性。在实际中它并没有得到广泛应用，这里就不对它展开深入讨论。

总之，从远程设备上获取用户基本信息的方法有很多。以用户为中心的访问控制需求和单点登录机制缩小了选择空间。尽管 SAML 可能现在已应用得十分广泛，但云服务提供商和用户应支持多种选择而不是一种选择，因为在未来任何一种机制都不能很好地应对所有的情况。

（7）策略决定请求。如果授权决定在云服务之外做出，可以使用 XACML 来表示策略请求和响应，并由 SAML 声明来传输策略信息。WS 规范集也是一种选择。实际上，到目前为止，几乎没有哪个应用将授权提取出来。在未来，如果企业用户想要利用云服务而又要进行访问控制，情况就会发生变化。当然，这种变化不会马上到来。

（8）策略决定执行。访问控制策略主要在应用和云服务内执行。在 Web 服务中，访问控制策略由 Web 服务网关执行，Web 服务网关分担了 Web 服务大部分访问控制职责。

（9）审计日志。访问控制活动应生成包含足够信息的日志以满足审计需要和支持使用管理。当前还缺少相关的应用标准，所以云服务提供商、用户特别是企业用户应一起确定日志中应包含的信息，确定如何保护信息的机密性、完整性和可用性。云服务提供商应能保证，当一个用户访问他的日志信息时不会将其他用户的日志信息传给他。

企业用户可能经常会关注这样一些信息：企业内谁建立了账户？哪个账户有什么权限？谁为账户授予了权限？企业用户还需要责任分离的证据，需要知道账户和权限被撤销的相关信息。另外，如果采用了身份联合，日志包含的信息应足以保证企业用户做到云中信息和企业内部信息的关联和同步。

云服务的使用给企业用户在审计追踪上带来新挑战，因为在云环境中，策略是分散的，日志信息也分散在不同的域中，云是虚拟的、动态的，其上的服务是短暂的。企业应对云服务在满足审计、管理和规则遵从上的需求的程度进行评价。

（10）软件即服务。软件即服务供应已走在云服务供应的前列。在三类服务中，软件即服务最有可能提供除本地注册、认证和规则遵从以外的选择。前面讨论的内容多数都和软件即服务相关。

（11）平台即服务。前面所提出的建议和方案至少在理论上可以应用于 PaaS 云服务。不过，PaaS 云服务还较新，除本地注册、认证和访问控制外，尚不能提供其他选择。

PaaS 云用户应了解云服务提供商具有的为用户提供身份管理服务的能力。PaaS 用户能采用上述建议创建自己的身份管理服务。另外，用户还可以利用底层云服务提供商所提供的身份服务，不过这要求底层服务支持策略域分割和确保委托管理的安全。PaaS 云用户会需要访问特定的应用策略，但在这一过程中不应影响其他的由云身份服务负责管理的策略域。分割对于规则遵从、SPML 服务和 SAML 服务是必要的，这些服务使云能够接收 PaaS 用户的请求并能够转发它们。PaaS 云用户应明确自己的身份服务需要，应咨询 PaaS 云提供商如何满足这些需要。

（12）基础设施即服务。前述访问控制建议和方法对于 IaaS 云服务而言，只具有理论意义，因为 IaaS 云服务不大可能基于 Web，而前述方法基本都是基于 Web 的。多数情况下，IaaS 用户有权使用虚拟机并负责虚拟机的配置。对于 IaaS 用户在云中建立的应用而言，采用前述建议是合适的。

为了提高效率，云服务提供商宁愿采用自动化的操作系统预制映像和虚拟机上高级服务（如数据库和 Web 服务）供应方法。然而，用户应确保提供商会基于用户建立账户和访问管理，这样，给予用户的口令和权限就能防止用户访问其他用户环境。

5. 云身份即服务

作为基本的身份管理服务，云身份即服务（Identity as a Service，IDaaS）位于应用之外却处于云中。身份访问控制包括身份生命周期管理和单点登录，由第三方以服务的形式进行管理。云身份即服务的含义很广，既包含软件即服务、平台即服务、基础设施即服务，还涵盖公有云和私有云。采用混合方法也是可能的，在企业内部实施身份管理，而其他部分（如认证）则由外部基于 SOA 方式实现。这会导致平台即服务层的产生，该层使基于云服务的身份访问管理变得方便容易。

云身份即服务管理的用户既可能属于某个企业也可能不属于该企业甚至不属于任何企业而仅仅是一个服务的消费者。每种方案面临的挑战是不同的，给企业内部带来的影响也是不同的，因为对于内部和外部实体而言，信息所有者常常是不同的，外部用户甚至可能同时属于几个不同的企业。在云中，用户在身份服务上面临的挑战有很大不同，云服务提供商和用户都必须考虑信誉问题。如果需要，应考虑支持 Web 服务交互的 IDaaS 服务需求。用户需要考虑 IDaaS 服务提供商怎样基于适宜的工业标准支持身份与访问管理需求。

6. 云身份联合

在云计算环境中，身份联合在企业联盟身份认证上作用巨大，它提供了单点登录功能，使服务提供商和身份提供商能进行身份属性交换。除此之外，身份联合还有助于降低企业的安全风险，因为它支持单点登录：用户无须多次登录，也不必记住每个云的用户认证信息。

身份联合模型的构建使企业支持单点登录（使用已有的目录服务和 IDaaS）。在这种体系下，企业能够和云服务提供商共享用户身份信息，但不会共享用户的信任信息或私有用户属性信息。身份属性管理在身份联合中具有重要作用。要进行身份联合，对强制属性、非强制属性和关键属性进行定义、描述和管理是必要的。身份联合能帮助企业扩充身份访问管理功能，能帮助企业构建一个支持多域身份联合和通过单点登录就能访问云服务的标准身份联合模型。

身份联合一般建立在集中式身份管理结构之上。集中式身份管理结构采用的工业标准管理协议有 SAML、WS 联盟或自由联盟。在这三个协议中，SAML 是事实上的商业身份联合标准。

身份联合标准组织对 SAML1.0 进行改进后建立了 SAML2.0。在 SAML2.0 建立过程中，结构化信息标准发展组织 OASIS、自由联盟和 Shibboleth 项目功不可没。2005 年 3 月，SAML2.0 被批准为 OASIS 官方工业标准。现在，SAML2.0 已经成为部署和管理基于身份的开放式应用事实上的工作标准，得到世界各地商家和企业的支持。已经采用 SAML 的组织包括美国联邦电子认证联盟、自由电子政务联盟、高等教育联盟，还有许多别的工业联盟。在专用社区云中，社区成员的身份联合对于信息的安全共享是很必要的，而身份联合就可以采用 SAML。2007 年，工业分析公司 Gartner 通过分析发现：“SAML2.0 已经成为事实上的跨域身份联合标准。”

构建身份联合模型应遵循如下步骤：

- 建立一个身份管理权威机构
- 确定必要的用户基本属性
- 设立一个身份供应机构，该机构支持单点登录服务且能为云服务提供商所访问；换言之，设立一个面向 Internet 的身份供应机构，该机构可以采用能和企业目录进行交互的身份联合组件进行部署

在企业的身份管理体系结构中，核心管理模块围绕着目录（像 LDAP 和活动目录）构建。如果一个企业通过 DMZ 网络来访问目录，那么该企业的身份联合部署将得以更快实现。同理，如果一个企业支持核准第三方通过访问控制或代理访问目录，该企业就能以较小代价实现身份联合。企业通常是为实现委托认证或单点登录（如 Sun 公司的 OpenSSO、Oracle 的 Federation Manager、CA 的 Federation Manager）而部署身份联合产品，这些产品会和目录服务无缝地集成在一起。

拟通过身份联合实现用户单点登录的企业可以通过下面两条途径之一达到目标。

- 在企业内部建立企业身份供应机构（IdP）
- 集成云中的可信身份管理服务提供商提供的身份管理功能

5.4.3 云安全关键技术

1. 可信访问控制

在云计算环境中，各个云应用属于不同的安全管理域，每个安全域都管理着本地的资源和用户。各虚拟系统在逻辑上互相独立，可以构成不同的虚拟安全域和虚拟网关设备。当用户跨域访问资源时，需在域边界设置认证服务，对访问共享资源的用户进行统一的身份认证管理。在跨多个域的资源访问中，各域有自己的访问控制策略，在进行资源共享和保护时必须对共享资源制定一个公共的、双方都认同的访问控制策略，因此，需要支持策略的合成。

由于无法确信服务商忠实实施用户定义的访问控制策略，所以在云计算模式下，研究者关心的是如何通过非传统访问控制类手段实施数据对象的访问控制。其中得到关注最多的是基于密码学方法实现访问控制，包括：基于层次密钥生成与分配策略实施访问控制的方法；利用基于属性的加密算法[如密钥规则的基于属性加密方案（KP-ABE），或密文规则的基于属性加密方案（CP-ABE），基于代理重加密的方法；以及在用户密钥或密文中嵌入访问控制树的方法等]。但目前看，上述方法在带有时间或约束的授权、权限受限委托等方面仍存在许多有待解决的问题。

2. 云环境的漏洞扫描技术

漏洞扫描服务器是对指定目标网络或者目标数据库服务器的脆弱性进行分析、审计

和评估的专用设备。漏洞扫描服务器采用模拟黑客攻击的方式对目标网络或者目标数据库服务器进行测试，从而全面地发现目标网络或者目标数据库服务器存在的易受到攻击的潜在的安全漏洞。

云环境下从基础设施、操作系统到应用软件，系统和网络安全隐患显著增加，各种漏洞层出不穷，需要不断更新漏洞数据库，还得定期和不定期进行扫描，这样才能确保及时准确地检测出系统存在的各种漏洞。不当的安全配置也会引起系统漏洞。

3. 云环境下安全配置管理技术

安全配置管理平台实现对存储设备的统一逻辑虚拟化管理、多链路冗余管理，硬件设备的状态监控、故障维护和统一配置，提高系统的易管理性；提供对节点关键信息进行状态的监控；并实现统一密码管理服务，为安全存储系统提供互连互通密码配置、公钥证书和传统的对称密钥的管理；云计算安全管理还包含对接入者的身份管理及访问控制策略管理，并提供安全审计功能。

通过安全配置管理对云环境中的安全设备进行集中管理和配置，通过对数据库入侵检测系统、数据库漏洞扫描系统和终端安全监控系统等数据库安全防护设备产生的安全态势数据进行会聚、过滤、标准化、优先级排序和关联分析处理，提高安全事件的可靠性，减少需要处理的安全态势数据的数量，让管理员集中精力处理高威胁事件，并能够对确切的安全事件自动生成安全响应策略，即时降低或阻断安全威胁。

4. 安全分布式文件系统与密态检索技术

安全分布式系统利用集群功能，共同为客户机提供网络资源的一组计算机系统。当一个节点不可用或者不能处理客户的请求时，该请求将会转到另外的可用节点来处理，而这些对于客户端来说，它根本不必关心这些要使用的资源的具体位置，集群系统会自动完成。集群中节点可以以不同的方式来运行，多个服务器都同时处于活动状态，也就是在多个节点上同时运行应用程序，当一个节点出现故障时，运行在出故障的节点上的应用程序就会转移到另外的没有出现故障的服务器上。

数据变成密文时丧失了许多其他特性，导致大多数数据分析方法失效。密文检索有两种典型的方法：① 基于安全索引的方法通过为密文关键词建立安全索引，检索索引查询关键词是否存在；② 基于密文扫描的方法对密文中每个单词进行比对，确认关键词是否存在，以及统计其出现的次数。

密文处理研究主要集中在秘密同态加密算法设计上。早在 20 世纪 80 年代，就有人提出多种加法同态或乘法同态算法。但是由于被证明安全性存在缺陷，后续工作基本处于停顿状态。而近期，IBM 研究员 Gentry 利用“理想格（Ideal Lattice）”的数学对象构造隐私同态（Privacy Homomorphism）算法，或称全同态加密，使人们可以充分地操作加密状态的数据，在理论上取得了一定突破，使相关研究重新得到研究者的关注，但目前与实用化仍有很长的距离。

5. 虚拟化安全技术

虚拟技术是实现云计算的关键核心技术，使用虚拟技术的云计算平台上的云架构提供者必须向其客户提供安全性和隔离保证。利用虚拟化技术对安全资源层的设备进行虚拟化，这些设备包括计算设备、网络设备、存储设备，计算设备可能是功能较大的小型服务器，也可以是普通 X86 PC；存储设备可以是 FC 光纤通道存储设备，可以是 NAS 和 iSCSI 等 IP 存储设备，也可以是 SCSI 或 SAS 等 DAS 存储设备。这些设备往往数量庞大且分布在不同地域，彼此之间通过广域网、互联网或者 FC 光纤通道网络连接在一起，再通过虚拟化技术屏蔽底层的逻辑细节，呈现在用户面前的都是逻辑设备。这些安全虚拟化的设备都统一通过虚拟化的操作系统进行有效的管理。

服务器虚拟化是云计算的重点，服务器虚拟化系统由 SVS（Server Virtualization System） Server 和 SVS Console 两大部分组成，可以添加 SVS Center 组件实现服务器之间的负载均衡。服务器虚拟化系统的主要功能是虚拟化物理服务器的计算、存储、网络资源，可以在一台服务器上部署多个操作系统和应用系统，安装多个虚拟机，可以将虚拟机从一台物理服务器动态迁移到另一台物理服务器运行，迁移过程中保证操作系统和业务系统的持续运行；可以创建多个系统的模板，完成系统的快速部署等。

保证服务器虚拟化安全的基本手段是虚拟机隔离，使每个虚拟机都拥有各自的虚拟软/硬件环境，并且互不干扰，隔离的程度依赖于底层的虚拟化技术和虚拟化管理器的配置，但是在通常情况下，虚拟机之间并不允许相互通信。这种环境的隔离还包括了额外的好处，即当某个虚拟机崩溃了，也不应当影响其他的虚拟机运行。

尽管当前对服务器虚拟化技术的安全弱点尚未完全掌握，但已经暴露出来的安全问题足以引起关注，主要包括以下几种。

（1）虚拟机间的通信：虚拟机的一般运行模式包括多个组织共享一个虚拟机；在一台计算机上的高保密要求业务和低保密要求业务并存；在物理机上的服务合并；在一个硬件平台上承载多个操作系统等。在这几种运行模式中均存在着隔离的要求，如果处理不当就会产生数据泄露或系统全面瘫痪的严重后果。

（2）虚拟机逃逸：虚拟机的设计目的是能够分享主机的资源并提供隔离，但由于技术的限制和虚拟化软件的漏洞，在某些情况下虚拟机里运行的程序会绕过底层，从而取得宿主机的控制权。由于宿主机的特权地位，则整个安全模型会全面崩溃。

（3）宿主机对虚拟机的控制：宿主机对运行其上的虚拟机应当具有完全的控制权，对虚拟机的检测、改变、通信都在宿主机上完成，因此对于宿主机的安全要进行特别严格的管理。由于所有网络数据都会通过宿主机发往虚拟机，那么宿主机能够监控所有虚拟机的网络数据。

（4）虚拟机对虚拟机的控制：隔离是虚拟机技术的主要特点，如果尝试使用一个虚拟机去控制另一个虚拟机，这种行为具有相当的危险性。现代的CPU可以通过强制执行管理程序来实现内存保护。

（5）拒绝服务：由于虚拟机和宿主机共享资源，虚拟机会强制占用一些资源从而使得其他虚拟机拒绝服务。现在通常的做法是限制单一虚拟机的可用资源。虚拟化技术提供了很多机制来保证这一点，正确的配置可以防止虚拟机无节制地滥用资源，从而避免拒绝服务攻击。

（6）外部修改虚拟机：信任关系对于虚拟机而言非常重要，能够访问虚拟机的账户与虚拟机间的对应关系非常重要。对信任关系的保护可以通过数字签名和验证来实现，签名的密钥应当放在安全的位置。

解决服务器虚拟化安全问题的关键在于虚拟机管理器的设计和配置，因为所有虚拟机的I/O操作、地址空间、磁盘存储和其他资源等都由虚拟机管理器统一管理分配，通过良好的接口定义、资源分配策略和严格的访问策略等能够显著提升服务器虚拟化环境的安全。下面是一些增强服务器虚拟化环境的建议：

（1）掌控所有到资源池的访问以确保只有被信任的个体才具备访问权限。每个访问资源池的个体应该具备一个命名账户，而该账户和普通用户用来访问VSO的账户命名应该是有所区别的。

（2）掌控所有到资源池管理工具的访问。只要被信任的个体拥有访问资源池组件（如物理服务器、虚拟化管理程序、虚拟网络、共享存储及其他内容相关的管理工具的权限），向未被认证的用户开放管理工具的访问权限，就等同于向那些恶意操作开放了IT系统架构。

（3）管理虚拟化引擎或管理程序的访问及其上运行的虚拟机。所有的虚拟机都应该是首先通过系统管理员来创建和保护的。如果某些最终用户，如开发人员、测试人员或培训者，需要和网络环境中的虚拟机交互，那么这些虚拟机应该是通过资源池的管理员来创建和管理的。

（4）控制虚拟机文件的访问。通过合理的访问权限来实现所有包含了虚拟机的文件夹及虚拟机所在压缩文件的安全。无论是在线的还是离线的虚拟机文件都必须获得严格的管理和控制。理论上，需要同时对虚拟机文件的访问做监管。

（5）通过在宿主机上尽可能实现最小化安装来减少主机可能被攻击的接口。确保虚拟化管理程序的安装尽可能可靠。

（6）部署适合的安全工具。为了支持合理的安全策略，系统架构应该包含各种必要的工具，如系统管理工具、管理清单、监管和监视工具等，包括一些常用的安全设备。

（7）分离网络流量。在一个正确设置的资源池系统中，应该包含有几个不同的私有网络用于管理数据流量、在线迁移流量及存储系统流量。所有的这些网络都应该和系统架构中的公网流量相分离。

6. 可生存性技术

由于大规模数据所导致的巨大通信代价，用户不可能将数据下载后再验证其正确性。因此，云用户需在取回很少数据的情况下，通过某种知识证明协议或概率分析手段，以高置信概率判断远端数据是否完整。典型的工作包括面向用户单独验证的数据可检索性证明（POR）方法和公开可验证的数据持有证明（PDP）方法。NEC 实验室提出的 PDI（Provable Data Integrity）方法改进并提高了 POR 方法的处理速度及验证对象规模，且能够支持公开验证。其他典型的验证技术包括：Yun 等人提出的基于新的树形结构 MAC Tree 的方案；Schwarz 等人提出的基于代数签名的方法；Wang 等人提出的基于 BLS 同态签名和 RS 纠错码的方法等。

7. 隐私保护技术与可信计算技术

云中数据隐私保护涉及数据生命周期的每一个阶段。Roy 等人将集中信息流控制（DIFC）和差分隐私保护技术融入云中的数据生成与计算阶段，提出了一种隐私保护系统 Airavat，防止 Map-Reduce 计算过程中非授权的隐私数据泄露出去，并支持对计算结果的自动除密。在数据存储和使用阶段，Mowbray 等人提出了一种基于客户端的隐私管理工具，提供以用户为中心的信任模型，帮助用户控制自己的敏感信息在云端的存储和使用。Munts-Mulero 等人讨论了现有的隐私处理技术，包括 K 匿名、图匿名及数据预处理等，作用于大规模待发布数据时所面临的问题和现有的一些解决方案。Rankova 等人则提出一种匿名数据搜索引擎，可以使得交互双方搜索对方的数据，获取自己所需要的部分，同时保证搜索询问的内容不被对方所知，搜索时与请求不相关的内容不会被获取。

将可信计算技术融入云计算环境，以可信赖方式提供云服务已成为云安全研究领域的一大热点。Santos 等人提出了一种可信云计算平台 TCCP，基于此平台，IaaS 服务商可以向其用户提供一个密闭的箱式执行环境，保证客户虚拟机运行的机密性。另外，它允许用户在启动虚拟机前检验 IaaS 服务商的服务是否安全。Sadeghi 等人认为，可信计算技术提供了可信的软件和硬件及证明自身行为可信的机制，可以被用来解决外包数据的机密性和完整性问题。同时设计了一种可信软件令牌，将其与一个安全功能验证模块相互绑定，以求在不泄露任何信息的前提条件下，对外包的敏感（加密）数据执行各种功能操作。

8. 安全瘦客户端

任何一个授权用户都可以用传统 PC、手机终端、瘦客户端等客户端通过标准的公用应用接口来登录云系统，享受云计算、存储服务。云计算、存储运营企业不同，系统提供的访问类型和访问手段也不同。

在安全云平台体系结构中，传统安全技术的应用到云环境中会产生很多新问题，有必要一一解决，如可信访问控制、数据隐私保护、密文检索、漏洞扫描、安全配置管理、虚拟化综合安全网关、安全瘦客户端、分布式文件系统、分布式锁服务、防毒系统和可信计算等。

5.4.4 云计算安全发展现状

1. 标准化现状

国外已经有越来越多的标准组织开始着手制定云计算及安全标准，以求增强互操作性和安全性，减少重复投资或重新发明。

云计算安全联盟在云计算安全标准化方面取得了一定进展。云计算安全联盟确定的15个云计算安全焦点领域分别是信息生命周期管理、政府和企业风险管理、法规和审计、普通立法、eDiscovery、加密和密钥管理、认证和访问管理、虚拟化、应用安全、便携性和互用性、数据中心、操作管理事故响应、通知和修复、传统安全影响（商业连续性、灾难恢复、物理安全）、体系结构。目前，云计算安全联盟已完成《云计算面临的严重威胁》、《云控制矩阵》、《关键领域的云计算安全指南》等研究报告，并发布了云计算安全定义。这些报告从技术、操作、数据等多方面强调了云计算安全的重要性、保证安全性应当考虑的问题及相应的解决方案，对形成云计算安全行业规范具有重要影响。

国际电信联盟ITU-TSG17研究组会议于2010年5月在瑞士的日内瓦召开，决定成立云计算专项工作组，旨在达成一个"全球性生态系统"，确保各个系统之间安全地交换信息。工作组将评估当前的各项标准，将来会推出新的标准。云计算安全是其中重要的研究课题，计划推出的标准包括《电信领域云计算安全指南》。

国内目前在云计算联盟中比较具有影响力的是2010年初由中国电子学会发起成立的中国云计算技术与产业联盟，并于2010年底由成都卫士通信息产业股份有限公司（以下简称卫士通公司）组织并发起成了云安全工作组。国家密码管理局也于2010年底成立了云计算密码应用技术体系研究专项工作组，对密码技术在云计算中的应用进行专项研究。

2. 产业现状

在IT产业界，各类云计算安全产品与方案不断涌现。例如，Sun公司发布开源的云计算安全工具可为Amazon的EC2、S3及虚拟私有云平台提供安全保护。工具包括：OpenSolaris VPC网关软件，能够帮助客户迅速和容易地创建一个通向Amazon虚拟私有云的多条安全的通信通道；为Amazon EC2设计的安全增强的VMIs，包括非可执行堆栈，加密交换和默认情况下启用审核等；云安全盒（Cloud Safety Box），使用类Amazon S3接口，自动地对内容进行压缩、加密和拆分，简化云中加密内容的管理等。微软为云计算平台Azure筹备代号为Sydney的安全计划，帮助企业用户在服务器和Azure云之间交换数据，以解决虚拟化、多租户环境中的安全性。EMC、Intel、Vmware等公司联合宣布了一个“可信云体系架构”的合作项目，并提出了一个概念证明系统，该项目采用 Intel 的可信执行技术（Trusted Execution Technology）、Vmware 的虚拟隔离技术、RSA 的 enVision 安全信息与事件管理平台等技术相结合，构建从下至上值得信赖的多租户服务器集群。

国内，卫士通公司发布了安全云系统及解决方案。卫士通长期致力数据安全和应用安全，于 2010 年投入重兵在安全云计算/云存储领域，对系统的分布式计算、分布式锁服务、身份认证、控制流加密、数据加密等关键点进行设计，已先后在业界公布了卫士通基于安全云的理念和观点，在系统测试基础上推出了全系列的安全云存储产品，并且基于此将为用户提供安全灾备/数据中心建设的服务。该系统容量不小于 200TB，可扩展至 2PB，支持 1000 个并发访问，支持异构存储设备。

本章小结

本章首先分析物联网应用层的安全威胁及安全需求，列举了应用层安全的关键技术；然后介绍处理安全和数据安全；再后对物联网应用的安全管理支撑系统进行阐述；最后介绍云安全技术。

问题思考

从物联网概念和发展看，物联网应用将比互联网更加丰富，并且物联网应用将更加贴近人们的生活，这些缤纷复杂的应用对物联网应用安全提出了新的需求。请读者思考，物联网应用安全与互联网应用安全的区别和联系？哪些安全措施是物联网应用中特有的？

云计算是物联网应用中的一大重点和基础设施，请读者思考，物联网中的云计算安全与目前的云计算安全的区别和联系是什么？云计算安全包括哪些内容？云计算安全和云安全计算的区别和联系是什么？目前已有的云安全服务有哪些？云计算安全和云安全服务的商业模式和赢利模式是什么？

第6章 安全管理支撑系统

内容提要

从物联网的角度看，物联网安全涉及感知、网络和应用安全等多个层次，从技术方面看，物联网安全涉及机密性、完整性、可用性、可认证性和不可否认性等多个技术方面，这些众多的安全技术和安全系统必须有效地联合起来，才能发挥整体效能。物联网安全管理的作用就是要把这些独立分散的安全技术和安全措施集成起来，取长补短，使其形成综合效应，克服独立安全技术的短板，达到全面安全防护的目的。本章首先对物联网安全管理的需求进行分析，然后提出了物联网安全管理框架，并举例说明基于 SOA 的安全管理系统设计方案，描述安全指标量化指标体系可视化技术，然后重点介绍身份和权限管理的相关技术。

本章重点

- 安全管理
- 身份管理
- 权限管理

6.1 物联网安全管理

6.1.1 物联网安全管理需求分析

1. 物联网安全管理面临的问题

物联网规模庞大、系统复杂，其中包含各种网络设备、服务器、工作站、业务系统等。安全领域也逐步发展成复杂和多样的子领域，如访问控制、入侵检测、身份认证等。这些安全子领域通常在各个业务系统中独立建立，随着大规模安全设施的部署，安全管理成本不断飞速上升，同时这些安全基础设施产品及其产生的信息管理成为日益突出的问题。物联网安全管理的问题主要有以下几个方面[35]。

（1）海量事件。企业中存在的各种 IT 设备提供大量的安全信息，特别是安全系统，如安全事件管理系统和漏洞扫描系统等。这些数量庞大的信息致使管理员疲于应付，容易忽略一些重要但是数量较少的告警。海量事件是现代企业安全管理和审计面临的主要挑战之一。

（2）孤立的安全信息。相对独立的 IT 设备产生相对孤立的安全信息。企业缺乏智能的关联分析方法来分析多个安全信息之间的联系，从而揭示安全信息的本质。例如，什么样的安全事件是真正的安全事件，它是否真正影响到业务系统的运行等。

（3）响应缺乏保障。安全问题和隐患被挖掘出来，但是缺少一个良好的机制去保证相应的安全措施得到良好执行。至今困扰许多企业的安全问题之一——弱口令就是响应缺乏保障的结果。

（4）知识“孤岛”。许多前沿的安全技术往往只有企业内部少数人员了解，他们缺少将这些知识共享以提高企业整体的安全水平的途径。目前安全领域越来越庞大，分支也越来越多，各方面的专家缺少一个沟通的平台来保证这些知识的不断积累和发布。

（5）安全策略缺乏管理。随着安全知识水平的提高，企业在自身发展过程中往往制定了大量的安全制度和规定，但是数量的庞大并不能代表安全策略的完善，反而安全策略版本混乱、内容重复和片面、关键制度缺失等问题依然不同程度地在企业中存在。

（6）习惯冲突。以往的运维工作都是基于资产+网络的运维，但是安全却是基于安全事件的运维。企业每出现一个安全问题就需要进行一次大范围的维护，比如出现病毒问题就会使安全运维工作不同于以往的运维工作习惯。

随着物联网技术的飞速发展，网络安全逐渐成为影响网络进一步发展的关键问题。为提升用户业务平台系统的安全性及网络安全管理水平，增强竞争力，物联网安全管理从单一的安全产品管理发展到安全事件管理，最后发展到安全管理系统，即作为一个系统工程需要进行周密的规划设计。

2. 物联网安全管理需求

安全管理系统的建设需求主要表现在以下几个方面。

（1）通过安全管理系统的建设，可以完善物联网的安全管理组织机构、安全管理规章制度，指导安全建设和安全维护工作，建立一套有效的物联网的安全预警和响应机制。

（2）能够提供有效的安全管理手段，能充分提高以前安全系统功能组件（如入侵检测、反病毒等）投资的效率，减小相应的管理人工成本，改善安全体系的效果。

（3）通过对网络上不同安全基础设施产品的统一管理，解决安全产品的“孤岛”问题，建立统一的安全策略，集中管理，有效地降低复杂性，提高工作效率，进一步降低系统建设维护成本，降低经济成本和人工成本。

（4）优化工作流程促进规程的执行，减轻管理人员的工作负担，增强管理人员的控制力度。

（5）实时动态监控网络能有效地保障业务系统安全、稳定运行，及时发现隐患，缩短响应时间和处理时间，有效地降低安全灾害所带来的损失，保障骨干网络的可用性及可控性，同时也可提高客户服务水平，间接地提高客户满意度。

（6）通过对安全信息的深度挖掘和信息关联，提取出真正有价值的信息，一方面便于快速分析原因，及时采取措施；另一方面为管理人员提供分析决策的数据支持，提高管理水平。

（7）通过信息化手段对资源进行有效的信息管理，有助于提高企业的资产管理水平，从而提高企业的经济效益和企业的市场竞争力等。

3. 物联网安全管理系统建设目标

安全管理系统的建设是一项长期的工作，综合考虑实际工作的需求、当前的技术条件及相关产品的成熟度，安全管理系统的建设工作应该按照分阶段、有重点建设的方式来规划。根据各阶段具体的安全需求，确定各阶段工作的重点，集中力量攻克重点建设目标，以保证阶段性目标的实现。建设的同时需要注意完善相关的管理制度和流程，保证安全管理系统与企业业务的有机融合和有效使用。对于IP网安全管理系统的建设，建议分近期目标、中期目标和长期目标3个阶段来实现。

（1）近期目标。以较为成熟的相关技术为基础，根据当前最迫切的安全管理工作需求制定，包括安全风险管理、安全策略管理、安全响应管理的基本需求。

（2）中期目标。在近期目标基础上提高内部各系统之间的集成度和可用度，扩大管理范围，增强各功能模块，初步实现与其他信息系统的交互和安全管理的自动化流程。

（3）长期目标。实现安全管理系统的集成化、自动化、智能化，保证信息、知识充分的挖掘和共享，为高水平管理工作和高效率的安全响应工作提供良好的技术平台。

6.1.2　物联网安全管理框架

根据物联网网络结构与安全威胁分层分析，得出物联网安全管理框架，如图 6-1 所示，它分为应用安全、网络安全、感知安全和安全管理 4 个层次。前 3 个层次为具体的安全措施，安全管理则覆盖以上 3 个层次，对所有安全设备进行统一管理和控制[46][47][48][49][50]。

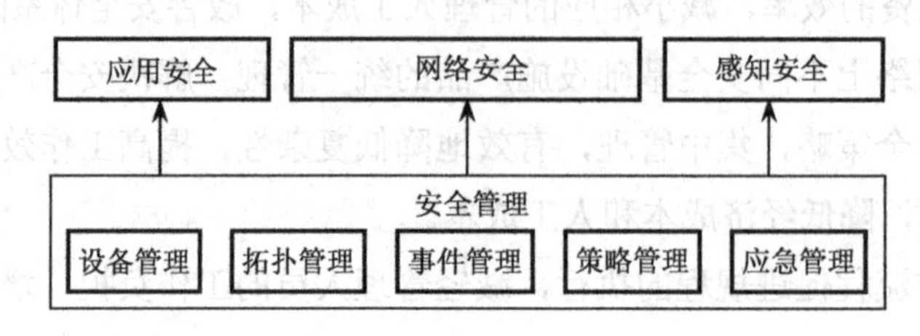

▶ 图 6-1　物联网安全管理框架

具体来说，安全管理包括设备管理、拓扑管理、事件管理、策略管理和应急管理。设备管理指对安全设备的统一在线或离线管理，并实现设备间的联动联防。拓扑管理指对安全设备的拓扑结构、工作状态和连接关系进行管理。事件管理指对安全设备上报的安全事件进行统一格式处理、过滤和排序等操作。策略管理指灵活设置安全设备的策略。应急管理指发生重大安全事件时安全设备和管理人员间的应急联动。

安全管理能够对全网安全态势进行统一监控，在统一的界面下完成对所有安全设备统一管理，实时反映全网的安全状况，能够对产生的安全态势数据进行会聚、过滤、标准化、优先级排序和关联分析处理，提高安全事件的应急响应处置能力，同时还能实现各类安全设备的联防联动，有效防范复杂攻击行为。

安全管理系统是实现试验信息系统整体安全防护的核心，促使各种安全机制和设备间的联动和优势互补，避免出现安全设备各自独立、无法协同防御问题，通过建立“保护-检测-响应-恢复”的动态安全防御体系，可实现对全网安全态势进行统一监控，实时反映全网的安全状况，对安全设备进行统一的管理，实现全网安全事件的上报、归并，帮助安全运维人员准确判断安全事件，制定全局安全策略，实现对安全事件应急响应处理、各类安全设备的联防联动。

安全管理系统架构如图 6-2 所示。

综合网络安全管理技术在有线及无线通信环境下对各种安全防护设备进行有效管理和配置，并在攻击等情况下协同各安全防护设备采取相应的措施，同时向用户展示全网安全态势。综合安全管理技术体制如图 6-3 所示。

安全管理技术采用两级管理体制。一级安全管理设备主要负责制定全网的安全防护管理规划，集中管理用户的安全参数；可为全网安全防护设备规划安全域和相应的安全策略。同时，直接管理二级安全管理设备，并通过二级安全管理在线监控全网安全防护设备、收集安全状态。

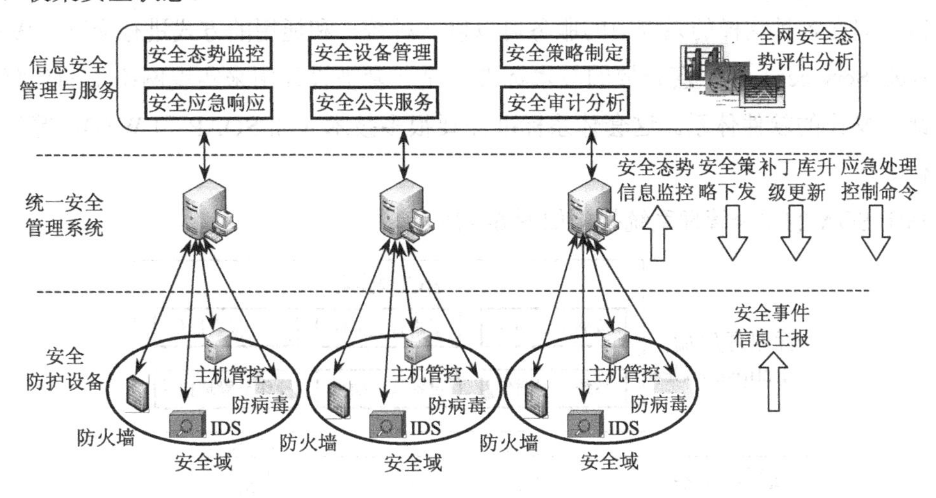

▶ 图 6-2　安全管理系统架构图

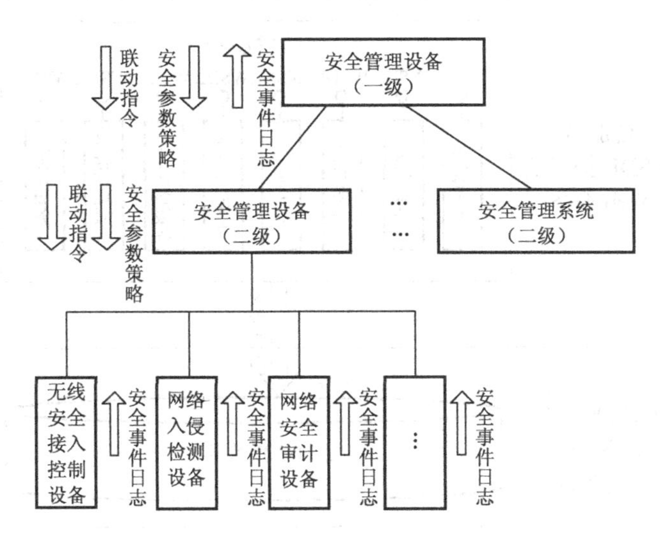

▶ 图 6-3　综合安全管理技术体制

二级安全管理设备主要用途是针对子网的安全设备进行配置和管理，负责分配子网安全设备的参数，并负责子网内用户漫游、动态重组时的安全管理；汇集该子网内用户安全信息；接受上级管理并支持对下级的管理。

6.1.3　基于 SOA 的安全管理系统设计

物联网的网络结构是一个有线和无线结合、多网融合的网络，为了满足物联网互连互通的要求，并结合物联网物物相连的特点，采用基于 SOA 的架构来实现安全管理系统。面向服务的架构（Service-Oriented Architecture，SOA）是一个组件模型，它将应用程序的不同功能单元（称为服务）通过这些服务之间定义良好的接口和契约联系起来。接口是采用中立的方式进行定义的，它独立于实现服务的硬件平台、操作系统和编程语言。这使得构建在各种这样的系统中的服务可以以一种统一和通用的方式进行交互。Web 服务（Web Services）是一套开放的技术标准，是一套被设计用来实现网络上的计算机能够彼此互操作的软件体系。这套体系标准需要很多技术（如 SOAP 和 WSDL 等）来协同工作。

基于 SOA 的安全管理系统架构如图 6-4 所示。

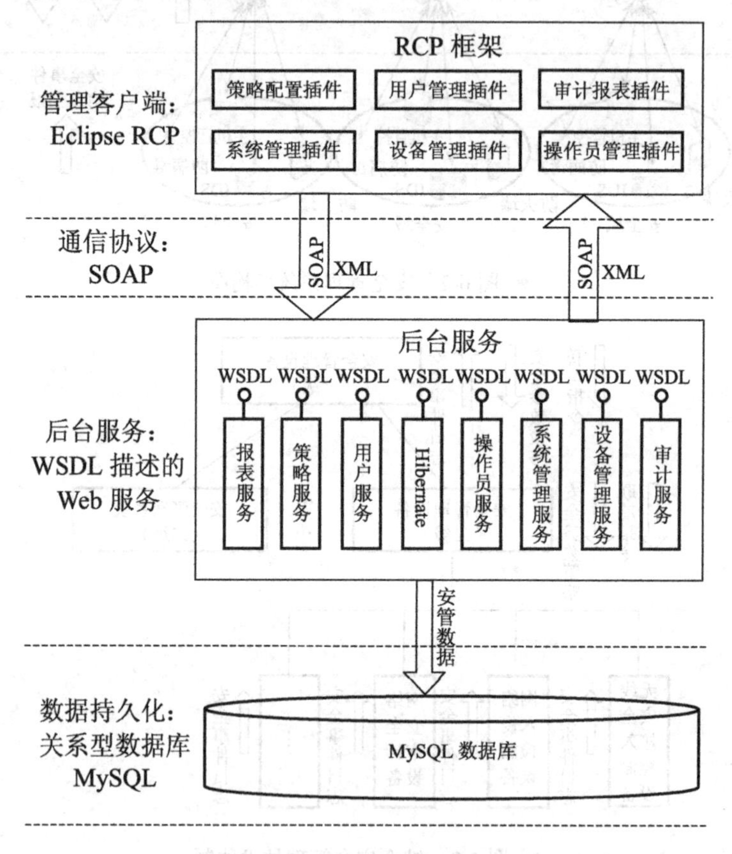

▶ 图 6-4　安全管理系统设计

管理平台分为管理客户端、后台服务两大部分，管理客户端和后台服务通过 SOAP 描述的 XML 文件进行通信。其中管理客户端采用前述的 Eclipse RCP 结构的应用程序框架实现，由六个插件部署在 RCP 框架中构成。后台服务由 Web 服务实现，通过 WSDL 描述的接口进行发布。其中 Hibernate 作为一个服务负责程序中的持久层，读/写 MySQL 数据库，供其他服务调用。服务之间保持了标准的调用接口，实现了极其松散的耦合性，例如，本数据库的 Hibernate 和报表服务，在其他应用中也可以调用。

管理客户端采用 Eclipse 开发 RCP 应用，按照需求分为 7 个模块：设备管理、操作员、策略中心、模块管理中心、系统设置、用户、审计。各个模块都采用插件式独立开发，每个模块都有对应的 plugin.xml 来部署该插件。

SOAP 负责通信和多项附加协议所保证的安全等各个方面。SOAP 是一个基于 XML 的用于应用程序之间通信数据编码的传输协议。SOAP 是一种轻量级协议，用于在分散型、分布式环境中交换结构化信息。SOAP 利用 XML 技术定义一种可扩展的消息处理框架，它提供了一种可通过多种底层协议进行交换的消息结构。这种框架的设计思想是要独立于任何一种特定的编程模型和其他特定实现的语义。

SOAP 确立了 Web 服务之中的通信框架，确立了服务提供者和服务请求者的物理交互方式，则 WSDL 就起到了 SOA 中关键的服务契约作用。WSDL（Web Services Description Language）是一种用来描述 Web 服务和说明如何与 Web 服务通信的 XML 语言。Web 服务描述语言（WSDL）基于 XML 语言，用于描述 Web 服务及其函数、参数和返回值。因为是基于 XML 的，所以 WSDL 既是机器可阅读的，又是人可阅读的。开发工具既能根据你的 Web 服务生成 WSDL 文档，又能导入 WSDL 文档，生成调用相应 Web 服务的代码。采用 Power Designer 作为数据库建模工具，通过建模工具创建数据库代码。

6.1.4　安全态势量化及可视化

安全态势可视化展现技术是通过收集来自各类安全设备的安全信息数据（包括来自各类设备的原始安全数据和防护力量数据等），对其代表的安全态势进行处理，从而形成能反映当前安全态势的安全态势数据，并能够以可视化的形式展示界面。安全态势可视化展现技术将安全态势数据进行全局、各层次、多视角的展示，可以为决策提供有力支持[51][52]。

随着网络攻击技术发展日新月异，网络攻击手段呈现出复杂化、多样化、变化快的趋势，尽管现有大部分的安全设备都有安全事件和安全日志的记录功能，但由于安全设备相互独立，安全信息无法共享并且安全信息零散，一旦出现攻击和威胁，安全管理员也很难根据安全信息做出相应的处理。

安全态势是指网络安全情况的状态和趋势，是网络安全状况的统计学特征。状态包括外部安全事件和自身安全评估的分析统计。安全态势量化及可视化技术通过对安全零散安全事件的格式化、归并过滤、优先级排序等处理操作，对安全态势指标量化计算后，以可视化图表的形式表现给安全管理员，能充分地利用各个安全设备获取的攻击信息和威胁信息，并方便安全管理员迅速做出决策，以便采取有效的应对措施。

安全态势量化及可视化呈现技术框架如图 6-5 所示，包含以下几部分。

- 安全事件产生：由各个安全设备产生安全事件和日志
- 安全事件格式化、过滤及排序：对各安全设备产生的事件进行格式标准化；对各安全设备上报的虚假信息进行过滤和对相似或相同的安全事件进行合并；安全事

件优先级排序：对接收到的安全事件进行优先级排序，以决定处理的顺序

- 安全事件关联分析：对安全事件的相关性进行统计分析、数据挖掘分析
- 安全态势指标量化计算：根据安全态势指标体系中列举的安全基础数据，结合计算公式得到安全态势指标，实现安全态势指标量化
- 安全态势可视化呈现：最终将安全态势以图表等可视化形式呈现给管理员

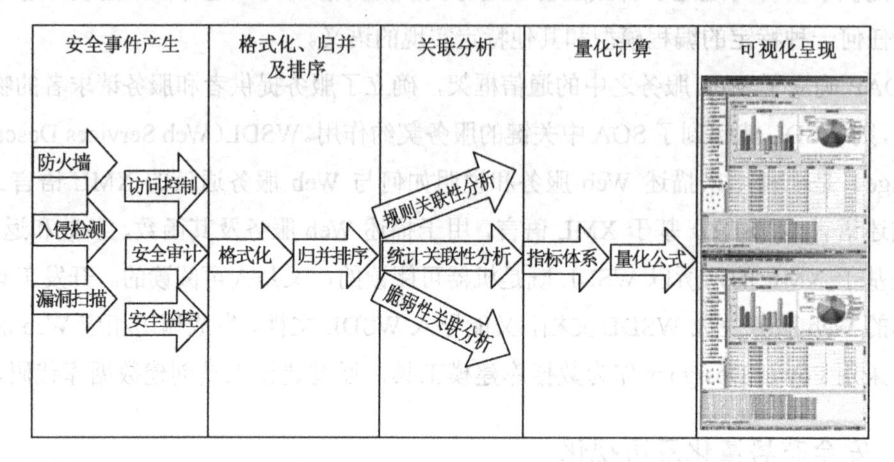

▶ 图 6-5 安全态势化与可视化呈现技术框架图

（1）安全事件格式化。各安全设备都分别收集和报告安全事件，且收集和报告的方式与格式各不相同，于是产生了大量的日志数据，而对安全事件的分析需要在统一的基础上完成，因此需要对各安全设备产生的事件进行格式标准化。一旦所有的安全事件被会聚在同一个数据库中，就可以对网络上发生的事情有一个较全面的了解，进而可以探测更复杂的攻击。因此需制定安全事件的统一格式。统一格式既考虑了通用性，又考虑了简单实用。统一后的格式包含以下内容。

- 事件编号：安全事件的统一编号
- 类型：安全设备类型，按功能分为“检测器”和“监控器”两种
- 设备编号：安全设备的编号
- 事件特征号：安全设备产生安全事件的特征编号
- 设备名称：设备名称
- 时间：安全事件产生的时间
- 协议：协议类型，如 TCP、UDP、ICMP
- 源地址：安全事件的源 IP 地址
- 目的地址：安全事件的目的 IP 地址
- 源接口：安全事件的源接口
- 目的接口：安全事件的目的接口
- 条件类型：用于监控器类型，表示计较条件，取值为等于、不等于、大于、小于

等于、大于等于

- 数值：用于监控器类型，要与其比较的值
- 时间段：用于监控器类型，要监控数值的持续时间
- 描述：安全事件的具体描述

（2）安全事件过滤、归并及排序。一个安全事件有可能同时触动多个安全单元，同时产生多个安全事件报警信息，造成同一事件信息“泛滥”，反而使关键的信息被淹没。事件过滤、归并是根据网络拓扑和网络主机的操作系统、运行服务等信息对各安全设备上报的虚假信息进行过滤和对相似或相同的安全事件进行合并，让用户能集中精力处理关键真实的安全事件。

通过对各种入侵行为的研究，在系统中建立了安全事件相关资料库，包括安全事件适用的操作系统版本、数据库服务的版本信息；并实时探测管理域内的主机相关信息，存入数据库中；接收到一条新的告警信息后，系统迅速查找相关攻击类型针对的操作系统、服务及版本信息，与目标主机的相关信息进行匹配，以确定告警的真伪。

优先级排序根据网络拓扑和网络的主机情况（操作系统版本、运行的服务及版本）对接收到的安全事件进行优先级排序，以决定处理的顺序，将得到如下信息：

- 哪些安全事件是重要的及需要关注的源主机或目的主机是什么
- 一台运行 Apache WWW 服务器 UNIX 主机接收到对微软的 IIS 服务器的攻击，该警报的优先级将被降低
- 如果存在用户对服务器进行的可疑连接，则：① 如果用户处于外网且正在攻击客户数据库，则给予最高优先级；② 如果是内部用户在攻击网络打印机，则给予低优先级；③ 如果用户正在测试服务器，则丢弃该警报

通过优先级排序，将警报的重要性与网络环境关联起来。网络环境信息在知识库中描述，包含以下内容：

- 网络和主机的信息（标识符、操作系统、服务等）
- 访问策略（访问被禁止或允许、来源和目标）

为了完成这些任务，在用户界面上应该配置以下内容：安全策略或依照拓扑和数据流的资产重要程度、网络和主机信息、资产评估、风险的评估（安全事件的优先级）、安全事件可信度。实施方法：对安全设备产生的每一个安全事件设置一个默认的优先级，接收到安全事件后，将还未处理的安全事件与知识库中的信息关联改变安全事件的优先级，再按照优先级进行排序，等候下一步处理。

（3）安全事件关联分析。关联分析以后台服务的方式运行。为了避免频繁的数据库查询操作，提高处理速度，系统初始化时，将关联知识库全部加载到内存中，并初始化存放安全事件的列表，以后的关联都在内存中完成。系统采用两种关联方式：入侵检测漏洞关联和事件序列关联。

● 入侵检测漏洞关联

根据漏洞扫描系统的扫描结果保存各主机、网络的漏洞数据，并建立一个入侵检测安全事件与漏洞的对应表。当接收到一个入侵检测系统安全事件时，根据相关的主机或网络的漏洞情况进行关联，如果安全事件利用的漏洞存在，则提高该安全事件的风险，抛出警报，下发策略采取相应的安全策略，否则降低该安全事件的优先级。安全事件与漏洞的对应为：安全事件编号、安全事件描述、漏洞编号、漏洞描述。

● 事件序列关联

专家知识库中的关联规则建立了一系列类似于“如果接收到安全事件 A，再收到事件 B、C，则执行操作 D”的规则。该模块通过推理机执行规则，将已知攻击的模式和接收到的异常行为联系起来分析攻击行为，提高安全事件的可靠性，减少虚警的发生。

（4）安全态势指标量化计算。安全态势指标量化计算利用安全态势指标量化公式对安全态势指标体系中的指标进行量化计算，实质上是将各种管理和技术上的安全因素数字化表示，如图 6-6 所示。

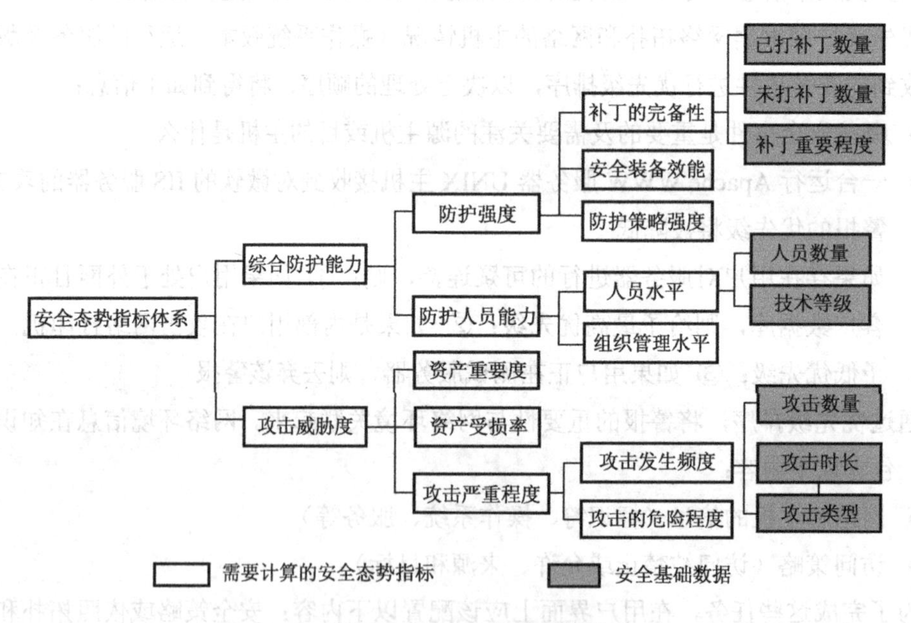

▶ 图 6-6　安全态势指标体系

安全态势指标体系由安全基础数据及对基础数据进行分析、统计和计算后产生的量化指标共同构成，其中安全基础数据是来自各安全系统的原始数据，是量化指标计算的基础和依据。

由于各种安全基础数据指标的意义和表现形式存在不同，不同指标对于安全态势评价的作用趋势不同，有的指标对总目标的贡献率与评价结果成正比（如安全保障人员技术等级），有的指标对总目标的贡献率与评价结果成反比（如某个攻击的危害等级），而且不同指标的量纲也有所不同，无法实现统一的量化计算。因此需要引入模糊数学中的隶属函数概念，通过正负指标类模糊量化公式对不同类型的态势指标进行处理，以得到标准化的安全基础数据，实现去量纲化。

（5）可视化呈现。“可视化”通过对事件的处理和量化，再综合其他的一些因素，实时展现当前风险，然后再以图形化的方法将它表达出来，让安全管理员在最短的时间感知到风险的程度。这里需要强调的是，风险感知的实时性而非传统安全服务中所涉及的静态风险评估高度的实时性正是安全事件管理技术所带来的突破。

为了让用户更好地通过安全管理控制台进行集中管理，用户管理界面提供直观的网络拓扑图，实时显示整个网络的安全状况，使用户可以便捷地查看各安全设备和数据库服务器的状态、日志及信息处理结果，产生安全趋势分析报表。在拓扑图上，利用量化的安全态势、网络位置、时间等信息，按照不同图例颜色来显示网络安全状态、受攻击的访问及主体、攻击源、攻击类型、可能的危害、发生可疑攻击活动的服务等。基于统计图的安全态势视图如图 6-7 所示。

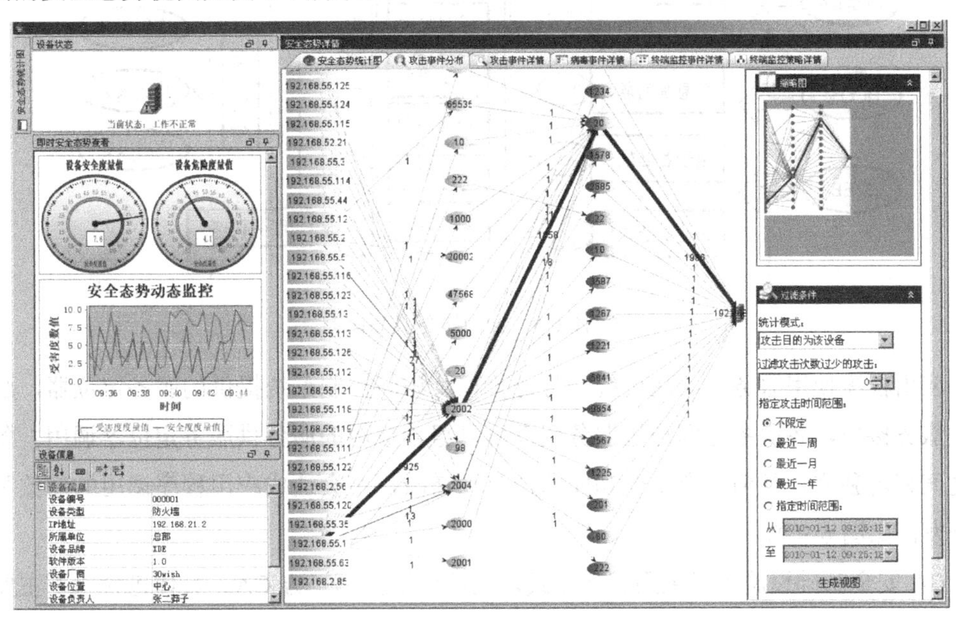

▶ 图 6-7　基于统计图的安全态势视图

6.2　身份和权限管理

6.2.1　统一身份管理及访问控制系统

统一身份管理及访问控制系统是通过构建企业级用户目录管理，实现不同用户群体之间统一认证，将大量分散的信息和系统进行整合和互连，形成整体企业的信息中心和应用中心。该系统使企业员工通过单一的入口安全地访问企业内部全部信息与应用，为员工集中获取企业内部信息提供渠道，为员工集中处理企业内部 IT 系统应用提供统一窗口。

1．系统架构

系统采用先进的面向服务的体系架构，基于 PKI 理论体系，提供身份认证、单点登录、访问授权、策略管理等相关产品，这些产品以服务的形式展现，用户能方便地使用这些服务，形成企业一站式信息服务平台。

在各功能模块的实现和划分上，充分考虑各功能之间的最小耦合性，在对外提供的服务接口设计中，严格按照面向服务思想进行设计，在内部具体实现中，采用 CORBA、DCOM、J2EE 体系结构，确保各模块的跨平台特性[36]，如图 6-8 所示。

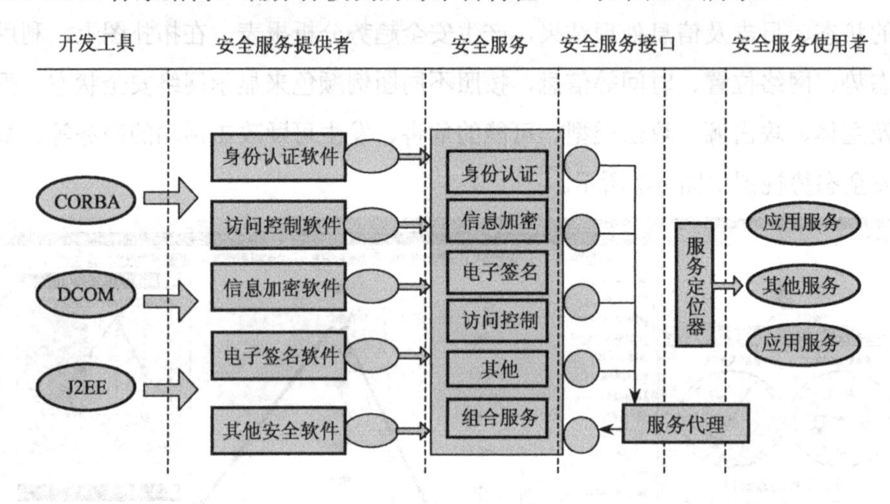

▶ 图 6-8　面向服务关系图

应用程序使用服务时，通过统一身份管理及访问控制系统提供的服务定位器，配置相关服务接口，各服务之间通过服务代理可以组合成新的服务供服务定位器调用。各服务之间相对独立，任何一个安全功能的调整和增减，不会造成应用程序调用的修改和重复开发，如图 6-9 所示。

CA 安全基础设施可以采用自建方式，也可以选择第三方 CA。具体包含以下主要功能模块。

（1）认证中心（AuthDB）：存储企业用户目录，完成对用户身份、角色等信息的统一管理。

（2）授权和访问管理系统（AAMS）：用户的授权、角色分配；访问策略的定制和管理；用户授权信息的自动同步；用户访问的实时监控、安全审计。

（3）身份认证服务（AuthService、AuthAgent）。身份认证前置（AuthAgent）为应用系统提供安全认证服务接口，中转认证和访问请求；身份认证服务（AuthService）完成对用户身份的认证和角色的转换。

（4）访问控制服务（AccsService、UIDPlugIn）。应用系统插件（UIDPlugIn）从应用系统获取单点登录所需的用户信息；用户单点登录过程中，生成访问业务系统的请求，对敏感信息加密签名。

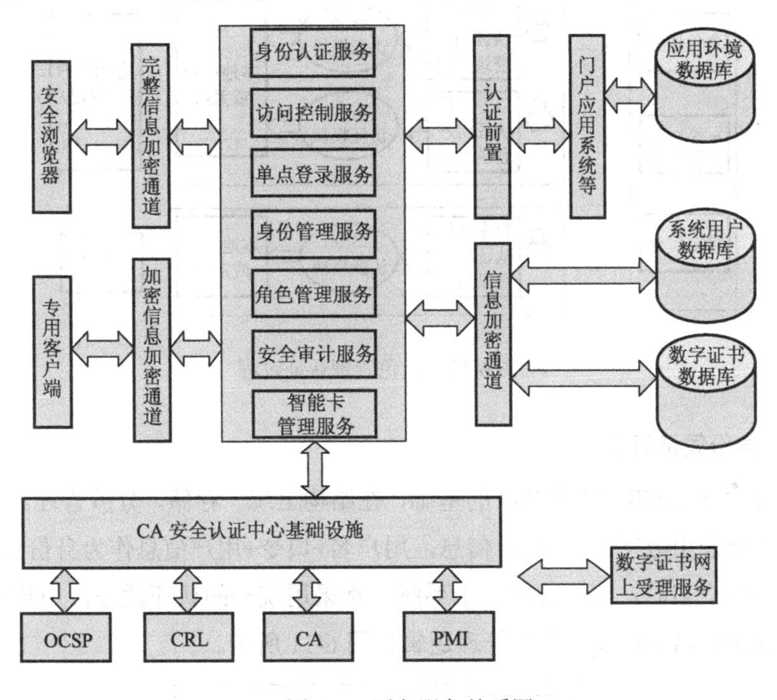

▶ 图 6-9　面向服务关系图

（5）CA 中心及数字证书网上受理系统。用户身份认证和单点登录过程中所需证书的签发；用户身份认证凭证（USB 智能密钥）的制作。

2. 角色管理和认证

为了实现门户及相关系统的统一认证，建设统一的身份管理中心，身份管理中心集中对用户身份进行管理，如图 6-10 所示。目前存在以下几种身份管理情况：

（1）统一采用密钥棒（CA 证书）进行身份管理；

（2）完全采用用户名+口令进行身份管理；

（3）部分用户采用密钥，部分用户采用用户名+口令。

第一种情况，有统一的身份标志，只要授权就能实现各自门户和系统的统一认证。

第二种情况，在本地系统依然采用用户名+口令认证，在互访其他系统时，将所有用户绑定到一个或几个特定权限的证书角色上，实现系统之间互访。

第三种情况，可以采用两个登录入口，用户名+口令的走一个入口，有证书的走另一个入口，两个入口不能同时被一个用户使用，即有证书的不能用用户名+口令登录认证。在进行统一认证时，有证书的用户在授权后，可以直接进行系统间访问，没有证书的用户，在通过用户名+口令认证后，绑定到特定的角色证书上实现统一认证。

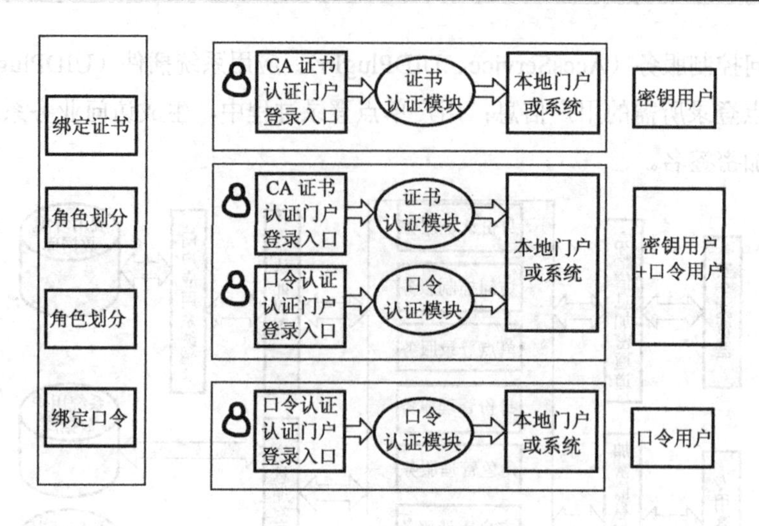

▶ 图 6-10　角色管理认证过程

3. 统一身份凭证管理

统一身份凭证是UID实现SSO的基础，在结构上统一存储，分散管理。身份凭证在UID系统中主要选用数字证书+用户信息，用户名+口令+用户信息作为身份凭证的补充。当用户业务系统众多时，无论访问哪个系统，都采用统一的认证凭证，用户不需要记住各系统对应的用户名和口令，身份管理逻辑如图6-11所示。

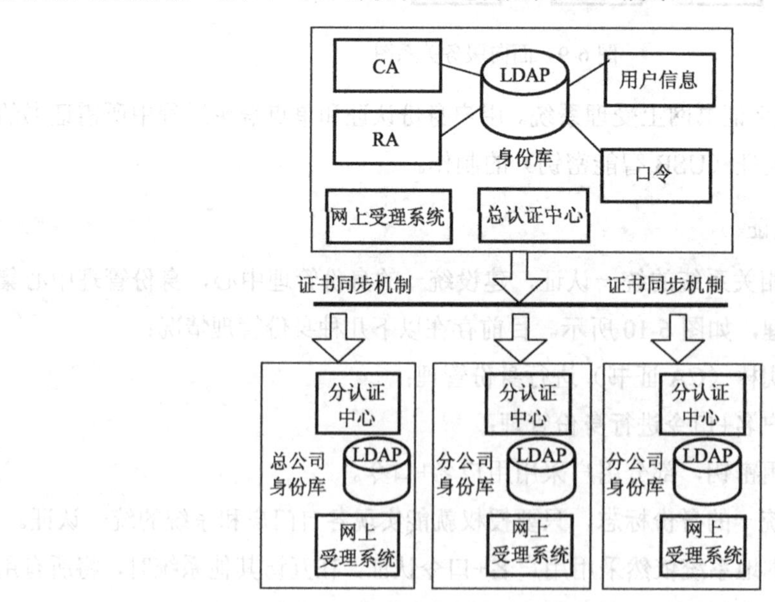

▶ 图 6-11　身份管理逻辑图

身份管理流程如下：

（1）证书受理采用集中受理模式，所有员工的数字证书通过网上受理中心统一提交到CA中心签发；

（2）所有员工证书统一存放在 CA 中心 LDAP 数据库中；

（3）建立企业认证体系，由总认证中心和分认证中心组成；

（4）总认证中心的证书库直接采用网上受理系统的证书库，总认证中心可负责所有员工的统一认证；

（5）分认证中心的证书库采用同步定时分发机制，从总 LDAP 数据库中获取证书信息；

（6）各业务系统或门户需要认证时，采用就近原则，到离业务系统最近的认证中心进行认证；若认证失败，可以直接到总认证中心进行认证；

（7）所有认证中心采用负载均衡技术，保证认证效率和速度。

信息资源接入整合各种信息资源，通过标准 XML 语言，将信息资源进行接入和使用。

信息资源接入逻辑如图 6-12 所示。

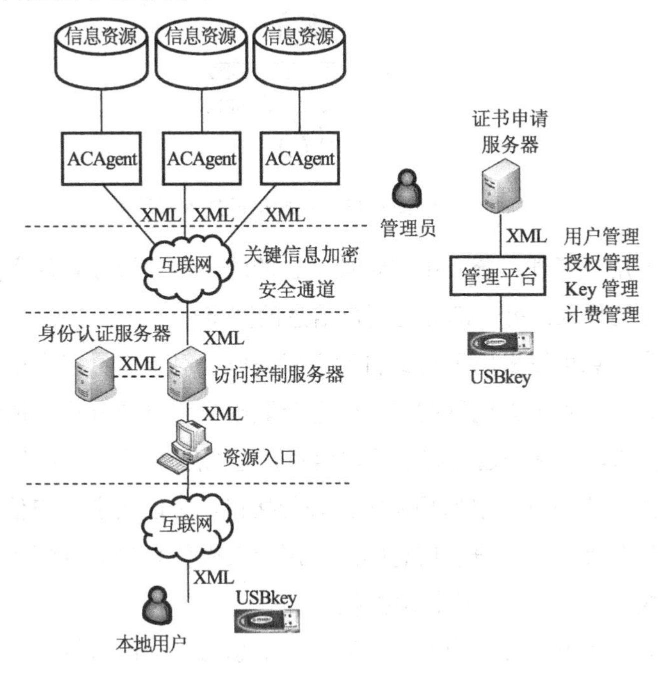

▶ 图 6-12　信息资源接入逻辑图

4．技术原理

（1）身份认证。数字证书身份认证系统采用 CA 数字证书和数字签名等技术进行身份识别，将代表用户身份的数字证书和相应的私钥存储在密码钥匙（USB 接口的智能卡）中，私钥不出卡，保证了唯一性和安全性，如图 6-13 所示。认证时，由密码钥匙完成数字签名和加密，敏感信息以密文形式在网络中传输，具有更高的安全性，从而解决了网络环境中的用户身份认证问题。

系统简单易用，将数字证书这一“复杂”的工具隐藏在系统后台，使用者不需要了解安全知识就能方便使用；同时，系统支持第三方 CA（如 CTCA），可为政府、军队和企业提供集成的安全认证解决方案。

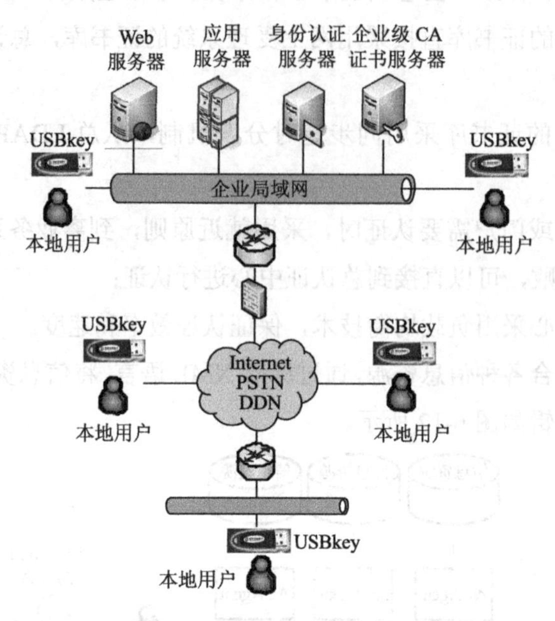

▶ 图 6-13 身份认证技术原理图

（2）统一用户管理。统一用户管理平台的统一用户管理功能主要分为两部分：一部分是用户信息的导入；另一部分是用户信息的同步。

平台用户信息可以采用手动或自动方式获取，对于少量用户信息的获取，可以采用手工输入的方式，对于大批量的用户信息获取则采用自动方式。批量用户信息导入采用预先定义的接口，从事先选定好的用户信息最全的应用系统中或人力资源系统中或 AD、LDAP 中导入用户信息。根据预先定义好的接口，可以实现用户信息字段的自动匹配、用户信息自动分类、用户角色信息匹配、用户权限信息自动分配等功能，便于对用户单点登录的授权和应用系统操作权限授权。

用户信息同步方式可分为两种：以外部信息为主，由系统自动同步到各个应用系统的模式和以系统为主自动同步到各个应用系统的模式。以外部信息为主的模式适用于用户已经建立了人力资源或类似系统的情况，用户仍然使用人力资源系统统一管理所有用户信息，但信息的同步由平台自动完成；以平台为主的模式适用于用户的各个应用系统分散管理用户信息的情况，在这种模式下所有的用户信息由平台管理，信息的增、删、改自动同步到各个应用系统。

（3）统一权限管理。用户授权的基础是对用户的统一管理，对于在用户信息库中新注册的用户，通过自动授权或手工授权方式，为用户分配角色、对应用系统的访问权限、应用系统操作权限，完成对用户的授权。如果用户在用户信息库中被删除，则其相应的授权信息也将被删除。完整的用户授权流程如下：

- 用户信息统一管理，包括用户的注册、用户信息变更、用户注销
- 权限管理系统自动获取新增（或注销）用户信息，并根据设置自动分配（或删除）默认权限和用户角色
- 用户管理员可以基于角色调整用户授权（适用于用户权限批量处理）或直接调整单个用户的授权
- 授权信息记录到用户属性证书或用户信息库（关系型数据库、LDAP 目录服务）中
- 用户登录到应用系统，由身份认证系统检验用户的权限信息并返回给应用系统，满足应用系统的权限要求可以进行操作，否则拒绝操作
- 用户的授权信息和操作信息均被记录到日志中，可以形成完整的用户授权表、用户访问统计表

统一身份管理及访问控制系统（UID）的典型授权管理模型如图 6-14 所示。

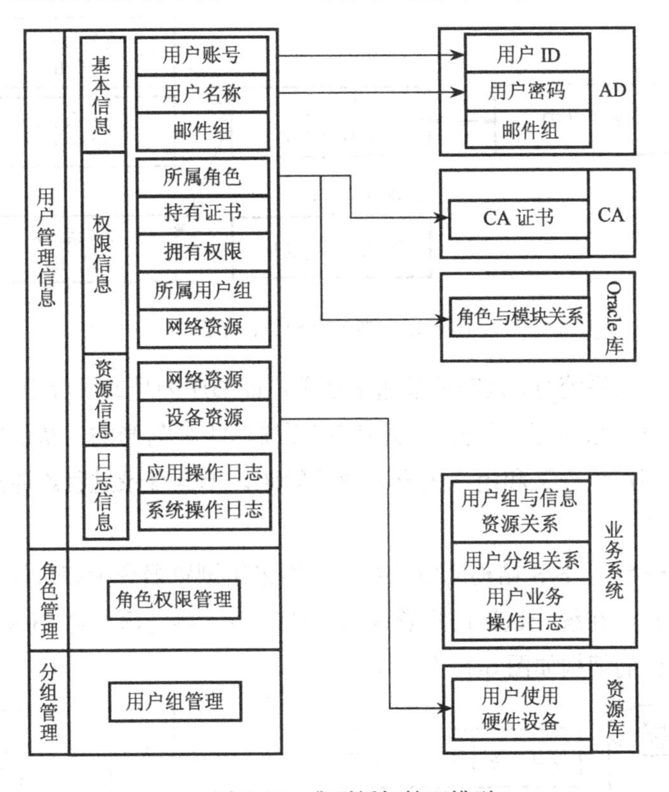

▶ 图 6-14　典型授权管理模型

（4）单点登录。

基于数字证书的单点登录技术，使各信息资源和防护系统成为一个有机的整体。通过在各信息资源端安装访问控制代理中间件，与防护系统的认证服务器通信，利用系统提供的安全保障和信息服务共享安全优势。其原理如下：

- 每个信息资源配置一个访问代理，并为不同的代理分配不同的数字证书，用来保

证和系统服务之间的安全通信

- 用户登录中心后，根据用户提供的数字证书确认用户的身份
- 访问一个具体的信息资源时，系统服务用访问代理对应的数字证书，把用户的身份信息加密后以数字信封的形式传递给相应的信息资源服务器
- 信息资源服务器在接收到数字信封后，通过访问代理，进行解密验证，得到用户身份；根据用户身份进行内部权限的认证

① 唯一身份凭证。统一身份管理及访问控制系统用户数据独立于各应用系统，对于数字证书的用户来说，用户证书的序列号平台是唯一的，对于非证书用户来说，平台用户 ID（Passport）是唯一的，由其作为平台用户的统一标志，如图 6-15 所示。

在通过平台统一认证后，可以从登录认证结果中获取平台用户证书的序列号或平台用户 ID，再由其映射不同应用系统的用户账户，最后用映射后的账户访问相应的应用系统。

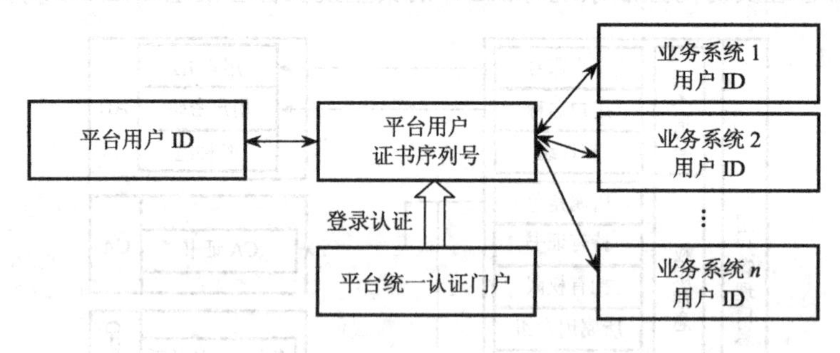

▶ 图 6-15　唯一身份凭证示意图

当增加一个应用系统时，只需要增加平台用户证书序列号或平台用户 ID 与该应用系统账户的一个映射关系即可，不会对其他应用系统产生任何影响，从而解决登录认证时不同应用系统之间用户交叉和用户账户不同的问题。单点登录过程均通过安全通道来保证数据传输的安全。

② 应用系统接入。B/S 结构应用系统用户均采用浏览器登录和访问应用系统，因此采用统一认证门户，在统一认证门户登录认证成功后，再访问具体 B/S 应用系统。B/S 应用系统接入平台的架构如图 6-16 所示。

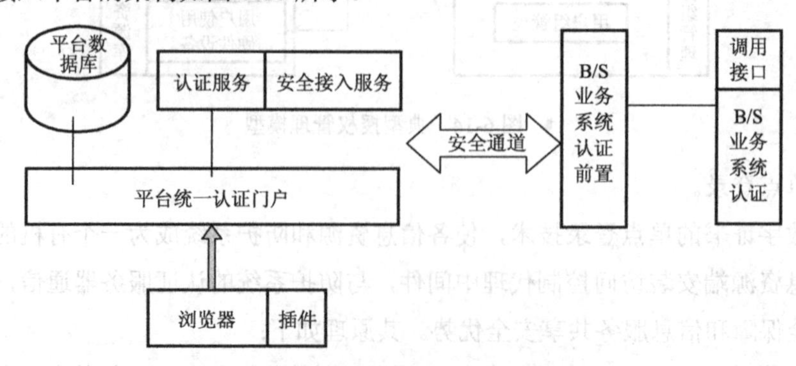

▶ 图 6-16　B/S 应用系统接入平台的架构

系统提供两种应用系统接入方式，以快速实现单点登录。

a. 反向代理方式：实现方式为松耦合。应用系统无需开发、无需改动。对于不能改动或没有原厂商配合的应用系统，可以使用该方式接入统一用户管理平台。采用反向代理模块和 UID 的单点登录（SSO）认证服务进行交互验证用户信息，完成应用系统单点登录。

b. Plug-in 方式：实现方式为紧耦合，采用集成插件的方式与 UID 的单点登录（SSO）认证服务进行交互验证用户信息，完成应用系统单点登录。紧耦合方式提供多种 API，通过简单调用即可实现单点登录。

③ C/S 应用系统接入。对于 C/S 应用系统的接入，实现方式是用户在登录系统门户后，单击相应的 C/S 应用系统图标，然后启用 Windows 的消息机制，将认证的请求发送到 C/S 应用服务器进行认证。认证通过后，在用户端启用相应的客户端程序。

（5）安全通道。UID 提供的安全通道是利用数字签名进行身份认证，采用数字信封进行信息加密的基于 SSL 协议的安全通道产品，实现了服务器端和客户端嵌入式的数据安全隔离机制，如图 6-17 所示。

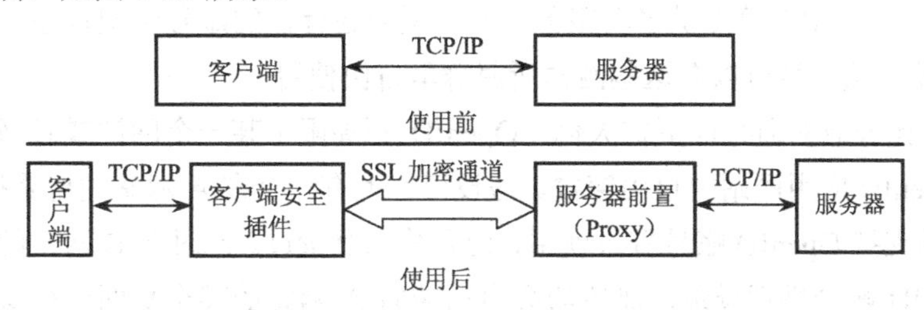

▶ 图 6-17　安全通道示意图

安全通道的主要作用是在两个通信应用程序之间提供私密性和可靠性，这个过程通过 3 个元素来完成。

① 握手协议：这个协议负责协商用于客户机和服务器之间会话的加密参数。当一个 SSL 客户机和服务器第一次开始通信时，它们在一个协议版本上达成一致，选择加密算法和认证方式，并使用公钥技术来生成共享密钥。

② 记录协议：这个协议用于交换应用数据。应用程序消息被分割成可管理的数据块，同时还可以压缩，并产生一个 MAC（消息认证代码），然后结果被加密并传输。接收方接收数据并对它解密，校验 MAC，解压并重新组合，把结果提供给应用程序协议。

③ 警告协议：这个协议用于标示在什么时候发生了错误或两个主机之间的会话在什么时候终止。

（6）业务系统访问权限的控制。UID 用户是一个大的用户集合，通过系统认证的用户并不一定能访问所有接入 UID 中心的业务系统。系统用户对业务系统的访问权限通过用户分组和访问控制策略进行控制。例如，按照用户所属企业或部门分组，该组可访问相应企业部门的业务系统；按照用户角色分组，如财务人员分组可以访问财务相关的业务系统；同时，中心用户与业务系统映射表中设置用户访问权限标志，可针对单个用户访问某个业务的权限进行停用/启用。

6.2.2 OpenID 和 Oauth

1. OpenID

OpenID 是一套身份验证系统[53][54][55][56]。与目前流行的网站账号系统（Passport）相比，OpenID 具有开放性及分散式的特点。它不基于某一应用网站的注册程序，而且不限于单一网站的登录使用。OpenID 账号可以在任何 OpenID 应用网站使用，从而避免了多次注册、填写身份资料的烦琐过程。简而言之，OpenID 就是一套以用户为中心的分散式身份验证系统，用户只需要注册、获取 OpenID 之后，就可以凭借此 OpenID 账号在多个网站之间自由登录使用，而不需要每上一个网站都需要注册账号。

目前互联网上的账号管理方式有两种：单一账号系统和通行证。一些只提供单一服务的网站采用用户账号管理模式，用户注册后使用此账号可以在其网上实现所有功能操作。google、163、微软等提供多套服务的网站采用通行证的账号管理程序。用户在注册一次之后，使用该账号可以在这些网站所属群里自由使用。

OpenID 比普通的通行证更扩大化。OpenID 不局限于某一个网站或者网站群，它可以在任意 OpenID 应用网站中自由穿梭。假设已经拥有一个在 A 网站注册获得的 OpenID 账号，B 网站支持 OpenID 账号登录使用，而且从未登录过。此时在 B 网站的相应登录界面输入 OpenID 账号进行登录，浏览器会自动转向 A 网站的某个页面进行身份验证。这时只要输入在 A 网站注册时提供的密码登录 A 网站，对 B 网站进行验证管理（永久允许、只允许一次或者不允许）后，页面又会自动转到 B 网站。如果选择允许，就会登录进入 B 网站。这时你就可以以 OpenID 账户身份实现 B 网站的所有功能。

这里描述的是简单的 B-A-B 的过程，实际操作会更简单明了。图 6-18 显示的是多个 OpenID 应用网站与 OpenID 账号的关系。

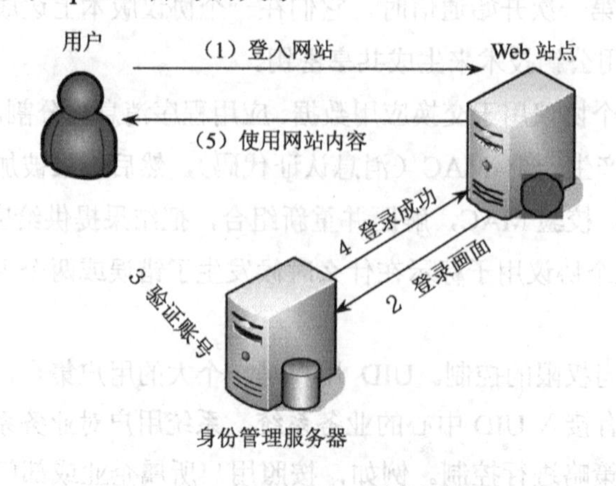

▶ 图 6-18　OpenID 的使用模式

其中 A 过程中实现了身份验证及相应个人资料的选择。也就是说使用 A 网站提供的一个 OpenID 账号实现了 B、C、D、E、F 网站的登录操作。

在 OpenID 简易流程中可以看到是多个网站围绕一个网站提供的账号进行活动，在上面的例子中 B-F 等网站称之为 OpenID 应用网站，是指支持 OpenID 账号登录使用全部网站功能的网站。而例子中的 A 网站就是 OpenID 服务网站，是指提供 OpenID 账号注册服务的。

OpenID 应用网站和服务网站是可以相同的，也就是说一个网站即可以提供 OpenID 账号注册也可以提供 OpenID 账号使用。

目前 OpenID 的服务网站的增长速度远远超过了应用网站，你可以在OpenID Providers 页面查看服务网站列表，或者到OpenID 服务商和支援网站列表查看我挑选出来的 OpenID 服务网站和应用网站。

OpenID 应用网站和服务网站是可以相同的，也就是说一个网站既可以提供 OpenID 账号注册也可以提供 OpenID 账号使用。

目前 OpenID 的服务网站的增长速度远远超过了应用网站，你可以在 OpenID Providers 页面查看服务网站列表，或者到OpenID 服务商和支援网站列表查看我挑选出来的 OpenID 服务网站和应用网站。

2. OAUTH

OAuth 是OpenID的一个补充，但是完全不同的服务。OAUTH 是一种开放的协议，为桌面程序或者基于 BS 的 Web 应用提供一种简单的、标准的方式去访问需要用户授权的 API 服务。OAUTH 类似于 Flickr Auth、Google's AuthSub、Yahoo's BBAuth、 Facebook Auth 等。OAUTH 认证授权具有以下特点：

- 简单：不管是 OAUTH 服务提供者还是应用开发者，都很容易理解与使用
- 安全：没有涉及用户密钥等信息，更安全更灵活；
- 开放：任何服务提供商都可以实现 OAUTH，任何软件开发商都可以使用 OAUTH。

OAUTH 协议为用户资源的授权提供了一个安全的、开放而又简易的标准。与以往的授权方式不同之处是 OAUTH 的授权不会使第三方触及用户的账号信息（如用户名与密码），即第三方无须使用用户的用户名与密码就可以申请获得该用户资源的授权，因此 OAUTH 是安全的。同时，任何第三方都可以使用 OAUTH 认证服务，任何服务提供商都可以实现自身的 OAUTH 认证服务，因而 OAUTH 是开放的。业界提供了 OAUTH 的多种实现，如 PHP、JavaScript、Java、Ruby 等各种语言开发包，大大节约了程序员的时间，因而 OAUTH 是简易的。目前互联网很多服务（如 Open API)，很多大头公司（如 Google、Yahoo、Microsoft 等）都提供了 OAUTH 认证服务，这些都足以说明 OAUTH 标准逐渐成为开放资源授权的标准。

典型案例：

如果一个用户拥有两项服务，一项服务是图片在线存储服务 A，另一项是图片在线打印服务 B，如图 6-19 所示。由于服务 A 与服务 B 是由两家不同的服务提供商提供的，所以用户在这两家服务提供商的网站上各自注册了两个用户，假设这两个用户名各不相同，密码也各不相同。当用户要使用服务 B 打印存储在服务 A 上的图片时，用户该如何处理？方法一：用户可能先将待打印的图片从服务 A 上下载下来并上传到服务 B 上打印，这种方式安全但处理比较烦琐，效率低下；方法二：用户将在服务 A 上注册的用户名与密码提供给服务 B，服务 B 使用用户的账号再去服务 A 处下载待打印的图片，这种方式效率是提高了，但是安全性大大降低了，服务 B 可以使用用户的用户名与密码去服务 A 上查看甚至篡改用户的资源。

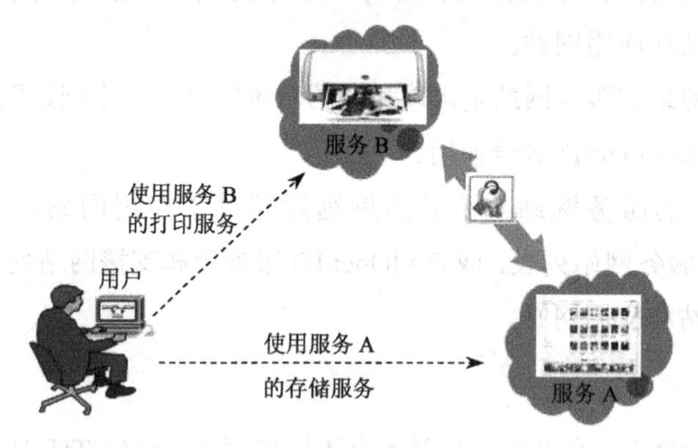

▶ 图 6-19　OAUTH 典型需求

很多公司和个人都尝试解决这类问题，包括 Google、Yahoo、Microsoft 等，这也促使 OAUTH 项目组的产生。OAUTH 是由 Blaine Cook、Chris Messina、Larry Halff 及 David Recordon 共同发起的，目的在于为 API 访问授权提供一个开放的标准。OAUTH 规范的 1.0 版于 2007 年 12 月 4 日发布。

OAUTH 认证授权仅三个步骤：获取未授权的 Request Token，获取用户授权的 Request Token，用授权的 Request Token 换取 Access Token。

当应用得到 Access Token 后，就可以有权访问用户授权的资源了。大家肯定能看得出来，这三个步骤不就是对应 OAUTH 的三个 URL 服务地址嘛。一点没错，上面的三个步骤中，每个步骤分别请求一个 URL，在得到上一步的相关信息后再去请求接下来的 URL，直到拥有 Access Token 为止。

用 OAUTH 实现上述典型案例：当服务 B（打印服务）要访问用户的服务 A（图片服务）时，通过 OAUTH 机制，服务 B 向服务 A 请求未经用户授权的 Request Token 后，服务 A 将引导用户在服务 A 的网站上登录，并询问用户是否将图片服务授权给服务 B。用户同意后，服务 B 就可以访问用户在服务 A 上的图片服务。整个过程服务 B 没有触及用户在服务 A 的账号信息，如图 6-20 所示。

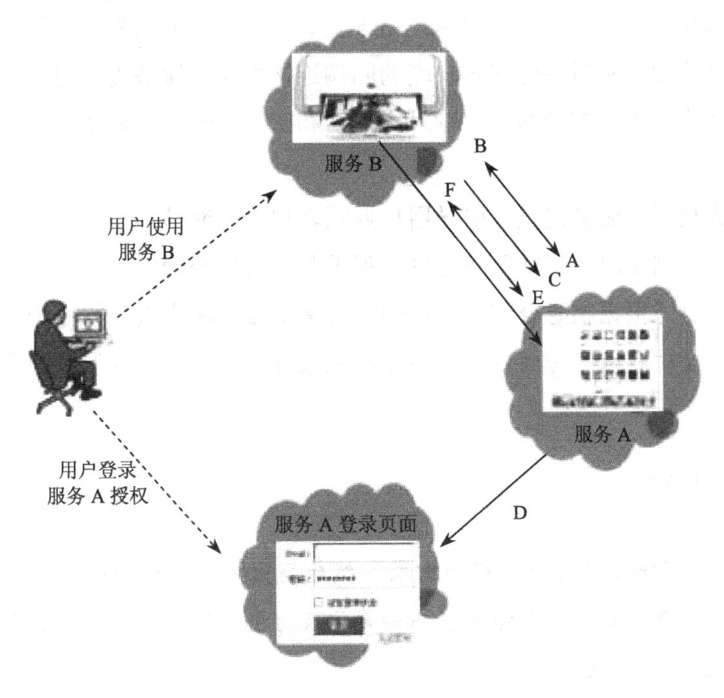

▶ 图 6-20　OAUTH 典型应用

OAUTH（开放授权）是一个开放标准，允许用户让第三方应用访问该用户在某一网站上存储的私密的资源（如照片、视频、联系人列表等），而无须将用户名和密码提供给第三方应用。

OAUTH 给用户提供一个令牌，而不是使用用户名和密码来访问存放在特定服务提供者的数据。每一个令牌授权一个特定的网站（如视频编辑网站）在特定的时段（如接下来的两小时内）内访问特定的资源（如仅仅是某一相册中的视频）。这样，OAUTH 允许用户授权第三方网站访问存储在其他服务提供者上的信息，而不需要共享访问许可或服务提供方的所有内容。

在认证和授权的过程中涉及的三方包括：

- 服务提供方，用户使用服务提供方来存储受保护的资源，如照片、视频、联系人列表等
- 用户，存放在服务提供方的受保护的资源的拥有者
- 客户端，要访问服务提供方资源的第三方应用，通常是网站，如提供照片打印服务的网站；在认证过程之前，客户端要向服务提供方申请客户端标志。

使用 OAUTH 进行认证和授权的过程如下：

- 用户访问客户端的网站，想操作用户存放在服务提供方的资源
- 客户端向服务提供方请求一个临时令牌

- 服务提供方验证客户端的身份后，授予一个临时令牌
- 客户端获得临时令牌后，将用户引导至服务提供方的授权页面请求用户授权，在这个过程中将临时令牌和客户端的回调连接发送给服务提供方
- 用户在服务提供方的网站上输入用户名和密码，然后授权该客户端访问所请求的资源
- 授权成功后，服务提供方引导用户返回客户端的网站
- 客户端根据临时令牌从服务提供方那里获取访问令牌
- 服务提供方根据临时令牌和用户的授权情况授予客户端访问令牌
- 客户端使用获取的访问令牌访问存放在服务提供方上的受保护的资源

本章小结

本章首先分析物联网安全管理的需求，然后提出安全管理的框架，基于此框架设计出 SOA 的安全管理系统，并介绍安全态势量化及可视化的相关知识；最后对身份及权限管理方面的知识进行阐述。

问题思考

物联网安全技术涉及众多方面，这些安全技术可解决不同的问题，但是物联网安全不能存在短板，需要一些机制对这些安全措施统一协调管理，使其发挥出更大的作用。请读者思考，物联网安全管理的重要性体现在哪些方面，其作用主要是什么？物联网安全管理面临的主要挑战是什么？物联网安全管理与目前的安全管理系统相比，不同点主要在哪些方面？

第7章 物联网安全技术应用

内容提要

本章首先对物联网安全技术的应用进行概述。在具体应用中，各种物联网安全技术不是孤立的，是在物联网安全体系结构的框架下，多种安全技术共同作用于系统，进而实现物联网的安全防护。本章还简要介绍目前物联网安全技术的典型应用案例，包括门禁管理系统中的安全、贵重物品防伪的安全措施、安防监控系统中的安全措施、智能数字化监狱系统。从发展趋势上看，物联网安全技术十分重要，但是现实情况中，大多数物联网技术应用案例并没有考虑安全措施，其原因有些是本身安全问题不严重，但多数情况是安全措施的成本和收益之间的矛盾。物联网安全技术的大规模应用，目前还没有出现，什么时候真正实现了万物相连，物联网安全技术就会得到爆发式的应用。

本章重点

- 物联网安全技术应用框架
- 物联网安全技术在门禁管理系统中的应用
- 物联网安全技术在贵重物品防伪系统中的应用
- 物联网安全技术在智能数字化监狱系统中的应用

7.1 物联网安全技术应用概述

物联网安全技术应用框架如图 7-1 所示。物联网安全体系结构包括感知层安全、网络层安全、应用层安全和安全管理 4 部分，但是从体系及应用方面看，物联网安全技术是一个有机的整体，各部分的安全技术不是相互孤立的。

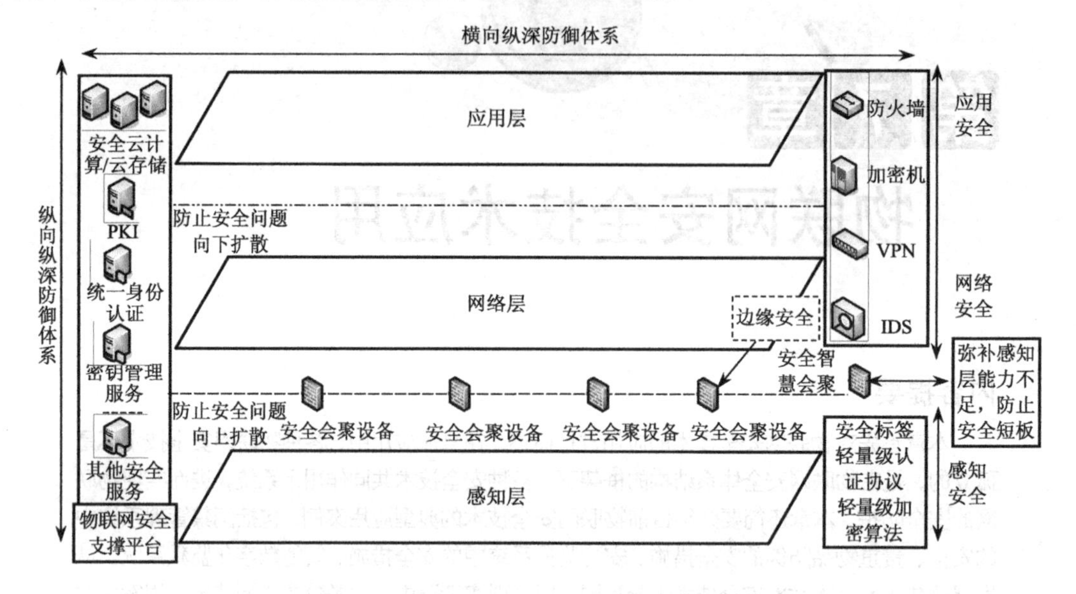

▶ 图 7-1　物联网安全技术应用框架

物联网安全支撑平台的作用是将物联网安全中各个层次都要用到的安全基础设施，包括安全存储、PKI、统一身份认证、密钥管理等集成起来，使得全面的安全基础设施成为一个整体，而不是各个层次相互隔离。例如，身份认证在物联网中应该是统一的，用户应该能够单点登录，一次认证，多次使用，而不需要用户多次输入同样的用户名和口令。

感知层安全是物联网中最具特色的部分。感知节点数量庞大，直接面向世间万“物”。感知层安全技术的最大特点是“轻量级”，不管是密码算法还是各种协议，都要求不能复杂。“轻量级”安全技术的结果是感知层安全的等级比网络层和应用层要“弱”，因而在应用时，需要在网络层和感知层之间部署安全会聚设备。安全会聚设备将信息进行安全增强之后，再与网络层交换。以弥补感知层安全能力的不足，防止安全短板。

物联网纵向防御体系需要实现感知层、网络、应用层之间的层层设防，防止各个层次的安全问题扩散到上层，防止一个安全问题摧毁整个物联网应用。物联网纵向防御体系和已有的横向防御体系一起，纵横结合，形成全方位的安全防护。

对于具体的物联网应用而言，其安全防护措施当如本书前文的物联网安全体系结构及本节的物联网安全技术应用框架所述进行配置，首先是要建立安全支撑平台，包括物联网安全管理、身份和权限管理、密码服务及管理系统、证书系统等；其次要根据实际情况，在感知层采用安全标签、安全芯片或者是安全通信技术，其中涉及各种轻量级算法和协议；最后要在网络层和感知层之间部署安全会聚设备；在网络层，需要部署多种安全防护措施，包括网络防火墙、入侵检测、传输加密、网络隔离、边界防护等设备；在应用层，需要部署网络防火墙、主机监控、防病毒，以及各种数据安全、处理安全等措施，如果采用云计算平台，还需要部署云安全措施。

总之，物联网安全技术在具体的应用中，必须从整体考虑其安全需求，系统性地部署多种安全防护措施，以便从整体上应对多种安全威胁，防止安全短板，从而能够全方位进行安全防护。

7.2　物联网安全技术典型应用

目前，除传统互联网安全技术外，由于成本、复杂性等原因，体现出物联网安全技术特点的实际应用还比较少。随着全国各地大量物联网、车联网等项目的建设与实施，物联网安全技术必将得到大量应用，本节以门禁管理、贵重物品防伪、安防系统及智能监狱四方面为例对物联网安全技术的应用情况进行初步介绍。

7.2.1　物联网安全技术在门禁管理系统中的应用

传统的门禁管理系统是使用考勤机、指纹、道闸和视频监控等，这些系统都存在着一些问题：指纹系统具有速度慢、不卫生，拒识率、误识率不理想的问题；考勤机不能对外来人员进行控制，并且存在代刷卡的问题；道闸系统通过速度比较慢，大量人员短时间内通过时，就会排起长队；监控系统由于不能与管理系统真正联动，事前预防需要投入大量的人力，最终只能起到事后查证的作用，价值被打了一个大大的折扣。

RFID 电子门禁管理系统具有自动识别、速度快、识读准确等特点，RFID 电子门禁管理系统已在日常生活中得到广泛应用，甚至在国家重要部门、金融机构、军管场所等门禁系统中也得到了广泛应用。由于目前的 RFID 门禁系统存在着严重的安全漏洞，国家密码管理局根据国家安全需要，制定了密码管理系列规程，对于重要门禁管理系统应采用符合国家密码管理要求的安全方案，使 RFID 电子门禁管理系统具有先进性、可操作性、安全性和可靠性等特点。

系统采用国家认可加密算法实现重要门禁系统管理，系统构成如图 7-2 所示。

门禁管理系统包括密码管理子系统、发卡子系统、服务器中心、门禁读卡系统、后台管理系统等。

门禁管理系统以基于国家认可的密码算法逻辑加密卡作为门禁卡，支持 SM7 密码算法的非接触逻辑加密卡、SM7/SM1 安全模块，安全性具有可靠保证。系统涉及的子系统包括应用子系统、密钥管理及发卡子系统等，系统框图如图 7-3 所示。

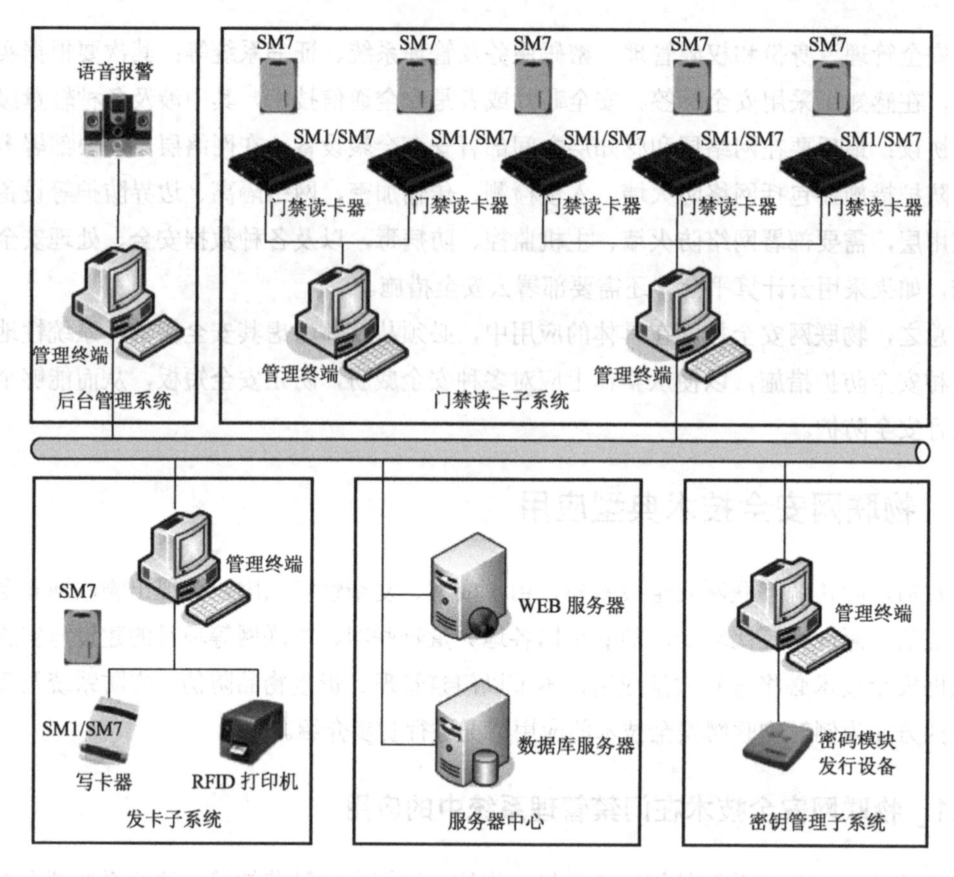

▶ 图 7-2　门禁管理系统构成示意图

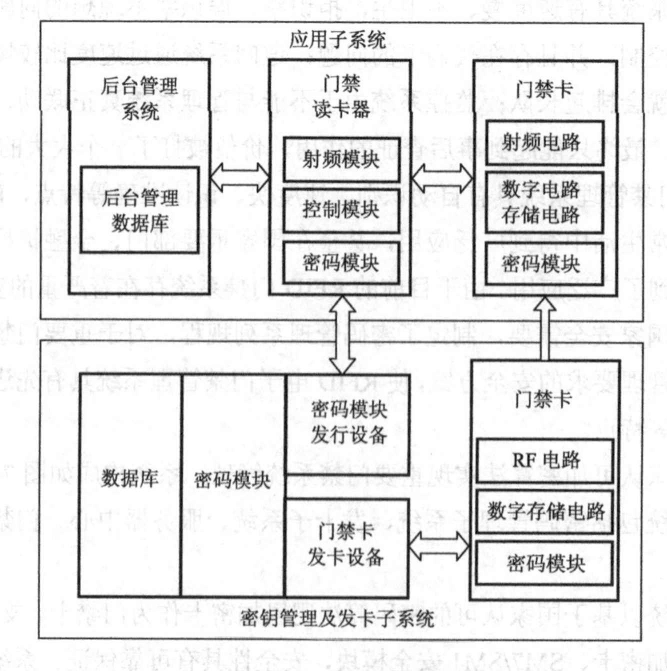

▶ 图 7-3　门禁管理系统框图

系统密钥采用国家密码管理局指定的 SM1 分组加密算法进行密钥分散，实现一卡一密；认证机制采用国家密码管理局指定的 SM7 分组加密算法进行门禁卡与门禁读卡器之间的身份鉴别。

应用子系统包括后台管理系统和门禁读卡子系统，门禁卡和门禁发卡器、门禁读卡器均内置密码模块，以对系统提供密码安全保护。原理如图 7-4 所示。

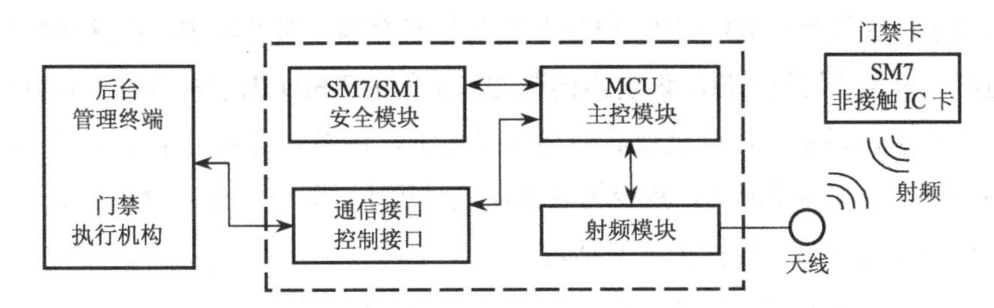

▶ 图 7-4　基于 SM7 的非接触逻辑加密卡门禁系统原理框图

门禁读写器包括安全模块，采用国家认可的加密算法，具有 SM7/SM1 密码算法和真随机数发生器的电子标签读/写安全模块，负责存放系统根密钥、读卡器中的安全密码运算并鉴别门禁卡的合法性。

门禁卡采用具有 SM7 分组密码算法的标签芯片，并在卡内存放发行信息及卡片密钥，用于门禁读卡器或后台管理系统对门禁卡进行身份鉴别。

门禁读卡器上传门禁卡身份鉴别的结果给后台管理系统，用于控制门禁功能的执行。在该过程中，门禁读卡器使用安全模块的 SM1 算法对安全模块内预存的系统根密钥进行分散，得到与当前门禁卡对应的卡片密钥，然后使用安全模块的 SM7 算法和该卡片密钥对门禁卡进行身份鉴别。后台管理系统进行实时或非实时门禁权限及审计管理，门禁执行机构具体执行完成门禁操作。

在重要门禁系统中使用的所有密码设备应具有必要的物理防护措施，以保证密码安全。

7.2.2　贵重物品防伪应用

1．应用介绍

随着人们生活水平和文化素质的不断提高，历来为文人雅士所喜爱的古玩、字画等藏品，越来越多地走进寻常百姓家，满足人们的精神追求，也作为一种投资，我国各地古玩文物的交易也日趋红火。然而，好字画、古玩等物品因为它的稀缺性，总会出现供不应求的现象，以及这些物品的高价格，使市面上不断出现仿制品。在这些贵重物品的流通过程中，也难免出现磨损。

利用 RFID 技术防伪，与其他防伪技术（如激光防伪、数字防伪等）相比，具有如下特点：每个标签都有一个全球唯一的 ID 号码，此唯一 ID 在制作芯片时放入 ROM 中，无法修改、无法仿造；无接触数据传输，从而无磨损；感应式数据采集，操作简单、便捷等特点。

采用 RFID 技术作为字画、古玩等贵重物品的防伪，每个物品上面附着唯一的 RFID 电子标签，将物品的详细信息（如物品作者、拥有者，物品年份，物品的类别及物品照片等）与电子标签的唯一 ID 绑定。将这些物品信息存储在服务器中，在这些物品进行交易或展览时，只需要通过 RFID 识别器读取物品上面的 RFID 电子标签唯一识别号，从服务器上获取信息，显示在计算机或其他显示设备上，供参观者或买家参考和了解。从而简化交易流程，追踪物品流向，减少物品在流通过程中的损伤。使用 RFID 电子标签，也能够有效地鉴别仿制品，维护买家的利益。

该防伪方案采用双电子标签认证，物品上的电子标签只能作为查询物品的简单信息及图片，如果要进行交易、查询物品的详细信息，还需要通过物品拥有者的身份认证电子标签。物品识别器可以把物品信息与计算机或其他显示设备同步，以便可以使参观者或买家具有更好的视角来查看物品。如果物品要进行交易，物品识别器要打印交易凭据，以便买家和卖家作为事后依据。贵重物品防伪方案框图如 7-5 所示。

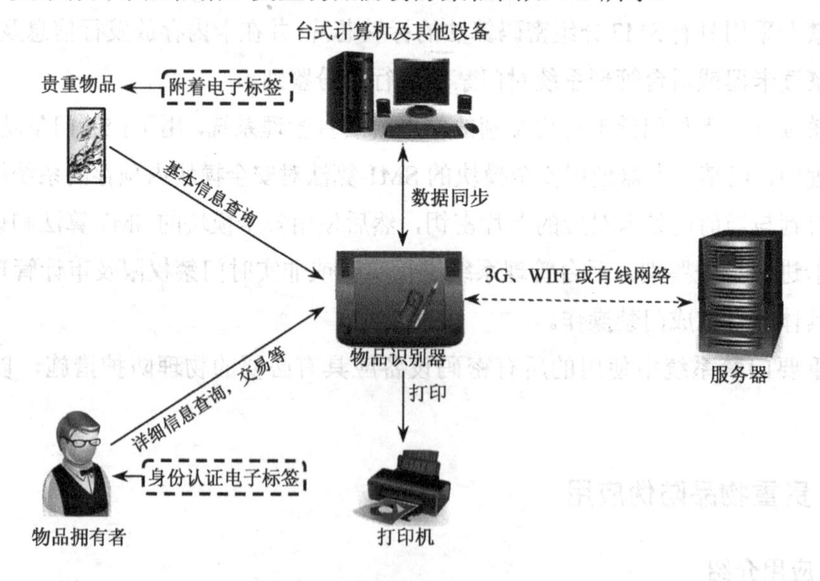

▶ 图 7-5　贵重物品防伪方案框图

2. 安全需求分析

在该防伪方案中，攻击者可以进行如下操作：读取物品上的电子标签及物品拥有者的身份认证电子标签的信息，从而进行复制，制作假冒的物品标签和身份认证电子标签进行交易；监听识别器和电子标签的通信链路，获取电子标签的信息；监听或截获物品识别器和服务器之间的通信，获取物品或拥有者的电子标签信息及拥有者的交易口令；

通过对服务器的攻击，获取敏感信息，或进行删除敏感信息的恶意攻击；通过同步设备对物品识别器进行攻击、监听等。

分析该防伪方案的安全漏洞，该方案存在的安全威胁主要有截取、篡改和假冒。攻击者的主要攻击手段有窃听、伪造。

3. 安全解决方案

为了使防伪方案具有更好的实际效益，必须保证方案的安全性，防止攻击者利用方案的缺陷获利，损害商家的利益。为应对以上所述的攻击手段，方案必须具有以下所述的安全特性。

（1）保密性。电子标签和识别器之间的通信、识别器和服务器之间的通信要具有保密性。即使攻击者监听、截获到数据包，也不会泄露敏感数据。

（2）真实性。电子标签要确保识别器的合法性，这样才能进行信息传输，防止非法识别器获取电子标签信息；识别器要确保电子标签的合法性，避免从服务器中获取数据，防止合法的电子标签信息泄露。识别器要确保同步设备的真实性，防止非法的设备获取信息；服务器要确保识别器的真实性，这样才能进行通信，防止攻击者对服务器进行攻击。

为实现保密性、真实性的安全特性，可以使用以下防护技术。

（1）加密。对电子标签和识别器之间的通信信息、识别器和服务器之间的通信信息、识别器和同步设备之间的通信信息进行加密，实现信息的保密性。可以在每两个设备之间使用不同的加密算法，从而实现更高的安全性。根据实际需要使用对称或非对称的加密算法，论证加密算法在各个设备之间可行性，而加密算法的种类及复杂度也决定了密钥管理方案设计的优劣。

（2）认证。为确保系统中物品电子标签、身份认证电子标签、识别器、服务器、同步设备的真实性，必须在两个设备之间进行认证。认证流程的复杂度及认证算法，也要以这些算法在各个设备之间的可行性为依据。

7.2.3 物联网安全技术在安防监控系统中的应用

安防监控系统是通过有线网络（光纤、同轴电缆、xDSL、以太网等）和无线网络（微波、WLAN、GPRS、3G 等）来传输视频监控信号和各种安防监控数据信号的，整个系统由前端图像及传感数据的采集处理、后台软件的控制管理、解码图像的显示、视频数据的存储检索、报警联动处理等多个子模块构成。

安防监控系统作为物联网技术体系的一个重要应用，分为三层体系结构：感知层（前端视/音频数据及报警探测数据等的采集部分）、网络层（视/音频数据、报警探测数据及控制信号等的网络传输部分）、应用层（中心多业务综合管理平台、图像及图文数据显示、报警联动及智能图像分析等多业务应用部分）。

平安城市监控与报警系统是典型的安防监控系统。平安城市监控与报警系统的目的是通过构建一个覆盖整个城市的集成化、多功能、综合性治安防控网络，帮助公安部门更高效、更精确地控制和打击犯罪，从而保证城市环境的和谐与稳定发展。

由于牵涉面广，各地情况又千差万别，因此在平安城市监控与报警解决方案实际部署中采用了因地制宜的策略，组网架构不尽相同。其中，三级级联架构是最典型和最常见的，如图 7-6 所示。

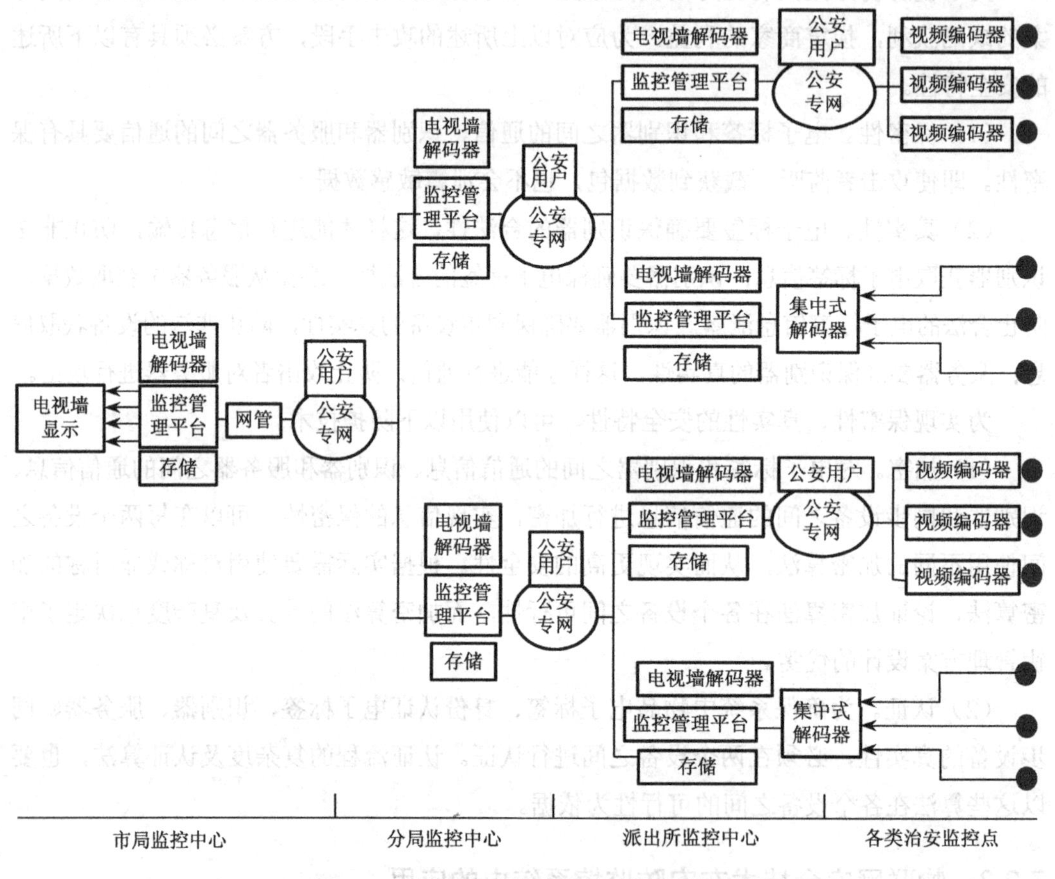

▶ 图 7-6　平安城市监控与报警三级组网架构图

平安城市监控与报警系统有模拟视频专网、模数结合和纯数字视频专网三种模式。平安城市数字视频监控系统涉及应用的公安信息网、公安视频专网、市区政府部门及 1～3 类视频资源，在整个架构的边界及应用系统的信息安全上存在不少隐患，因此架构一个平安城市信息安全保护体系成为了重中之重。

信息安全系统是整个平安城市数字视频监控系统的重要组成部分。它与各大子系统密切配合，多角度、多层次进行衔接，不但对数字视频专网各个层面提供安全防御和保护，而且还对数字视频专网之上的应用系统提供安全性管理服务。信息安全需要对市区政府部门、3 类视频接入的边界、视频专网市区局系统、市局公安信息网与视频专网市局接入点的边界提供有效的安全保障，并且对应用用户提供有效的CA认证体制，在认证用户信息管理上提供有效的同步更新机制。从安全保障的角度出发，信息安全系统应包括应用安全、网络安全、系统安全、物理安全及统一安全管理等。通过这些安全措施向视频专网和各类视频应用提供相应安全保障。

系统采用边界安全接入平台、构建CA中心、身份认证网关、VPN、入侵检测、防病毒、漏洞扫描、系统补丁、视频水印等技术手段，从物理安全、通信和网络安全、运行安全及信息安全四个层面，保证图像虚拟网从前端接入到后端平台的安全，实现与社会资源的图像访问采用综合技术手段构建平安城市视频监控安全子系统，保证视频专网与其他政府部门的图像共享及传输安全、视频专网到公安信息网进行跨网访问的安全及与社会资源图像访问的接入安全。结合公安部城市报警与监控系统建设规范性文件汇编、地方标准、安全平台系统的设计，应考虑如下几个方面。

1. 安全保密

视频专网传输和存储大量敏感信息，为此须配置相应的安全措施，确保视频专网信息的保密性、完整性、可用性、可查性和可控性。视频专网依托公安局的专网传输网作为网络承载平台，并且与公安信息网图像中心等有着应用交换，鉴于对公安信息网信息安全的敏感性，必须从技术和管理两个层面上保障视频专网和公安信息网的安全。其一是对于涉及国家秘密的信息不能在网上处理、存储与传输；其二是采取相应的物理安全隔离手段，保证视频专网和公安信息网之间的安全可控的视频图像信息交换。

2. 安全认证和访问控制

视频专网涉及的人员众多、层次复杂，包括市局、分局各级领导、系统管理人员、系统操作人员、分局和派出所警务人员及其他政府部门的用户等。人员的工作范围、工作职责不同，必须建立一种信任及信任验证机制，保证用户身份的唯一性，保证认证的权威性，这就需要建立一套CA安全认证体系来实现。为了保证视频专网及公安信息网的安全，对其他政府部门的用户要有网络接入控制、用户入网控制、基于角色的用户访问权限控制等措施。通过对各种访问进行控制，可以有效保证视频专网的运行安全。

3. 病毒防治、漏洞扫描和补丁

由于视频专网具有操作系统和数据库软件等产品，对存在的系统安全问题实施被动防御的同时，还需要采取主动防御手段（如安全漏洞扫描程序、主机防护和加固系统、数据库防护系统）来查找和防止系统的安全隐患，遏制安全问题的发生。建立跨平台全网分布式防病毒系统对视频专网进行统一的病毒防范控制和管理，及时对操作系统漏洞及病毒库提供更新及分发。能对可能出现的紧急情况做出及时反应并恢复。

4. 边界接入安全

视频专网依托于公安信息网，并与之直接相连。同时，政府其他部门（如城管、行政执法、环保、工商、司法、国安、水利、省政府等）将接入视频专网，共享视频资源。为实现社会治安动态监控，通过运营商视频专网还将采集商场、学校、工厂、医院等社会图像资源来扩大监控面。在这些外部网络与视频专网相互连接、共享视频图像资源的同时，确保视频专网，尤其是公安信息网的安全显得非常重要。因此在边界接入中，需要考虑接入终端、接入链路、网络传输及接入用户的身份认证和访问控制。

5. 安全审计和集中管理

应对视频专网的全网安全进行集中监控与审计，实现对视频专网的安全监控、管理与审计功能。

6. 数据备份与灾难恢复

视频专网运行后重要的视频数据将存储在各级存储系统中，保证存储系统数据和数据库不因各种情况和灾难的发生而造成数据的损坏和丢失，是数据安全需要考虑的问题。平安城市结合云计算的数据存储技术和数据管理技术，同时采用集中式存储和分布式存储相结合的方式，从物理上和逻辑上对数据进行备份和灾难恢复。

7. 视频水印技术

将水印嵌入到原始视频码流中，形成含有水印信息的原始视频码流，然后对原始码流再进行压缩编码，形成带有水印信息的原始压缩码流。含水印信息的视频码流经过网络传输至监控中心进行后台解码还原处理，对压缩码流进行解码后提取原始视频图像。视频水印技术可以有效防止视频图像在采集传输过程中被恶意篡改或盗取，确保视频数据的真实有效。

7.2.4 物联网安全技术在智能化数字监狱系统中的应用

智能数字化监狱是以计算机和网络为核心应用的监狱。它把监狱内的语音、文字、图像等信息通过计算机信息处理技术、通信技术、物联网技术等科学技术进行传输和处理，使得监狱更高效、更完整、更安全、更公正地履行其职能，真正实现信息资源数字化、信息传输网络化、信息管理智能化和信息技术普及化。智能数字化监狱是传统的监狱执法、管理、教育手段和现代化科技相结合的产物，是对现代化文明监狱的补充和发展。

智能化数字监狱系统包括安全防范系统、基础业务系统、RFID 系统、GPS 应用系统、GPS/GIS 应用系统、远程电子监控系统、指挥控制系统及安全支撑/运行保障系统等。RFID 系统为独立的子系统，利用其身份识别的功能既可与安全防范系统的其他组成部分联动工作，也可作为普通一卡通使用，还可与 GIS 配套，作为相关人员的位置定位。系统安全子系统为智能化数字监狱系统提供相关的信息加密、数字证书等安全保密服务。智能化数字监狱系统的总体结构如图 7-7 所示。

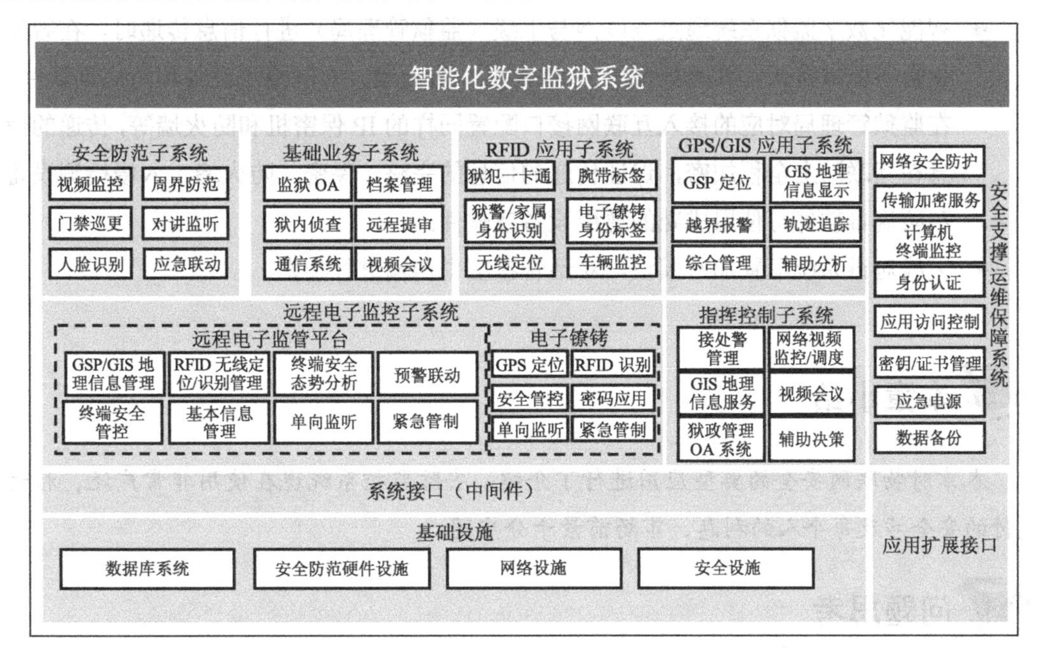

▶ 图 7-7　智能化数字监狱系统的总体结构框图

智能化数字监狱系统各支撑系统通过内部局域网连接，底层软件基于 TCP/IP，应用层通过制定的标准软件接口进行通信，相互配合，协同工作，按预先规划进行联动，在具体应用中，一种应用可能需要其他的支撑系统协同工作，共同提供相关的服务，如远程电子监控系统实际需要 RFID 系统、GIS 系统和 GPS 系统等提供的服务。

在智能化数字监狱系统中，安全支撑/运行保障子系统是维护整个系统安全、可靠运行的关键。

目前监狱通信系统所存在的安全隐患和漏洞，包括以下几方面：

- 无线对讲系统由于是一个无线系统，由于没有加密措施，所用的通话内容都存在被窃听的可能
- 与外部通信的 PSTN 电话、传真由于通过公用的电话网，存在被窃听和窃取的可能
- 监狱系统通过互联网与上级（监狱管理局）进行信息传递时存在被窃取的可能，攻击者还可窃取系统 IP 地址，从外部网络进入系统，获取访问权、可能的“后门”攻击、病毒攻击（木马、拒绝服务）等
- 内部的办公系统、狱政管理等未采用数字签名
- 内部网的内容、监狱内的机密信息存在被盗取的可能

针对上述监狱系统存在的安全隐患和漏洞，采取相应的安全措施和增加相应的安全设备是必不可少的。系统安全子系统构建了一套完整的安全解决方案，保证智能化数字监狱系统正常安全的运转，采取的具体措施如下：

- 智能化数字监狱系统通过互联网与上级（监狱管理局）进行信息传递时，在智能化数字监狱接入互联网处配置 IP 保密机、防火墙、入侵检测设备和防病毒软件，在监狱管理局对应的接入互联网接口配置同样的 IP 保密机和防火墙等，传递的信息在互联网上全程加密，保证传递的信息的完整、保密。防火墙、入侵检测设备和防病毒软件可使用成熟的通用设备或软件。
- 无线对讲系统配置加密模块，对话音在空中传输进行加密。

本章小结

本章对物联网安全的典型应用进行了介绍，安防监控系统现在使用非常广泛，移动支付的安全涉及每个人的利息，市场前景十分广阔。

问题思考

物联网应用还处于起步阶段，从目前的各种物联网应用看，主要是解决有无问题，很多应用中，基本没有考虑安全措施。请读者思考，为什么目前大量物联网应用没有考虑安全措施，是因为本身没有安全需求还是安全、成本和危害之间不成比例？在什么情况下这种状况会发生改变？请读者举例说明目前物联网安全的应用案例。

第8章 物联网安全技术发展趋势

内容提要

本章对物联网安全技术未来发展趋势进行了简单介绍。目前看来，物联网技术本身还处于起步阶段，对于其应用和发展前景，人们能够描绘蓝图，但是并不能确切地把握其发展脉络。对于物联网安全技术来说，更是如此，人们只能直观地觉得物联网安全十分重要，但是并不能清楚地规划出其发展路线。安全技术的跨学科研究进展、安全技术的智能化发展及安全技术的融合化发展等新兴安全技术思路将在物联网安全技术发展和应用中发挥出一定的作用，本章从这些安全技术的发展趋势方面探讨物联网安全技术的发展趋势，同时还提出了从非技术视点描述物联网安全的另一种思路。

本章重点

- 物联网安全技术未来发展的新兴安全技术
- 非技术视点看物联网安全

未来，物联网的发展及应用，取决于众多关键技术的研究与进展，其中物联网的信息安全保护技术的不断成熟及各种信息安全应用解决方案的不断完善是关键因素。安全问题如果得不到有效解决，物联网的应用将受到严重阻碍，必将承担巨大的风险；由于物联网是运行在互联网之上的，它在互联网的基础上进一步发展了人与物、物与物之间的交互，它是互联网功能的扩展，因此物联网将面临更加复杂的信息安全局面。如果未来社会生活依赖于物联网，那么物联网安全必然会成为影响社会稳定、国家安全的重要因素之一。可以这样说，物联网安全将对国家信息安全战略产生深远影响。

今天，面对新一轮的物联网技术应用，面对政府、社会和民众的安全关切，信息安全界如何以职业的警觉洞察风险，以专业的手段分析隐患，以创新的精神迎接挑战，以可靠的产品提供保障，无疑是一个既现实而又紧迫的课题。

本书的前面各章对物联网安全技术进行了具体且深入的探讨，本章将从物联网安全技术未来可能具有的发展趋势及物联网安全观念的突破两个方面来展望物联网安全技术的发展，抛砖引玉，以期能够引起有关专家、学者及企业界人士对此进行深入地研究。

8.1 物联网安全技术的未来发展

一直以来，信息安全技术总是在不断的发展与创新之中，随着物联网技术的不断成熟、物联网应用领域的不断扩大和渗透，为了适应其发展，物联网安全技术必将在传统技术和手段及理论的基础上有所突破。目前，由于能够满足物联网安全新挑战及体现物联网安全特点的物联网安全技术还不够成熟，因而物联网安全技术还将经过一段时间的发展才能发展完备，并且在其发展过程中，将呈现以下发展趋势。

（1）物联网安全技术将呈现跨学科研究的态势；

（2）物联网安全技术将呈现智能化发展的趋势；

（3）物联网安全技术将呈现融合化发展的趋势；

（4）新兴技术在物联网安全中将具有广阔的应用前景；

（5）物联网安全技术标准将日趋成熟。

8.1.1 物联网安全技术的跨学科研究

近年来，行为学、心理学、经济学等学科在信息安全领域的应用研究日益引起重视，比如，信息（或网络）安全行为学、信息安全经济学、网络心理学等均处于探索阶段。

1．信息安全行为学

行为科学是采用自然科学的实验和观察的方法，研究自然和社会环境中人和低级动物行为的科学。行为科学理论的研究对象是人和动物的行为，研究在特定的环境中的行为特征和行为规律，从不同的层次上分析产生行为的原因、影响行为的因素和行为规律。行为科学理论的研究目的是解释、预测和控制人们的行为。

信息（或网络）安全行为学的研究对象主要是网络安全领域中的人和网络系统的行为。网络或信息安全是攻击者和防卫者之间的较量，这种较量主要是通过攻防过程中的软件行为体现出来，也就是说，在网络里，人类的行为是通过软件的行为来实现的，因此，也有专家称之为“软件行为学”。信息（或网络）安全行为学的研究内容是这些特征和模式，分析行为的产生原因、行为的影响及影响行为的因素，总结行为的规律，从而遏止恶意行为对网络安全的危害与破坏。

目前，我国在信息安全行为科学领域的研究已取得突破，已有一些重要的研究成果面世，这些成果被有关专家称为是中国信息安全研究领域的“突围”之举。

2. 信息安全经济学

信息安全经济学研究和解决的是信息安全活动的经济问题，所以它首先是一门经济学；信息安全经济学的应用领域又特指信息安全活动，所以它又不是一般意义上的经济学。信息安全经济学可以说是一门经济科学、安全科学与信息科学相交叉的综合性科学。信息安全经济学以经济科学理论为基础，从经济活动的视角考察信息安全，以信息安全活动的经济规律为研究对象，为有效地实现信息安全活动的经济效益提供理论指导和实践依据。

从学科性质和任务的角度而言，信息安全经济学可定义为：信息安全经济学是研究信息安全活动的经济规律，通过对信息安全活动的合理组织、控制和调整，实现信息安全活动的最佳安全效益的科学。

信息安全经济学的研究对象是信息安全活动的经济规律。目前，信息安全经济学至少应当研究如下的信息安全活动的经济规律：① 信息安全事故的损失规律；② 信息安全活动的效果规律；③ 信息安全活动的效益规律；④ 信息安全活动的管理规律。

3. 网络心理学

狭义的网络心理学是研究以信息交流观点为核心的心理学，而从广义上来看网络心理学是研究一切与网络有关的人的心理现象的科学。它包括网络空间的个人心理学研究、网络人际关系心理学、网络群体活动心理学。网络心理学的这几个研究领域各自构成一套独立的研究体系，但它们之间又相互依存，共同构成了网络心理学的研究对象。作为一个新的边缘学科，它的研究目标就是用心理学这一传统学科的独特视角和观点来分析网络这一新生事物，从而来指导网络用户正确使用网络，正确利用网上资源和进行有效的网络管理。

目前网络心理学的研究才刚刚起步，国内这方面的论著还很少。

上述信息安全领域的跨学科研究，其中很多概念、术语还有待于去定义和明确，很多规律还有待于去研究和探讨，很多理论还有待于去创立和发展，很多技术方法还有待于探索和实验，但是，随着越来越多的专家、学者、工程技术人员和管理人员投入其中，相信不久的将来会有大的发展，并逐步应用于物联网安全领域。

8.1.2 物联网安全技术的智能化发展

人工智能技术是一种模仿高级智能的推理和运算技术，研究的就是怎样利用机器模仿人脑从事推理规划、设计、思考、学习等思维活动，解决迄今认为需要由专家才能处理好的复杂问题。由于物联网是人与物、物与物之间的交互，人工智能技术应该特别适合物联网的应用环境，人工智能技术所具有的许多特殊能力可以使其成为物联网安全管理最强有力的支持工具，如果能把人工智能科学中的一些算法与思想应用到物联网的安全管理，将会大大提高物联网的安全性能。

未来，人工智能技术在物联网安全管理中的应用，从用户角度而言，可以支持物联网监视和控制两方面的能力。网络监视功能是为了掌握网络的当前状态，而网络控制功能是采取措施影响网络的运行状态。在物联网这样一个大网中，网络状态监视需要同时处理大量的网络数据，而且往往数据是不完善的、不连续的或无规则的，神经元网络的并行处理能力正好适应于这种工作。由于神经元网络不需要事先知道输入与输出数据间的逻辑或数字关系，这些知识可从实例学习中自动获得。因此，神经元网络更加适应于处理那些难以定义的问题、不好理解的现象及杂乱无章的输入数据。由于网络控制的目的是通过合理的路由选择和业务量控制以减轻由网络异常造成的性能下降。用经验知识（启发式）并结合程序性算法、带有实时计算能力的专家系统比常规程序更适应于这种应用。因此，可以设计基于规则的人工智能专家系统来执行网络管理的功能，也可以设计专门的神经网络来承担这一工作。

根据目前的研究，未来人工智能技术在物联网安全管理中的主要应用有智能防火墙、入侵检测系统等。智能防火墙从技术特征上，是利用统计、记忆、概率和决策的智能方法来对数据进行识别，并达到访问控制的目的。新的数学方法，消除了匹配检查所需要的海量计算，高效地发现网络行为特征值，直接进行访问控制。由于这些方法多是人工智能学科采用的方法，因此，又称为智能防火墙。智能防火墙可以识别进入网络的恶意数据流量，并有效地阻断恶意数据攻击及病毒的恶意传播；可以有效监控和管理网络内部局域网，并提供强大的身份认证授权和审计管理。在入侵检测系统中应用的主要的人工智能技术有以下几种：

（1）规则产生式专家系统；

（2）人工神经网络；

（3）数据挖掘技术；

（4）人工免疫技术；

（5）自治代理技术；

（6）数据融合技术。

8.1.3　物联网安全技术的融合化趋势

未来，物联网安全技术将呈现融合化趋势，安全技术的融合，简单来说主要包括两方面的内容，即不同安全技术的融合及安全技术与物联网设备的融合。

1．不同安全技术走向融合

从物联网信息系统整体安全的需求来看，不同安全技术的融合能够为用户提供较为完善的安全解决方案，而不同安全技术融合的源动力是来自于网络攻击手段的融合，而融合的方向是以不同安全技术的融合对抗不同攻击手段的融合。也可以说物联网安全技术的融合是越演越烈的网络攻击的产物。

安全技术的融合并不是不同技术之间的简单堆砌，一个网络的信息安全不但依赖单一安全技术自身的性能，也同样依赖于各种安全技术之间的协作所发挥的功效。通过相互之间的协作，充分发挥不同安全技术的协作优势，从而达到 1+1＞2 的效果。将不同安全防范领域的安全技术融合成一个无缝的安全体系，这样才能满足预期的安全设想和目标。

未来的物联网信息安全融合趋势不仅仅涉及的是安全技术，也将会涉及整个的安全体系和架构。同时，物联网安全产品也将成为安全技术的支撑和依托。

2．安全技术与物联网设备的融合

安全技术与物联网设备的融合是把安全技术的因素融合到路由器、交换机、终端等网络设备中，并采用集成化管理软件。从终端方面的网络访问控制到交换机上的防火墙、入侵检测、流量分析与监控、内容过滤，形成全面的网络安全体系，这种网络设备从简单的连接产品向整体安全系统进行转变，不仅可以减少传统的安全设备与网络设备的不协调，而且还能降低设备应用的成本。这种融合意味着网络技术与安全技术乃至应用的融合，是今后物联网安全技术发展的一个重要方向。

8.1.4　新兴技术在物联网安全中的应用

物联网是人与人、人与物、物与物连接的一种网络；而且物联网的发展和应用必须首先解决其隐私和数据保护问题。因此，我们认为，未来，数字水印、生物识别、计算机犯罪取证及可信计算等新兴技术在物联网安全技术中将具有非常广阔的应用前景。

1. 数字水印

数字水印技术是目前信息安全技术领域的一个新的研究应用方向。数字水印技术是指用信号处理的方法在数字化的多媒体数据中嵌入隐藏的标记。这种标记通常是不可见的，只有通过专用的检测器或阅读器才能提取。与加密技术不同，数字水印技术并不能阻止盗版活动的发生，但它可以判别对象是否受到保护，监视被保护数据的传播、真伪鉴别和非法复制，解决版权纠纷并为法庭提供证据。

数字水印开辟了一条崭新的信息安全通道，其不可感知的隐蔽性和抵抗各种攻击的能力，可以实现数字产品的完整性保护和篡改鉴定，还可用于数字防伪。物联网中有海量关于各种“物品”的数据信息，其中会涉及各种物品的印刷包装，商标、发票、支票、证券的防/伪造，数字媒体的版权保护和跟踪，电子商务中的机要通信和防篡改、防抵赖等方面，因此数字水印技术在物联网安全中具有极为广泛的用途。

2. 生物识别

物联网的隐私保护是必须首先解决的问题，否则物联网的发展将受阻。在物联网这样一个大网中，计算机终端的进入控制、远程登录、金融转账、消费者或商家之间的买卖交易及其他多种应用将离不开而且必须大量采用可靠的身份识别技术，而生物识别技术所具有的几种核心社会功能——比如可以为被密码、口令困扰的人提供安全与便利；可以扩展成为信息安全领域的认证系统平台；可以为重要身份或重要信息提供安全的强认证；可以提供给行政部门或其他机构平台精确、快捷地确认他人身份的技术手段；可以提供精确、快速、安全的人与设备的匹配——使其在物联网安全中具有不可估量的市场空间。

3. 计算机犯罪取证

随着物联网应用在社会生活各方面的渗透，它将会面临各种各样的问题，如何有效地解决这类问题，无疑，计算机犯罪取证是个发展趋势。计算机取证在网络安全中属于主动防御技术，它是应用计算机辨析方法，对计算机犯罪的行为进行分析，以确定罪犯与犯罪的电子证据，并以此为重要依据提起诉讼。针对网络入侵与犯罪，计算机取证技术是一个对受侵犯的计算机、网络设备、系统进行扫描与破解，对入侵的过程进行重构，完成有法律效力的电子证据的获取、保存、分析、出示的全过程，是保护网络系统的重要的技术手段。

随着计算机取证越来越成为国内外技术领域关注的焦点，近年来，计算机取证及相关产品也在相关企业中发展迅速。未来，随着计算机取证相关法律、法规的完善，相信它在物联网安全应用中会具有可期待的应用前景。

8.1.5　物联网安全技术标准

未来，物联网的安全保障很大程度上取决于标准体系的渐进成熟。标准是对于任何技术的统一规范，如果没有这个统一的标准，就会使整个产业混乱、市场混乱，更多的时候会让用户不知如何去选择应用。物联网在我国的发展还处于初级阶段，即使在全世界范围，都没有统一的标准体系出台。标准的缺失将大大制约技术的发展和产品的规模化应用。标准化体系的建立将成为发展物联网产业的首要先决条件。

我们认为，物联网安全技术标准的制定首先应坚持“自主”的原则，这具有重大的现实意义。在标准的制定过程中，“国家信息安全高于一切”是必须牢牢把握的核心。同时，标准的自主建立是突破长期以来国外对我们形成的技术壁垒的需要，也是相关产业长远发展的需要。尽管当前可能面临众多的困境，但是，我们必须最大可能地坚持自主知识产权，通过向国际标准借鉴、与国际标准兼容的方式，建立我国的物联网安全技术标准体系。

8.2　物联网安全新观念

纵观全书，基本是从纯技术的观点来阐述物联网的安全。但是，我们知道，物联网与互联网相同，它不是一个纯技术的系统，光靠技术来解决物联网安全问题是不可能的。当前，信息安全正处在一个调整和转折期，世界各国都在认真反思前一阶段信息安全发展中遇到的问题和下一步的发展方向，并谋求积极的应对之策，由此形成了信息安全新一轮的反思热。物联网概念的提出和发展，将从更广泛、更复杂的层面影响到信息网络环境，面对非传统安全日益常态化的情况，我们应该认真思考信息安全的本质到底发生了哪些变化，呈现出什么样的特点，力求在信息安全认识论和方法论进行总结和突破。为此，我们需要转换角度，认真思考以下物联网安全认识观[57]：

（1）从复杂巨系统的角度来认识物联网安全；

（2）着眼于物联网整体的强健性和可生存能力来解决物联网安全问题；

（3）转变安全应对方式，力求建立一个有韧性的物联网安全系统。

8.2.1　从复杂巨系统的角度来认识物联网安全

物联网与互联网相同，它不是一个纯技术的系统，也不是技术系统和社会系统互为外在环境的简单结合，它本身就包括了技术子系统和社会子系统，是一个开放的、与社会系统紧密耦合的、人技结合环境的复杂巨系统，一个一体化的社会技术系统。它的非指数型的拓朴结构具有高度非线性、强耦合、多变量的特点。它的开放体系完全符合复杂巨系统的主要特征。复杂性导致物联网因果关系残缺，呈现极具变化的非对称性。这样，对物联网信息安全的认识，就不能单从技术层面考虑，也不能仅仅停留在技术加管理的层次上去分析，而是要从社会发展、技术进步、经济状况，包括人与物本身等诸多方面综合考虑。观察和思考物联网上的网络安全行为，就绝不能单纯靠还原论的方法把组件分解、分别分析，也不能用简单的办法来调控，必须用结合集成的方法把专家智慧、国内外安全经验与我国已具备的高性能计算机、海量存储器、宽带网络和数据融合、挖掘、过滤等处理技术结合起来，逐步探索形成物联网安全治理新的范式。

8.2.2　着眼于物联网整体的强健性和可生存能力

信息安全的重中之重是基础信息网络本身的安全。它的安全性（脆弱性）又来源于基础信息网络的开放性和复杂性，特别是软件的复杂性。由于软件的复杂性，要求全世界上亿用户都能及时打补丁是不现实的，因此网络的脆弱性将长期存在，并会随着物联网应用的快速发展与日俱增。既然网络被攻击乃至被入侵是不可避免的，那么，我们与其站在系统之内，还不如站在系统之上来观察网络安全问题——着眼于网络整体的强健性（鲁棒性）和可生存能力。要知道：基础网络安全问题在某种程度上还与结构完善有关。因此要进行信息安全的结构调整，包括对网络协议结构、系统单元结构、网站流程结构和系统防御结构的调整，使网络可以被入侵，可以部分组件受损，乃至某些部件并不完全可靠，但只要系统能在结构上合理配置资源，能在攻击下资源重组，具有自优化、自维护、自身调节和功能语义冗余等自我保护能力，就仍可完成关键任务。

8.2.3　转变安全应对方式

影响网络自身安全的另一个因素是人们对信息安全威胁的感知还不太强。信息资源不同于物质、能量，网络有其虚拟性，看不见感不到，虽然它的扩散性、可复制性很强，但容易被人们忽视。因此，信息安全保障体系的防范之道，就是要力求建立一个有韧性的系统，在与攻击的博弈过程中，建立一个有韧性的并可自行修复的信息系统，也就是说，必须转变安全应对的方式，超越传统的安全防范模式，改变传统的出现某种威胁即寻找一种对策的“挑战加应对”模式。要树立起风险管理的观念，威胁不可能完全消除，但风险必须得到有效控制，而建立一个有韧性的系统，正是有效控制信息化发展风险的有效手段。

本章小结

随着物联网的迅速发展，各种安全问题也会层出不穷。仅凭传统的安全手段和技术已经远远不能满足现实的需要。回顾信息安全简短的发展历程，我们不难发现，每一次新技术的涌动总会带动信息安全的创新和进步，信息安全发展与新的技术应用之间水乳相融的景象，诠释着信息化发展与信息安全相生相济的辩证关系。今天，面对新一轮的物联网技术应用，我们必须要在传统技术的基础上进行创新和变革，拓展思路，开阔视野，发展更多更新、更具灵活性的安全技术，通过创新实现产业升级和产品换代，通过创新适应技术发展和网络治理，通过创新推进科技进步和社会和谐，这样才能适应未来物联网的发展，才能逐步提高物联网的安全程度，真正实现“物联网时代”的美好生活！

问题思考

物联网技术本身正处于起步阶段，目前其概念非常宏大，但是技术方面本身都是基于现有技术，请读者思考，随着物联网应用的日新月异，新的技术肯定会出现，物联网安全将面临全新的挑战，可能目前的安全机制在将来都肯定失效，物联网安全技术将朝着什么方向发展？

REFERENCE 参考文献

[1] 黄月江，祝世雄．信息安全与保密[M]．第二版．北京：国防工业出版社，2008.

[2] Information Assurance Technical Framework(IATF) Document 3.0. IATF Forum Webmaster，2000.

[3] 南湘浩，CPK 标志认证（M）．北京：国防工业出版社，2006.

[4] 吴功宜．智慧的物联网[M]．北京：机械工业出版社，2010.

[5] 张晖，物联网技术框架与标准体系[N]，中国计算机报，2010 年第 9 期.

[6] Tanveer Ahmad Zia，A Security Framework For Wireless Sensor Networks[D]，The University of Sydney．2008.

[7] Ted Philiphs，Tom Karygiannis and Rick Kuhn，Security Standards for the RFID Market[J]，Emerging Standards，pp．85-89.

[8] Axel Poschmann，Gregor Leander，Kai Schramm，and Christof Paar，New Light-Weight Crypto Algorithms for RFID[J]，IEEE，1-4244-0921-7/07，pp．1843-1846.

[9] 小丽．Mifare One 算法破解引发的思考[N]，中国智能卡网，2009 年 3 月.

[10] 马建庆．无线传感器网络安全的关键技术研究[D]．复旦大学．2007.

[11] 宋飞．无线传感器网络安全路由机制的研究[D]．中国科学技术大学．2009.

[12] 孙利民，李建中等．无线传感器网络[M]．北京：清华大学出版社．2005.

[13] 沈玉龙，裴庆祺等．无线传感器网络安全技术概论[M]．北京：人民邮电出版社．2010.

[14] 郎为民，杨宗凯，吴世忠，谭运猛．无线传感器网络安全研究[J]．计算机科学．2005 Vo 1.32 No.5.pp．54-58.

[15] 沈玉龙．无线传感器网络数据传输及安全技术研究[D]．西安电子科技大学．2007.

[16] 张聚伟．无线传感器网络安全体系研究[D]．复旦大学．2008.

[17] 殷菲．无线传感器网络安全 S_MAC 协议研究[D]．武汉理工大学．2008.

[18] 宋飞．无线传感器网络安全路由机制的研究[D]．中国科学技术大学．2009.

[19] 冯凯．基于信任管理的无线传感器网络可信模型研究[D]．武汉理工大学．2009.

[20] 沈玉龙．无线传感器网络数据传输及安全技术研究[D]．西安电子科技大学．2007.

[21] Z.Benenson，F.C.Gartner，and D.Kesdogan，User authentication in sensor network(extended abstract)[R].Informatik 2004，Workshop on Sensor Networks，September．2004.

[22] Z.Benenson，N.Gedieke and 0.Raivio，Realizing Robust User Authentication in Sensor Networks[R]，Workshop on Real-World Wireless Sensor Networks(REALWSN)，Stoekholm，Sweden，June 2005.

[23] Zinaida Benenson，Felix C.Freiling，EmestHammersehmidt，StefanLueks，LexiPimenidis.Authenticated Query Flooding in Sensor Networks[C]. 21st IFIP International Information Security Conference SEC 2006，May 2006，Karlstad University，Karlstad，Sweden.

[24] C.Blundo，A.DeSantis，A.Herzberg，S.Kutten，U.Vacearo，M.Yung，Perfectly-secure key Distribution for dynamic[C].conferences in Advances in Cryptology CRYPTO92，LNCS740，PP.471-486，1993.

[25] Satyajit Banerjeeet al.Symmetric Key Based Authenticated Querying in Sensor Networks[C].Intersense'06.Proeeedings of the First International Conference on Integrated Internet Ad hoc and Sensor Networks.2006，PP.127-130，Nice，France.

[26] WZhanget al.Least Privilege and Privilege DePrivarion:Towards Tolerating Mobile Sink Compromises in Wireless Sensor Networks[C].Proc.IEEE Symposium on Security and Privacy.2005，PP.378-389，Illinois.

[27] 温蜜．无线传感器网络安全的关键技术研究[D]．复旦大学．2007.

[28] 胡萍．NGN组网的安全性与可靠性研究[D]．北京邮电大学，2009.

[29] 杨义先，钮心忻．无线通信安全技术[M]．北京：北京邮电大学出版社，2005.

[30] 虞忠辉．GSM蜂窝移动通信系统安全保密技术[J]．通信技术，2003（12）.

[31] T. Koponen, M. Chawla, B.-G. Chun, A. Ermolinskiy, K. H. Kim, S. Shenker, and I. Stoica. A Data-Oriented (and Beyond) Network Architecture[C]. In Proc. of ACM SIGCOMM'07, Kyoto, Japan, Aug. 2007.

[32] 毕军，吴建平，程祥斌．下一代互联网真实地址寻址技术实现及试验情况[J]．电信科学，2008，1:11-18.

[33] 解冲锋，孙颖，高歆雅．物联网与电信网融合策略探讨[J]．电信科学，2009（12）.

[34] 沈嘉，索士强，全海洋，赵训威，胡海静，姜怡华．3GPP长期演进（LTE）技术原理与系统设计[M]．北京：人民邮电出版社，2008.

[35] 张克平．LTE-B3G/4G移动通信系统无线技术[M]．北京：电子工业出版社，2008.

[36] 薛雨杨．无线局域网安全标准的安全性分析与检测[D]．中国科学技术大学，2009.

[37] 张蜀雄．无线局域网安全性研究及安全实现[D]．华中科技大学，2007.

[38] 秦兴桥．WAPI鉴别机制研究与实现[D]．国防科学技术大学，2007.

[39] 孙璇．WAPI协议的分析及在WLAN集成认证平台中的实现[D]．西安电子科技大学，2006.

[40] 张涵钰．802.16 协议安全子层实现及其安全性分析[D]．北京邮电大学，2007．
[41] 卢晶．IEEE 802.16 安全系统的研究与实现[D]．南京信息工程大学，2007．
[42] 张烨．RFID 中间件安全解决方案研究与开发[D]．上海交通大学．2007．
[43] 杨孝锋．RFID 中间件平台关键技术研究[D]．吉林大学，2009．
[44] 肖曦．可信中间件体系结构及其关键机制研究[D]．解放军信息工程大学，2007．
[45] 张云．SOA 安全技术应用研究[D]．大连海事大学．2009．
[46] 张翼．基于内网安全管理系统的设备控制研究与实现[D]．电子科技大学，2008．
[47] 陶洋，孙彭敏．IMS 中的网络域安全管理模型[J]．电信工程技术与标准化，2009，（05）．
[48] 王瑾．基于 SOA 架构的应用研究[D]．贵州大学，2008．
[49] 沈苏彬，范曲立，宗平，毛燕琴，黄维．物联网的体系结构与相关技术研究[J]．南京邮电大学学报（自然科学版），2009，（06）．
[50] 宁焕生，张瑜，刘芳丽，刘文明，渠慎丰．中国物联网信息服务系统研究[J]．电子学报，2006，（S1）．
[51] 朱亮．网络安全态势可视化及其实现技术研究[D]．哈尔滨工程大学，2007．
[52] 赖积保．网络安全态势感知系统关键技术研究[D]．哈尔滨工程大学，2007．
[53] OpenID Wiki.OpenID Protocol[DB/OL].http://www.openidenabled.com/openid/openid-protocol.
[54] OpenID Wiki.What is OpenID?[DB/OL].http://openid.net/what/.
[55] OpenID Wiki.Delegation[DB/OL].http://wiki.openid.net/Delegation.
[56] OpenID Wiki.Libraries[DB/OL].http://wiki.openid.net/Libraries.
[57] 何德全，清醒、冷静地应对信息安全挑战[J]，中国信息安全，2010，（02）．